Klaus Kilberth, Guido Gryczan
und Heinz Züllighoven

Objektorientierte
Anwendungsentwicklung

Aus dem Programm Management und EDV

Qualitätsoptimierung der Software-Entwicklung
Das Capability Maturity Model (CMM)
von Georg Erwin Thaller

Wissensbasiertes CASE
Theoretische Analyse, Empirische Untersuchung,
Entwicklung eines Prototyps
von G. Herzwurm

Software-Engineering für Programmierer
Eine praxisgerechte Einführung
von Heinz Knoth

Die Feinplanung von DV-Systemen
Ein Handbuch für detailgerechtes Arbeiten in DV-Projekten
von Georg Liebetrau

Objektorientierte Anwendungsentwicklung
Konzepte, Strategien, Erfahrungen
von Klaus Kilberth, Guido Gryczan und Heinz Züllighoven
unter Mitarbeit von Dirk Bäumer, Reinhard Budde, Klaus Hasbron-Blume,
Karl-Heinz Sylla und Volker Weimer

CICS
Eine praxisorientierte Einführung
von Thomas Kregeloh und Stefan Schönleber

Die Netzwerkarchitektur SNA
Eine praxisorientierte Einführung in die Systems Network Architecture der IBM
von Hugo Schröer und Thomas Stalke

Offene Systeme
Ein grundlegendes Handbuch für das praktische DV-Management
von Tom Wheeler

Vieweg

Klaus Kilberth, Guido Gryczan
und Heinz Züllighoven

Objektorientierte Anwendungsentwicklung

Konzepte, Strategien, Erfahrungen

Unter Mitarbeit von
Dirk Bäumer, Reinhard Budde,
Klaus Hasbron-Blume, Karl-Heinz Sylla
und Volker Weimer

2., verbesserte Auflage

vieweg

Adressen der Autoren:

Alldata Unternehmensberatung GmbH
Dr. Klaus Kilberth
Redlichstr. 2
40239 Düsseldorf

Guido Gryczan, Heinz Züllighoven
Arbeitsbereich Softwaretechnik
Universität Hamburg
Vogt-Kölln-Str. 30
22527 Hamburg
e-mail: {Guido.Gryczan, Heinz.Zuellighoven} @ informatik.uni-hamburg.de

1. Auflage 1993
2., verbesserte Auflage 1994

ISBN 978-3-663-10926-6   ISBN 978-3-663-10925-9 (eBook)
DOI 10.1007/978-3-663-10925-9

Alle Rechte vorbehalten
© Springer Fachmedien Wiesbaden 1994

Ursprünglich erschienen bei Friedr. Vieweg & Verlagsgesellschaft mbH, Braunschweig/Wiesbaden 1994.
Softcover reprint of the hardcover 2nd edition 1994

Gedruckt auf säurefreiem Papier

Inhaltsverzeichnis

Vorwort zur 2. Auflage.. IX

Vorwort.. XI

Einleitung... 1

1. Der objektorientierte Ansatz.. 5

   1.1 Grundkonzepte.. 5

   1.2 Elemente des objektorientierten Modells.................................. 8

        1.2.1 Objekte, Klassen, Vererbung.. 9

        1.2.2 Weitere Begriffe 11

2. Grundlagen des objektorientierten Softwareentwurfs.............. 13

   2.1 Von der Anwendungsanalyse zum Klassenmodell 14

   2.2 Werkzeug und Material als Entwurfsmetapher für die Entwicklung...... 23

        2.2.1 Von Softwareroutinen zu reaktiven Anwendungssystemen 25

        2.2.2 Materialien und Materialklassen 28

        2.2.3 Werkzeuge und Werkzeugklassen 29

        2.2.4 Aspektklasse 32

        2.2.5 Werkzeuge, Materialien, Aspekte.................................... 34

   2.3 Die Architektur von Software-Werkzeugen................................. 37

   2.4 Andere Leitbilder 41

   2.5 Zusammenfassung.. 42

3. Konzepte des objektorientierten Softwareentwurfs.................. 44

   3.1 Client/Server-Architekturen 45

   3.2 Das Dienstleistungsprinzip.. 48

   3.3 Das Vertragsmodell.. 49

        3.3.1 Abstrakte Datentypen als Grundlage des Vertragsmodells 50

        3.3.2 Realisierung des Vertragsmodells.................................... 54

        3.3.3 Zusicherungen als Hilfsmittel im Entwurfsprozeß 57

        3.3.4 Zusicherungen als Hilfe bei der Fehlersuche...................... 58

        3.3.5 Zusicherungen verhindern "semantische Verschiebungen"..... 59

4. Hilfsmittel der objektorientierten Softwareentwicklung.............. 63

   4.1 Klassifikation von Programmiersprachen 63

4.2 Sprachen für die objektorientierte Entwicklung............................. 65

4.3 Programmierumgebungen... 69

4.4 Datenhaltung... 73

    4.4.1 Relationales und objektorientiertes Datenmodell.................. 75

    4.4.2 Konzeptionelle Anbindung einer relationalen Datenbank........ 77

    4.4.3 Verfügbare Systeme... 81

    4.4.4 Erfahrungen.. 82

5. Der objektorientierte Entwicklungsprozeß................................ 85

5.1 Verbindung traditioneller Analysemethoden und Objektorientierung.. 85

5.2 Merkmale einer objektorientierten Entwicklungsstrategie................. 90

5.3 Kommunikationsstruktur in objektorientierten Projekten.................. 92

5.4 Dokumente im Entwicklungsprozeß.. 96

    5.4.1 Szenarios.. 96

    5.4.2 Glossar... 98

    5.4.3 Systemvisionen.. 99

    5.4.4 Prototypen.. 102

    5.4.5 Bibliotheken und weitere technische Dokumente.................... 105

5.5 Steuerung des Entwicklungsprozesses.. 109

    5.5.1 Referenzlinien zur Qualitätssicherung................................. 110

    5.5.2 Projektstadien zur Fortschrittskontrolle............................... 111

5.6 Erfahrungen zum objektorientierten Entwicklungsprozeß.................. 113

    5.6.1 Die beteiligten Gruppen.. 113

    5.6.2 Gestaltung des Entwicklungsprozesses.............................. 114

    5.6.3 Kooperation im Entwicklungsprozeß.................................. 116

    5.6.4 Steuerung des Entwicklungsprozesses............................... 118

6. Objektorientierung und Softwarequalität................................ 121

6.1 Wiederverwendbarkeit.. 122

6.2 Erweiterbarkeit... 124

6.3 Handhabbarkeit.. 126

6.4 Verständlichkeit.. 127

6.5 Offenheit und Geschlossenheit... 129

6.6 Verträglichkeit.. 131

6.7 Testen und Qualitätssicherung... 132

7. Organisationsentwicklung aus objektorientierter Perspektive. 137

7.1 Gestaltung von Organisationen... 137

    7.1.1 Ausgangslage... 138

    7.1.2 Beschreibung von Geschäftsvorfällen................................. 140

    7.1.3 Die drei Architektursichten.. 144

7.2 Organisationsarchitektur... 147

    7.2.1 Organisationsentwicklung.. 147

7.2.2 Dezentrale Organisation und Kundenorientierung............ 149
7.2.3 Führungsstrukturen... 150
7.3 Anwendungsarchitektur.. 152
7.3.1 Abbildung der organisatorischen Strukturen............... 152
7.3.2 Verteilte und zentrale Verarbeitung....................... 154
7.3.3 Nutzung von Architekturkomponenten....................... 155
7.4 Veränderung der Organisationsstruktur im Entwicklungsbereich...... 157

8. Einführungsstrategie.. **159**

8.1 Voraussetzungen.. 160
8.1.1 Systemplattform.. 161
8.1.2 Softwaretechnische Voraussetzungen....................... 168
8.1.3 Mitarbeiterschulung...................................... 170
8.2 Auswahl eines Pilotprojekts...................................... 171
8.2.1 Thema und Vorgehen....................................... 171
8.2.2 Das Projektteam.. 174
8.2.3 Zeitplan... 178
8.3 Bewertungskriterien.. 179
8.4 Auswirkungen auf andere Projekte................................. 180
8.5 Erfahrungen mit der objektorientierten Methode................... 182
8.5.1 Verbreitete Anwendungsgebiete der Objektorientierung........ 182
8.5.2 Das RWG - Bankenprojekt.................................. 183
8.5.3 Die Ovum - Studie.. 185

9. Chancen und Risiken.. **187**

9.1 Wettbewerbsvorteile.. 187
9.2 Risiko relativ neuer Methodik und Technologie.................... 192
9.2.1 Risiken einer neuen technischen Plattform................ 192
9.2.2 Risiken bei der Einführung einer neuen Methode........... 193
9.3 Akzeptanzprobleme.. 194
9.3.1 Probleme im Anwendungsumfeld............................. 194
9.3.2 Probleme im Entwicklungsumfeld........................... 196
9.4 Wirtschaftlichkeitsbetrachtungen................................. 199
9.4.1 Kosten und Nutzen.. 199
9.4.2 Alternativen... 201

Glossar.. **203**

Literatur.. **207**

Stichwörter.. **214**

Now if you've lost your inheritance
And all you've left is common sense
(Alice, Thalia Theater Hamburg)

Vorwort zur 2. Auflage

Selbst im schnellebigen Computergeschäft war es für uns eine neue Erfahrung, kaum ein halbes Jahr nach dem Erscheinen dieses Buches über eine Neuauflage nachzudenken. Als uns der Vieweg-Verlag Ende '93 fragte, ob die Neuauflage auf der Basis der vorhandenen Druckvorlagen erfolgen solle, waren wir sehr verlockt, einfach ja zu sagen. Dann wollten wir aber die Chance für eine Überarbeitung des Textes doch nicht ungenutzt lassen. Denn zum einen sind neue Tendenzen zum Thema Objektorientierung nicht von der Hand zu weisen, zum anderen war der Text der ersten Auflage an einigen Stellen überarbeitungswürdig. Da gab es neben einigen kleineren Fehlern und stilistischen Unklarheiten auch einiges an neuen Fakten und Einsichten klarzustellen.

Einige Leserinnen und Leser des Buches haben sich die Mühe gemacht, uns auf diese Schwächen aufmerksam zu machen. Wir bedanken uns besonders bei Carola Lilienthal und Ulrich Piepenburg. Schließlich haben wir weitere Erfahrungen mit der Theorie und Praxis objektorientierter Systementwicklung gesammelt.

Wir möchten auch den besonderen Charakter dieses Buches nochmals deutlich herausheben. Wenn auf dem Außentitel drei Autoren in ihrer federführenden Eigenschaft erscheinen, so ist dieses Buch doch eine Teamarbeit, an der alle acht Autoren aus vier Institutionen substantiell beteiligt sind. Die damit verbundenen vielfältigen Erfahrungen und Interessen haben nicht zu einem Sammelband loser Einzelbeiträge geführt, sondern stellen sich als ein hoffentlich stimmiges Dokument einer gemeinsam getragenen objektorientierten "Systementwicklungskultur" dar. Wir hoffen daher, daß die Neuauflage den Fragen aus der Praxis noch bessere Antworten liefern kann.

Düsseldorf, Hamburg im März 1994

Klaus Kilberth, Guido Gryczan, Heinz Züllighoven

Vorwort

Dieses Buch wendet sich an DV-Manager[1], Leiter von Entwicklungsprojekten und Praktiker, die über die Einführung von objektorientierter Systementwicklung in ihren Unternehmen nachdenken, um ihnen Möglichkeiten für eine betriebliche Umsetzung aufzuzeigen. Das Buch soll insbesondere dazu dienen, innovativen Entscheidungsträgern aufzuzeigen, daß die Einführung objektorientierter Techniken "hier und jetzt" möglich ist, um damit qualitativ hochwertige Softwaresysteme herzustellen.

Das vorliegende Buch basiert auf dem Text einer Studie, die im zweiten Halbjahr 1992 im Auftrag der ARAG Allgemeine Rechtschutz-Versicherungen AG Düsseldorf erstellt wurde. Ziel der Studie war, dem DV-Management der ARAG eine Entscheidungshilfe für die methodische Ausrichtung der informationstechnischen Infrastruktur für die nächsten Jahre zu liefern, wobei der Schwerpunkt bei der Strukturierung und Entwicklung von Anwendungssystemen lag. Die Studie ist das Ergebnis der Zusammenarbeit zwischen dem Bereich "Beratung Methoden & Tools" der ALLDATA Unternehmensberatung GmbH in Düsseldorf, dem Arbeitsbereich Softwaretechnik am Fachbereich Informatik der Universität Hamburg sowie dem Projekt "Werkstatt für objektorientierte Konstruktion" (WoK) im Institut für Systementwurfstechnik der Gesellschaft für Mathematik und Datenverarbeitung (GMD) in Birlinghoven.

Dieses Buch ist demnach kein wissenschaftlicher Originalbeitrag. Dies war auch nicht unser Anliegen. Wir haben vielmehr mit Blick auf die angestrebte Leserschaft für dieses Buch solche Texte, Berichte und Unterlagen zusammengestellt und systematisch aufgearbeitet, die in unserer Arbeit als praxisrelevante Beiträge entstanden sind. Verschiedene Anteile des Buches sind demnach in der "Rohform" bereits auf Konferenzen oder in Zeitschriften veröffentlicht worden. Wir gehen jedoch davon aus, daß sie einem breiteren, interessierten Fachpublikum bisher nicht einfach zugänglich waren.

Der Buchmarkt ist derzeit nicht gerade arm an Publikationen zum Thema Objektorientierung. Deshalb stellt sich die Frage, was ein weiteres Buch zu diesem Thema noch beitragen kann. Nach unserer Überzeugung können viele Arbeiten

---

[1] Wir sind uns bewußt, daß sich die Leserschaft dieses Buches sowohl aus weiblichen als auch aus männlichen Personen zusammensetzt. Wegen der leichteren Lesbarkeit verzichten wir aber auf umständliche und wenig lesbare Schreibweisen wie "BenutzerInnen" oder "Benutzer und -innen" etc. .

anderer Autoren auf dem Gebiet der Objektorientierung nicht direkt in der betrieblichen Praxis umgesetzt werden, da sie nicht mit dieser Zielsetzung geschrieben worden sind. Ohne damit den Wert dieser Bücher für ihre jeweilige Fragestellung mindern zu wollen, so scheinen sie uns doch für eine Beantwortung der Frage, wie und mit welchen Chancen und Risiken Objektorientierung in die Praxis eingeführt werden sollte, entweder zu allgemein oder nicht auf die Verbindung von objektorientierten Konzepten und einer systematischen Entwicklungs- und Einführungsstrategie ausgelegt.

In diesem Sinn haben wir unsere Zusammenarbeit im Rahmen der Studie und des Buches auch als Möglichkeit verstanden, diese erkannten Schwächen zu überwinden. Als Autorenteam haben wir uns das Thema Objektorientierung unter sehr verschiedenen Aspekten erarbeitet: Als Forscher und Entwickler von Experimentalsystemen im Bereich interaktiver Informationssysteme und technischer Anwendungen; als Methodenberater für große Unternehmen in Fragen der Datenmodellierung, Projektorganisation, Entwurfsmethodik und Organisationsentwicklung; als Entwickler eines sehr großen objektorientierten Arbeitsplatzsystems im Bankenbereich; als Dozenten in industriellen und akademischen Seminaren, Kursen und Lehrveranstaltungen zu diesen Themen.

Wir haben für dieses Buch unsere praktischen Erfahrungen und unser konzeptionelles Wissen über die Entwicklung softwaretechnisch hochwertiger Systeme unter Verwendung objektorientierter Techniken zusammengefaßt und die Ergebnisse dann so zugeschnitten, daß sie den Leser in die Lage versetzen sollen, selbst einzuschätzen, inwieweit die vorgeschlagenen Ansätze unter den Randbedingungen der industriellen Softwareentwicklung umsetzbar sind.

Wir möchten uns abschließend beim Vorstand der ARAG bedanken, der uns die Verwendung der Studie als Grundlage für dieses Buch genehmigte. Die vielen praktischen und konzeptionellen Anregungen, die in dieses Buch eingegangen sind, können wir nicht auf einzelne Personen zurückführen, sondern wollen unseren Kolleginnen und Kollegen, die mit uns an diesen Themen arbeiten, dafür insgesamt herzlich danken.

Düsseldorf, Hamburg im Juli 1993

Klaus Kilberth, Guido Gryczan, Heinz Züllighoven

Einleitung

Objektorientierung ist in den letzten Jahren zu einer einheitlichen Sichtweise geworden, mit der die Tätigkeitsbereiche einer Organisation analysiert, modelliert und informationstechnisch unterstützt werden können. Damit ist Objektorientierung mehr als eine Technik, um ein Anwendungssystem mit Hilfe von Klassen und Vererbungshierarchien zu programmieren. Die Methode, so wie wir sie mittlerweile verstehen, läßt sich auf verschiedenen Betrachtungsebenen anwenden: Da ist zunächst die *objektorientierte Softwareentwicklung*, die die Konzepte der Analyse, des Systementwurfs und der objektorientierten Programmierung in den Zusammenhang geeigneter Leitbilder für die Softwareentwicklung stellt. Bereits hier soll deutlich werden, daß die traditionelle Trennung zwischen der Analyse eines Anwendungsgebiets und dem Systementwurf, aber auch zwischen Entwurf und Programmierung in der Form einzelner Projektphasen aufgehoben wird. Wenn wir bei der objektorientierten Softwareentwicklung das Anwendungssystem in seinen verschiedenen Stadien in den Mittelpunkt stellen, so betrachten wir bei der *objektorientierten Vorgehensweise* vor allem den Prozeß, der im Rahmen eines Softwareprojektes zu diesem Anwendungssystem als seinem Ergebnis führt. Daß Prozeß und Produkt komplementär sind, hat Christiane Floyd bereits in [34] deutlich gemacht. Akzeptiert man dies, so verwundert nicht festzustellen, daß auch die Organisation, in der die objektorientierte Methode eingesetzt wird, davon nicht unberührt bleibt. In der letzten Zeit hat die Diskussion um eine *objektorientierte Organisationsentwicklung* begonnen, deren Stand wir auch in diesem Buch nachzeichnen wollen. Gerade diejenigen Leser, die über die Einführung der Objektorientierung in der Anwendungsentwicklung nachdenken, werden sich für die daraus erwachsenden Möglichkeiten und die potentiellen Folgen auf der Ebene der Unternehmensorganisation interessieren. Fassen wir alle drei Betrachtungsebenen zusammen, sprechen wir von einer einheitlichen *objektorientierten Methode* der Entwicklung der informationstechnischen Infrastruktur eines Unternehmens oder vergleichbarer Organsationsformen.

Der *Kern der objektorientierten Methode*, so wie er sich für uns heute darstellt, ist der Ausschnitt der objektorientierten Softwareentwicklung, den wir *objektorientierten Softwareentwurf* nennen. Der Softwareentwurf klammert zwei bisher auseinanderliegende Bereiche: die Analyse des Anwendungsgebiets und die Modellierung des DV-Systems, das in diesem Gebiet eingesetzt werden soll. Die Objektorientierung liefert zunächst die gemeinsame Sprache, um die Konzepte in beiden Aktivitätsbereichen verständlich und diskutierbar zu machen. Objektorientierung legt darüber hinaus eine Sichtweise nahe, um die für die Systementwicklung wesentlichen Merkmale beider Bereiche zu erkennen, und bietet schließlich ein einheitliches Modell, um das Erkannte fachlich explizit darzustellen und softwaretechnisch sauber zu entwerfen.

Der objektorientierte Entwurf hat also darin seine Stärke, daß die softwaretechnische Sicht und die anwendungsorientierte Sicht *ohne Bruch* miteinander in Beziehung gesetzt werden können. Budde et al. [13] nennen folgende Merkmale dieser Sichtweise:

- Die fachlichen Begriffe der Anwendung sind Grundlage der gesamten Modellierung.
- Es gibt keinen konzeptionellen Bruch zwischen dem Anwendungsmodell und dem Programmiermodell.
- Objektorientierte Softwarebibliotheken geben Begriffe der Anwendung wieder; Stabilität und Wiederverwendbarkeit der modellierten fachlichen Begriffe sind gleichzeitig die Grundlagen für die evolutionäre Entwicklung des Anwendungssystems.

Der Verringerung der "semantischen Lücke" zwischen Anwendungs- und Programmiermodell ist dabei von zentraler Bedeutung. Es geht dabei nicht um eine unmittelbare Übernahme des Anwendungsmodells, sondern um seine methodische Überführung in ein Anwendungssystem unter Beibehaltung des Modellierungskonzepts. In dem Maße wie es möglich wird, Begriffe der Anwendungswelt mit bewährten softwaretechnischen Prinzipien in einem einheitlichen Modell zu beschreiben, können zentrale Probleme des industriellen Einsatzes komplexer Softwaresysteme, wie Änderbarkeit und Verständlichkeit, angegangen werden. Dazu ist aber eine geeignete objektorientierte Vorgehensweise notwendig, die auf der Basis der Konzepte evolutionärer Systementwicklung erst die Möglichkeiten an die Hand gibt, die Vorzüge des objektorientierten Entwurf auszuschöpfen. Dabei wird sich in der Praxis oft zeigen, daß die in vielen Unternehmen noch vorherrschende hierarchische Organisationsform diesen evolutionären Prozeß behindert. Umdenken ist also auch hier gefordert. Wir werden darstellen, daß sich Objektorientierung durchaus mit Konzepten der Organsationsentwicklung deckt, die heute unter Schlagworten wie "lean production" diskutiert werden.

Um unsere Interpretation des objektorientierten Ansatzes transparent zu machen, werden in *Kapitel 1* die wesentlichen Begriffe und Grundelemente des objektorientierten "Sprachschatzes" eingeführt. Damit wird auch eine sprachliche Basis für die folgenden Kapitel gelegt.

Kapitel 2 führt die einleitenden Betrachtungen fort und beschreibt die Werkzeug-Material Entwurfsmetapher für die Entwicklung objektorientierter Anwendungssysteme. Dabei wird auch unser Verständnis von Prototyping und evolutionärer Systementwicklung im Zusammenhang mit der Objektorientierung verdeutlicht.

Kapitel 3 stellt weitere Konzepte der Softwareentwicklung vor, die den Entwurf objektorientierter Systeme unterstützen. Dazu gehört insbesondere das Vertragsmodell und seine Interpretation in der objektorientierten Modellierung.

Die konzeptionellen Betrachtungen aus den vorhergehenden Kapiteln werden in *Kapitel 4* durch Realisierungsmittel für die objektorientierte Softwareentwicklung untermauert. Dazu gehört eine Besprechung relevanter Programmiersprachen, Programmierumgebungen und eine Darstellung von Konzepten zur Datenhaltung.

Der objektorientierte Entwicklungsprozeß steht im Mittelpunkt von *Kapitel 5*. Hier werden Mittel zur Steuerung eines objektorientierten Entwicklungsprozesses im Zusammenhang mit einem darauf abgestimmten Satz von Dokumenttypen eingeführt.

Auf der Basis der Beschreibung der produkt- und prozeßbezogenen Merkmale der objektorientierten Methode in den vorherigen Kapiteln wird in *Kapitel 6* der Bezug zwischen softwaretechnischen Qualitätskriterien wie Wiederverwendbarkeit, Änderbarkeit und Verständlichkeit und objektorientierten Programmbausteinen hergestellt.

Kapitel 7 erweitert die technischen und konzeptionellen Betrachtungen über Objektorientierung um die organisatorische Ebene. Hier zeigen wir, wie unsere softwaretechnisch motivierten Überlegungen auch auf die Ebene der Organisationsentwicklung übertragen werden können.

Kapitel 8 beschreibt eine mögliche Einführungsstrategie für die Objektorientierung. Dazu werden notwendige Voraussetzungen beschrieben, sowie auf bereits existierende Erfahrungen verwiesen.

Die längerfristigen Chancen und Risiken einer objektorientierten Vorgehensweise und Wirtschaftlichkeitsbetrachtungen bilden den Abschluß in *Kapitel 9*.

1. Der objektorientierte Ansatz

Im ersten Kapitel betrachten wir die Grundelemente des objektorientierten Ansatzes. Diese ersten Abschnitte richten sich sowohl an Leser, die noch nicht mit objektorientierten Konzepten vertraut sind, als auch an solche Leser, die bereits Erfahrungen mit der Objektorientierung gesammelt haben, denn hier soll verdeutlicht werden, welchen Standpunkt wir in der Diskussion um Objektorientierung vertreten. Wir wollen einleitend auch ein Grundverständnis und eine gemeinsame Sprache für die weiteren Überlegungen in diesem Buch schaffen.

1.1 Grundkonzepte

Rebecca Wirfs-Brock und ihre Mitautoren [103] formulieren den Kern der Objektorientierung wie folgt: "Der objektorientierte Ansatz versucht, die unausweichliche Komplexität realer Probleme dadurch in den Griff zu bekommen, daß Wissen abstrahiert und in Objekten gekapselt wird. Um diese Objekte zu finden oder zu erzeugen, müssen wir Wissen und Aktivitäten strukturieren können."

Um diese Aussage in größerem Zusammenhang zu verstehen, ist es sinnvoll auf die historischen Wurzeln der Objektorientierung zu schauen - den *Entwurf von Programmen* und die *Modellierung eines Anwendungsgebiets*.

Die Anfänge der *objektorientierten Anwendungsmodellierung* hängen eng mit der Entwicklung der Sprache Simula in den sechziger Jahren zusammen. Die Motivation dazu kam aus dem Bereich der Simulation von komplexen Organisationsformen, z.B. einem Hafenbetrieb, für die eine geschlossene formale Darstellung nicht möglich ist.[1] Dort erwies sich eine neue Betrachtungsweise als Lösung, bei der die einzelnen zu modellierenden Elemente, die in einem solchen Kontext relevant sind, durch ihr Verhalten und die jeweils erkennbaren Zustände beschrieben wurden (vgl. [79]). Nachdem die objektorientierte Programmierung über ein Jahrzehnt im wesentlichen auf die Simulation beschränkt war, gewann sie vor allem durch die Sprache Smalltalk weite Beachtung. Heute hat sich diese Denkweise in vielen Anwendungsbereichen umsetzen lassen, die im wesentlichen darauf hinausläuft, Anwendungsbereiche durch die dort relevanten Dinge und die dazuge-

---

[1] Zur Bedeutung formaler Spezifikationstechniken für die Entwicklung eingebetteter Systeme vgl. [60].

hörigen Umgangsformen zu beschreiben. Den Durchbruch bei der Anwendungs-entwicklung erlangt die Objektorientierung für Büroanwendungen auf hoch in-teraktiven graphischen Arbeitsplatzrechnern vom Typ Macintosh oder PC mit einem Fenstersystem. Wir greifen deshalb im folgenden immer wieder auf Beispiele aus dem Bürobereich zurück. Damit wollen wir unseren Lesern auch gleich einen inhaltlichen Anknüpfungspunkt geben, da wir davon ausgehen, daß die meisten Leser, auch wenn sie Softwareentwickler sind, im erheblichen Umfang Schreibtischarbeit leisten.

In Abb. 1.1 sind typische Bestandteile eines Büroarbeitsplatzes zusammengefaßt. Wir zeigen im folgenden, wie diese Gegenstände mit objektorientierten Techniken modelliert werden können. Dabei machen wir darauf aufmerksam, daß hier nicht nur die typischen Gegenstände der klassischen Informationsanalyse wie Formu-lare, Texte, Handbücher betrachtet werden, sondern auch auf den ersten Blick eher nebensächliche Dinge wie Schreiber, Locher und Hefter.

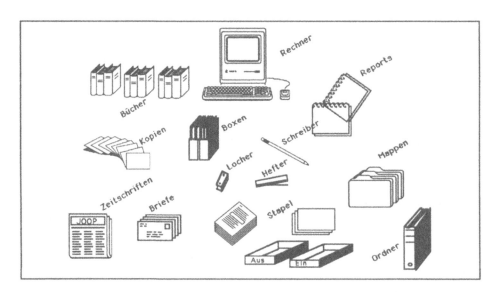

Abbildung 1.1:   Gegenstände eines Anwendungsgebiets

Betrachten wir zunächst einen einfachen Ordner, werden bereits einige Grundge-danken deutlich. Mit dem konkreten Gegenstand Ordner verbinden wir einen all-gemeinen Begriff und ein bestimmtes Verhalten oder eine bestimmte Umgangs-form, die ihn für uns als Ordner erkennbar machen. Wir beschreiben dies wie in Abb. 1.2, indem wir ein Substantiv für diesen Begriff und Verben für die Um-gangsformen verwenden.

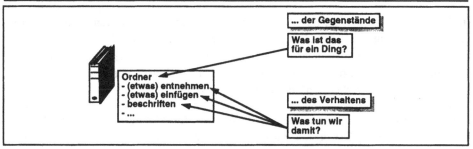

Abbildung 1.2:   Objektorientierte Beschreibung eines Ordners

Bei der Modellierung können - über das obige Beispiel hinausgehend - nicht nur materielle, "handgreifliche" Gegenstände wie Mappen oder Formulare betrachtet werden, sondern auch abstraktere, "immaterielle" Dinge, wie eine Rendite oder ein Zinssatz. Denn auch diese Dinge sind in der täglichen Arbeit durchaus gegenständlich. Sie können benannt werden und wir verbinden jeweils einen charakteristischen Umgang mit ihnen.

Als Darstellungselemente auf der technischen Ebene korrespondieren zu den Gegenständen *Objekte*, die eine Kapsel für zusammengehörige Umgangsformen und Informationen sind und die nach außen einen Satz von Operationen anbieten. So wie die Gemeinsamkeit verschiedener Dinge mit gleichen Umgangsformen sprachlich auf einen Begriff gebracht werden, so werden gleiche Objekte in einer *Klasse* beschrieben. Und so, wie wir uns mit Oberbegriffen und Begriffshierarchien das Verständnis eines Anwendungsbereichs erschließen, so werden Klassen in *Vererbungshierarchien* zusammengefaßt. Eine objektorientierte Programmiersprache ermöglicht es schließlich, objektorientierte Modelle eines Anwendungsbereichs ohne Bruch und Modellwechsel in ausführbare Programme zu überführen.

Anwendungsbereich	Objektorientiertes Modell
Ding, Gegenstand	Objekt
Umgangsform	Operation
Begriff, Konzept	Klasse
Generalisierung, Spezialisierung	Vererbung
Begriffshierarchie	Vererbungshierarchie

Abbildung 1.3:   Begriffe des Anwendungsbereichs und des objektorientierten Modells

In Abb. 1.3 haben wir die bereits verwendeten Begriffe zusammengestellt. Diese Gegenüberstellung soll den Zusammenhang zwischen der Analyse eines Anwendungsbereichs und dem objektorientierten Modell verdeutlichen. Die Abbildung soll aber auch die Begriffe liefern, anhand derer wir klarmachen können, ob wir über den Anwendungsbereich oder sein Modell reden.

Die *objektorientierte Methode*, so wie sie von uns und von den meisten Vertretern bei aller konkreten Differenzierung im Einzelnen verstanden wird (vgl. etwa [19]), bringt demnach die softwaretechnischen und die anwendungsorientierten Grundlagen zusammen: Ausgehend von den relevanten *Gegenständen einer Anwendung* werden die dahinterstehenden Konzepte in einem geeigneten Modell beschrieben und in ablauffähigen Softwaresystemen implementiert. Mit dem Wort "geeignet" wollen wir bereits hier klarstellen, daß wir keine schematische 1:1 Übertragung aller im Anwendungsbereich vorgefundenen Gegenstände und Arbeitsformen in ein Softwaresystem fordern. Der systematische Weg von der Analyse über den Entwurf bis zur Gestaltung eines Anwendungssystems ist Gegenstand der weiteren Kapitel.

In diesem Buch behandeln wir im weiteren keine Ansätze zur Simulation und keine Techniken zur Konstruktion von Realzeit-Anwendungen, da dies den Rahmen dieses Buches zu sehr ausweiten würde. Wir konzentrieren uns vielmehr auf die objektorientierte Modellierung von Bereichen menschlicher Arbeit. Wir betrachten dort die Konzepte, die hinter den relevanten Begriffen des jeweiligen Anwendungsbereichs stehen. Die hier vorgestellte Vorgehensweise ist damit anwendbar auf Problembereiche der sog. kommerziellen Datenverarbeitung. In den Mittelpunkt unserer technischen Betrachtungen stellen wir deshalb auch die Konstruktion interaktiver Software-Werkzeuge in einer kommerziellen Umgebung.

1.2   Elemente des objektorientierten Modells

Im folgenden sind ausgehend von Abb. 1.3 die wesentlichen Begriffe des objektorientierten Modells zusammengefaßt. Damit liefert dieser Abschnitt die für das Weitere notwendigen Erläuterungen und soll gleichzeitig einen Überblick über unsere Interpretation der objektorientierten Methode geben.

Trotz aller Unterschiede in der konzeptionellen und konkreten Ausrichtung objektorientierter Methoden hat sich mittlerweile ein annäherndes Verständnis darüber ergeben, was unter den wesentlichen Elementen eines objektorientierten Modells zu verstehen ist. Ein objektorientiertes Modell ist ein Darstellungs- und Entwurfsmittel, mit dem Systementwürfe so beschrieben werden, daß sie dann unter Verwendung einer geeigneten Programmiersprache in ein objektorientiertes Softwaresystem übertragen werden können. Peter Wegner hat in [99] als diese Grundelemente eines objektorientierten Entwurfs **Objekte**, **Klassen** und **Vererbung** genannt. Dies greift bewährte Konzepte der Softwaretechnik auf. Die Softwaretechnik hat seit ihrer Gründung als eigenständige Disziplin Ende der sechziger Jahre versucht, von maschinennahen Darstellungen zu abstrahieren und anwendungsnähere Ausdrucksmittel zu finden. Zu nennen sind vor allem die Entwicklung höherer Programmiersprachen und Techniken wie die Strukturierte Programmierung. Symbolische Bezeichner, Prozeduren und verallgemeinerte Kontrollstrukturen waren Schritte auf diesem Weg. Wichtig für das Folgende sind aber vor allem die Datenkapselung und das sog. Geheimnisprinzip. Betrachten wir mit Blick auf diese softwaretechnischen Prinzipien zunächst die Grundelemente des objektorientierten Modells.

1.2.1 Objekte, Klassen, Vererbung

Bei der Diskussion der Begriffe Objekt, Klasse und Vererbung wollen wir unsere einleitende These verdeutlichen, daß Objektorientierung die Kluft zwischen fachlicher und technischer Modellierung überbrückt. Entsprechend geben wir diesen grundlegenden Elementen des objektorientierten Modells jeweils eine anwendungsbezogene und eine softwaretechnische Interpretation.

Objekte

Objekte entsprechen fachlich den in einem Anwendungsbereich relevanten Gegenständen. Diese Gegenstände sind charakterisiert durch die Art und Weise, wie in den verschiedenen Anwendungssituationen mit ihnen gearbeitet wird. Arbeit mit Gegenständen bedeutet:

* Welche Informationen an ihnen gesehen werden, und
* welche Veränderungen an ihnen vorgenommen werden können, ohne daß sie zerstört oder in andersartige Gegenstände transformiert werden.

Softwaretechnisch sind Objekte die Komponenten eines lauffähigen Softwaresystems. Ein Objekt hat einen systemweit eindeutigen Namen. Dem Objekt sind Operationen zugeordnet, die Informationen über das Objekt liefern und den Zustand des Objektes verändern können. Diese Operationen bilden zusammen mit dem Objektnamen die Schnittstelle des Objektes. Verborgen bleiben die konkrete Implementation dieser Operationen und die Struktur des Speicherbereichs. Nur anhand der Operationen ist es möglich, den Speicherbereich eines Objektes zu lesen oder zu verändern.

Klassen

Fachlich werden in *Klassen* solche Gegenstände zusammengefaßt, die als gleichartig angesehen werden. Auf diese Weise werden die Gegenstände "auf den Begriff" gebracht. Durch Klassenbildung wird ein bestimmtes Verständnis von hinter den Gegenständen stehenden Konzepten ausdrücklich.

Die Klassen- und Begriffsbildung ist von ihrem Wesen her ein sozialer Prozeß im Rahmen der Verwendung und Bildung sprachlicher Zeichen (vgl. [26]). Sie hängt somit von der Wertvorstellungen und dem Verständnis der beteiligten Personen ab. Im Prozeß der Modellierung und der gegenseitigen Verständigung über einen Anwendungsbereich ändert sich auch das Verständnis über Begriffe und Klassen. Dieser unausweichliche "semantische Drift" muß bewußt in den Entwicklungsprozeß einbezogen werden.

Objekte werden softwaretechnisch in Klassen beschrieben. Klassen bilden demnach die "Erzeugungsmuster" für Objekte. Eine Klasse definiert die Eigenschaften aller Objekte, die zu ihr gehören. Diese Definition umfaßt die den Objekten zugeordneten Operationen und die innere Konstruktion (Datenstrukturen und Algorithmen) der Objekte.

Klassenhierarchien und Vererbung

Ausgehend von gemeinsamen fachlichen Umgangsformen lassen sich Ähnlichkeiten von unterschiedlichen Gegenständen bestimmen. Diese Gemeinsamkeiten werden generalisierend in einem Oberbegriff ausgedrückt. Durch solche Generalisierung oder Klassifikation entstehen hierarchische Begriffssysteme von einander zugeordneten Ober- und Unterbegriffen. Solche fachlichen Begriffsgebäude sind in den verschiedenen Fachsprachen unterschiedlich stark ausgeprägt. Sie bilden die Grundlage der alltäglichen Zusammenarbeit; sie fördern aber auch das Verständnis bei der Einarbeitung in ein Anwendungsgebiet.

Fachlichen Begriffsgebäuden entsprechen auf der technischen Seite Klassenhierarchien von Ober- und Unterklassen, von denen wir sagen, daß sie in einer Vererbungsbeziehung stehen.

Vererbung ist somit ein Konzept, um Beschreibungen eines Systems hierarchisch aufzubauen, d.h. gemeinsame Merkmale eines Systems generalisierend an einer Stelle beschreiben zu können.

Oberklassen beschreiben softwaretechnisch Abstraktionen der ihnen zugehörigen Klassen. Alle Beschreibungen einer Oberklasse stehen zunächst auch den Unterklassen zur Verfügung. Den Mechanismus, der Beschreibungen einer Oberklassen in ihren Unterklassen verfügbar macht, bezeichnet man als Vererbung. In einer

Unterklasse können die geerbten Beschreibungen der Oberklasse spezialisiert werden. Dabei werden Operationen

* definiert (oder implementiert), die in einer der Oberklassen nur spezifiziert sind.

* redefiniert, wenn eine neue Implementation in der Unterklasse eine vorliegende Implementation in einer Oberklasse ersetzt (überschreibt, verdeckt).

* hinzugefügt, wenn noch keine namensgleiche Operation in einer Oberklasse existiert.

1.2.2 Weitere Begriffe

Zum Verständnis der weiteren Ausführungen in diesem Buch ist es sinnvoll, noch einige weitere Begriffe zu erläutern, die im Zusammenhang mit objektorientiertem Entwurf häufig verwendet werden.

Typ

Typen kennen wir aus vielen neueren Programmiersprachen. Sie dienen etwa zur Deklaration von Variablen. Durch eine Typdeklaration wird festgelegt, welche Werte eine Variable annehmen kann und welche Operationen darauf zulässig sind [83a]. Nach der allgemeinen Formulierung von Cardelli und Wegner [16] bezeichnet ein Typ eine Menge von programmiersprachlichen Objekten mit gleichartigem Verhalten. Typen schützen die interne Repräsentation eines Objekts vor nicht-intendiertem Gebrauch. Sie dienen zur Deklaration von Bezeichnern und Größen eines Programms zum Zwecke der Überprüfung ihrer korrekten (typsicheren) Verwendung. Ein Typ (im Sinne von Porter [83]):

* spezifiziert ein Protokoll, d.h. benennt die Prozeduren und Funktionen (Operationen), mit denen ein Exemplar des Typs aufrufbar ist.

* enthält keine Information über die Speicherstruktur und Operationskörper.

In gängigen getypten objektorientierten Sprachen wie C++ und Eiffel wird Klasse und Typ gleichgesetzt.[1] Dabei bedeutet statische Typisierung, daß die Typüberprüfung durch Analyse des Programmtextes (meist zur Übersetzungszeit) vorgenommen werden kann. Starke Typisierung garantiert typsichere Ausdrücke und damit einen typfehlerfreien Ablauf.[2]

---

[1] Zur Problematik dieser Gleichsetzung vgl. ebenfalls [16].

[2] Merke: Jede statisch getypte Sprache ist stark getypt, aber nicht notwendig umgekehrt.

Sichtbarkeit

Die Schnittstellenbeschreibung einer Klasse legt fest, was von den Objekten dieser Klasse in der Benutzung (also "von außen") sichtbar ist. Dies sind neben dem Namen der Klasse die nach außen bekanntgemachten (exportierten) Operationen, die für die allgemeine Benutzung zugänglich gemacht worden sind. Eine exportierte Operation ist mit ihrem Namen und dem Typ ihrer Parameterobjekte bekannt. Bei einer Funktion ist zusätzlich noch der Typ des Ergebnisobjektes sichtbar. Betrachtet man Klassen als Implementationen abstrakter Datentypen, dann wird die Schnittstelle noch um die Zusicherungen erweitert, die für die Routinen und für die Klasse insgesamt gelten. Auf diesen Zusammenhang gehen wir im Abschnitt über das sog. Vertragsmodell der Softwareentwicklung (Kap. 3.3) noch vertieft ein.

2. Grundlagen des objektorientierten Softwareentwurfs

Wir haben bisher die Grundkonzepte der Objektorientierung beschrieben und kommen jetzt zum Kern des objektorientierten Ansatzes, nämlich zum objektorientierten Softwareentwurf. Im Folgenden erläutern wir unseren Ansatz, der sich durch eine möglichst bruchlose Verbindung der Analyse des Anwendungsbereich und der Entwicklung der DV-Technik charakterisieren läßt. Wir stellen in diesem Abschnitt die Konzepte vor und werden im Weiteren dann sowohl eine Vorgehensweise als auch geeignete Dokumente zur Beschreibung der unterschiedlichen Aspekte des Entwurf und des Entwicklungsprozesses beschreiben.

Unser Ansatz geht von einigen Grundannahmen aus, die sich im Sinne von Coad und Yourdon (vgl. [17]) in folgenden Punkten zusammenfassen lassen:

- Die zentrale Aufgabe beim Softwareentwurf besteht darin, bei den Entwicklern ein Verständnis des Anwendungsbereichs zu schaffen.
- Die Grundlage für dieses wachsende Verständnis ist die Kommunikation zwischen allen am Entwicklungsprozeß beteiligten Gruppen.
- Die Entwickler müssen berücksichtigen, daß ein Anwendungsbereich auch während des Entwicklungsprozesses ständig Änderungen unterworfen ist.

Diese Grundannahmen haben wesentliche Auswirkungen auf die Vorgehensweise. Konzeptionell fordern wir zunächst die enge Verknüpfung von analysierenden, entwerfenden und bewertenden Aktivitäten. Wir zeigen im folgenden Abschnitt, wie sich aus der Analyse eines Anwendungsbereichs die fachlichen Elemente eines objektorientierten Systemmodells ableiten lassen. Neben der Betrachtung der alltäglichen Arbeitstätigkeiten im Anwendungsbereich ist für die Modellierung eine Entwurfsmetapher wichtig, um bei Anwendern und Entwicklern eine plastische Vorstellung über die Gestalt des zukünftigen Systems zu entwickeln. Wir schlagen die Entwurfsmetapher von Werkzeug und Material vor. Diese Entwurfsmetapher wird objektorientiert in Material-, Werkzeug- und Aspektklassen umgesetzt. Da sich unser Ansatz besonders für die Entwicklung interaktiver Anwendungssysteme auf graphischen Arbeitsplatzrechnern eignet, skizzieren wir in Kap. 2.3 auch die Architektur interaktiver Software-Werkzeuge. Dies soll verdeutlichen, daß unsere Entwurfsmetapher fachlich verständlich und softwaretechnisch sauber umgesetzt werden kann.

2.1   Von der Anwendungsanalyse zum Klassenmodell

In der Einleitung dieses Buches haben wir bereits gesagt, daß Objektorientierung als eine Sichtweise wesentlich mehr ist als ein neues Darstellungsmittel. Objektorientierung verlangt auch eine geänderte Vorgehensweise bei der Systementwicklung. Dies zeigt sich bereits in der Art, wie wir uns als Entwickler objektorientiert in einen Anwendungsbereich einarbeiten.

Um die *vorhandenen* Arbeitszusammenhänge zu verstehen und sinnvolle Anwendungssysteme entwerfen zu können, ist es wesentlich, dabei vorrangig die *Gegenstände* zu analysieren, die zur Erledigung der alltäglichen Aufgaben im Anwendungsbereich verwendet werden. Wir betrachten dabei die sog. *Umgangsformen* mit den Gegenständen, d.h. die Art und Weise, wie mit Gegenständen im Rahmen der verschiedenen Aufgaben (auf der "semantischen Ebene") gearbeitet wird. Diese Gegenstände führen uns zu den relevanten Begriffen der Anwendung und den dahinterstehenden Konzepten ihrer Verwendung. Daraus resultierende Beschreibungen bilden den "Keim" dessen, was wir als *Objekte des Anwendungssystems* in Form von Klassen entwerfen (vgl. [13]).

Im Mittelpunkt steht für uns das Verständnis der Aufgaben, Zielsetzungen und Arbeitstätigkeiten eines Anwendungsgebiets. Dazu werden *initial* die in der alltäglichen Arbeit der Benutzer vorfindlichen relevanten Gegenstände identifiziert. Dies geschieht auf zwei Abstraktionsebenen:

*   Der *Umgang* der Benutzer mit diesen materiellen oder gedanklichen Gegenständen wird *analysiert*.

*   Die dahinterstehenden relevanten *Begriffe* der (Benutzer-) Fachsprache werden *festgehalten* oder *rekonstruiert*.

Da der Begriff *Umgangsform* zwar allgemein verständlich sein dürfte, aber in Bezug auf Anwendungsanalyse ungewöhnlich ist, stellen wir dies genauer dar. Wenn wir den Umgang mit Gegenständen in einem Anwendungsgebiet analysieren, dann betrachten wir:

*   Welche Informationen werden an den Gegenständen "abgelesen"?
*   Welche Veränderungen werden an den Gegenständen vorgenommen, ohne daß sie zerstört oder in andersartige Gegenstände transformiert werden?

Wenn wir als Entwickler in einem Anwendungsfeld arbeiten, das wir selbst nur wenig fachlich verstehen, werden wir uns zunächst an den sichtbaren (materiellen) Gegenständen und ihrer Verwendung orientieren. Man könnte sagen, wir orientieren uns anfangs am "Offensichtlichen". Dies erleichtert den Einstieg in ein unbekanntes Arbeitsgebiet. Sehr schnell werden in der Diskussion mit den Fachleuten dieses Anwendungsbereichs auch solche Gegenstände deutlich, die wie Rendite oder Vertragskonditionen eher ideelle als materielle Dimensionen haben. Trotzdem möchten wir vor dem Trugschluß warnen, daß die materiellen Arbeitsgegenstände oder -mittel gegenüber den ideellen trivial oder unwichtig seien.

Wir haben bereits in Abb. 1.1 eine Auswahl von relevanten materiellen Gegenständen in einer Büroumgebung gezeigt und greifen als Beispiel in Abb. 2.1 die fachliche Modellierung eines Ordner mit seinen Umgangsformen auf.

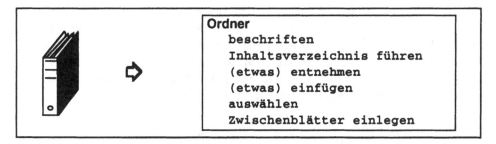

Abbildung 2.1:   Fachliche Modellierung eines Ordners

Die Modellierung der Gegenstände eines Anwendungsbereichs führt zur Festlegung von Begriffen der Anwendung und den damit verbundenen Umgangsformen in Form eines fachlichen Klassenentwurfs. Für die fachliche Klasse `Ordner`[1] werden zunächst die charakteristischen Umgangsformen in der Fachsprache der Anwendung rekonstruiert. Nehmen wir dazu als Ausgangssituation die Analyse der tatsächlichen Arbeiten in einem Anwendungsbereich, begegnen uns oft Situationen, in denen für die Erledigung einer Aufgabe mehr als ein Gegenstand verwendet wird. Dann stellt sich für uns gelegentlich die Frage, welchem Objekt eine Umgangsform zugeordnet werden soll, genauer - in welcher Klasse im Modell eine Umgangsform beschrieben werden soll. Sehen wir uns ein Beispiel an:

> *Ein Bankberater nimmt einen Ordner aus einem Aktenbock, sortiert ein Schriftstück ein und stellt den Ordner wieder zurück.*

Wir müssen uns entscheiden, ob *herausnehmen* und *zurückstellen* sich vorrangig auf den Ordner oder den Aktenbock bezieht und ob das *Einsortieren* ein Merkmal des Ordners oder des Schriftstücks ist. Technisch können wir jede dieser Möglichkeiten realisieren. Um unseren Entwurf aber minimal und verständlich zu halten, fragen wir, welches Objekt durch die jeweilige Umgangsform verändert

---

[1]Wir kennzeichnen technische Begriffe durch `diese Schriftart`

wird und welches seinen Zustand beibehält. In unserem Beispiel läßt sich die Frage für Ordner und Aktenbock recht einfach entscheiden: Nach dem Herausnehmen enthält der Aktenbock erkennbar einen Ordner weniger. Dagegen hat sich an dem entnommenen Ordner nichts verändert. Analoges gilt für das Zurückstellen. Das Einsortieren ist etwas komplexer. Hier werden wir im Regelfall vom Schriftstück eine bestimmte Information, etwa das Eingangsdatum, benötigen, um es im Ordner an die richtige Stelle einfügen zu können. Verändert hat sich aber nach dem Einfügen der Ordner, während das Schriftstück nur in Teilen gelesen worden ist.

Bei der Modellierung von Gegenständen des Anwendungsbereichs stellen wir also fest, daß wir für die Beschreibung von Arbeitstätigkeiten als Umgangsformen meist mehr als einen Gegenstand benötigen. Bei der Übertragung in eine fachliche Klassenbeschreibung machen wir dieses Wissen explizit, soweit es auf der Ebene der fachlichen Analyse und Modellierung möglich ist. So erhalten wir etwa ausgehend von Abb. 2.1 den Klassenentwurf von Abb. 2.2.

```
┌─────────────────────────────────────────────────────┐
│         ┌───────────────────────────────────────┐   │
│         │ Ordner                                 │   │
│         │     mit Text beschriften               │   │
│         │     Inhaltsverzeichnis führen          │   │
│         │     Schriftstück entnehmen             │   │
│         │     Schriftstück einfügen              │   │
│         │     Schriftstück auswählen             │   │
│         │     Zwischenblätter einlegen           │   │
│         └───────────────────────────────────────┘   │
└─────────────────────────────────────────────────────┘
```

Abbildung 2.2:   *Die fachliche Klasse* Ordner

Der Augenmerk liegt in einem nächsten Schritt bei den Verwandtschaftsbeziehungen zwischen Begriffen, die sich in ähnlichen Umgangsformen und Strukturen niederschlagen (vgl. Abb. 2.3). Bei der Betrachtung der fachlichen Klassen Ordner, Box und Stapel sind offensichtlich gemeinsame Umgangsformen vorhanden. In allen drei Klassen stehen Umgangsformen zum Einfügen, Auswählen und Entnehmen von Schriftstücken zur Verfügung. Weiterhin stellen wir fest, daß Ordner und Box mit Text beschriftet werden können.

Ziel des fachlichen Klassenentwurfs ist eine Klassifikationshierarchie, in der alle für die Anwendung relevanten Klassen - auf der Basis von Generalisierungs- und Spezialisierungsbeziehungen - beschrieben sind. Die beim fachlichen Klassenentwurf betrachteten sog. Taxonomien sind ein zyklenfreies Begriffsgerüst.

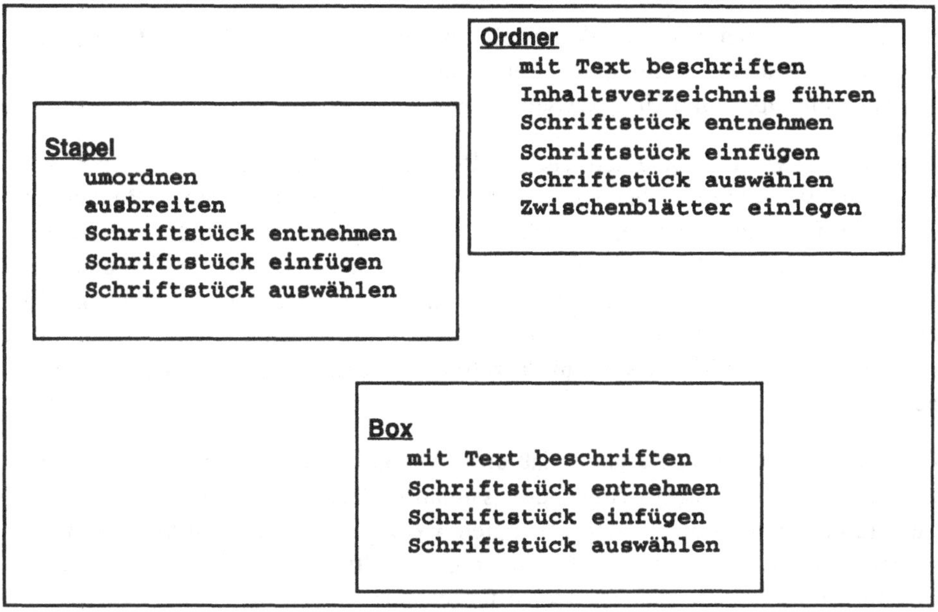

Ordner
mit Text beschriften
Inhaltsverzeichnis führen
Schriftstück entnehmen
Schriftstück einfügen
Schriftstück auswählen
Zwischenblätter einlegen
Stapel
umordnen
ausbreiten
Schriftstück entnehmen
Schriftstück einfügen
Schriftstück auswählen
Box
mit Text beschriften
Schriftstück entnehmen
Schriftstück einfügen
Schriftstück auswählen

Abbildung 2.3: Modell von Ordner, Box und Stapel

Entwickeln wir unser Beispiel von Abb. 2.3 weiter. Die Klassen `Ordner`, `Box` und `Stapel` weisen gemeinsame Umgangsformen der modellierten Gegenstände aus. Diese fachlich vorhandenen Gemeinsamkeiten wollen wir im Modell ausdrücklich machen und bringen sie auf den Oberbegriff "Ablage", d.h. wir modellieren eine Oberklasse, die diese Gemeinsamkeiten ausdrückt.

Ablage
Schriftstück entnehmen
Schriftstück einfügen
Schriftstück auswählen
Stapel
umordnen
ausbreiten
Box
mit Text
beschriften
Ordner
mit Text beschriften
Inhaltsverzeichnis führen
Zwischenblätter einlegen

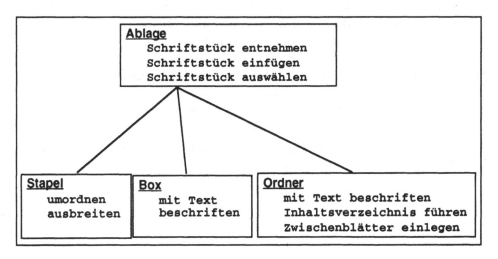

Abbildung 2.4: Gemeinsamkeiten von Gegenständen

In Abb. 2.4 haben wir dies dargestellt, wobei wir aufgrund der graphischen Anordnung von Kästen in "oben" und "unten" sowohl die Klassen als auch ihr Verhältnis in Ober- und Unterklassen verdeutlichen wollen.

Nun können wir uns vorstellen, daß der Begriff "Ablage" zwar im Anwendungsbereich verständlich ist, aber bisher nicht als Oberbegriff für Ordner, Boxen und Stapel im fachlichen Sprachgebrauch war. Wir haben diesen Begriff also (in Abstimmung mit den Anwendern) "rekonstruiert". Dies bedarf der Erläuterung. Wir sprechen deshalb von der Rekonstruktion von Begriffen, weil neben den explizit in einer Fachsprache verwendeten Termini oft eine Art impliziter Begriffsbildung existiert, die erst im Prozeß der Modellierung explizit herausgearbeitet wird.

Es ist wichtig dabei festzuhalten, daß diese Modellierung zunächst vor dem Hintergrund einer bestimmten Anwendungssituation abläuft und damit das gemeinsam erarbeitete Verständnis der Beteiligten widerspiegelt und nicht den Anspruch erhebt, automatisch über diese Gruppe hinaus gültig zu sein. Praktische Erfahrungen zeigen jedoch, daß bei vielen Gegenständen, die im beruflichen Alltag verwendet werden, wie z.B. einem Kopierer, einem Locher oder einem Ordner, die Umgangsformen weitgehend vereinheitlicht sind. Folglich hat eine objektorientierte Modellierung oft projektübergreifende Bedeutung und kann leicht von nicht am Prozeß Beteiligten nachvollzogen und mitgetragen werden. Bei der Büroarbeit einer Bank und einer Versicherung sind Beispiele allgemeinverständliche Gegenstände etwa Kundenakte, Formularordner, Formular, Vertrag, Notiz, aber auch ein Taschenrechner für die anfallenden Berechnungen.

Die weitere Gemeinsamkeit, daß sich Boxen und Ordner beschriften lassen, führt uns dazu, daß wir den Begriff Archiv als anwendungsrelevant erkennen und in Abb. 2.5 in unser Modell aufnehmen. Dabei charakterisieren wir ein Archiv noch dadurch, daß wir darin die Entnahme von Schriftstücken verwalten. Wir sehen hier den engen Zusammenhang zwischen der Analyse des Anwendungsbereichs und dem Systementwurf: Aus der Analyse geht hervor, welche Ausschnitte des Anwendungsbereichs wir überhaupt als anwendungsrelevant betrachten. Diese werden im Entwurfsprozeß daraufhin untersucht, welche Bedeutung sie für das zukünftige System haben. Entsprechend werden sie ins fachliche Modell übernommen.

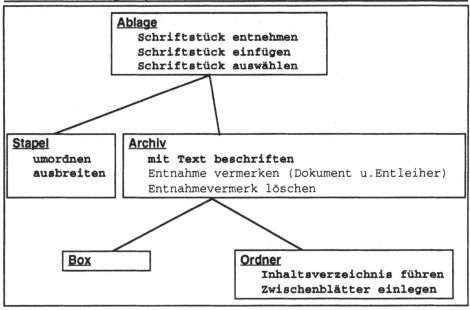

Abbildung 2.5: *Weiterentwicklung der Klassenhierarchie*

Je spezieller der Anwendungskontext, in dem wir modellieren, desto spezieller wird auch die im fachlichen Klassenmodell verwendete Begrifflichkeit. Abb. 2.6 zeigt als Ausschnitt eines fachlichen Modells aus dem Bankenbereich das Formularwesen, zu dessen detailliertem Verständnis schon ausgeprägtes Wissen über Banktätigkeit erforderlich ist.

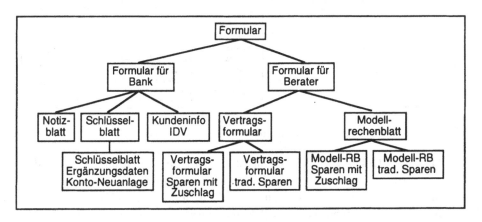

Abbildung 2.6: *Anwendungsmodell des Formularwesens einer Bank*

Das Begriffsgerüst des fachlichen Klassenentwurfs ist die Grundlage für den technischen Klassenentwurf, bei dem das softwaretechnische Repertoire der objektorientierten Programmierung (Vererbung, Verwendung von abstrakten Datentypen, Zusicherungen) zum Einsatz kommt. Die Klassifikationshierarchie des fachlichen Entwurfs kann dabei direkt übernommen werden – sie ist also nicht nur (diffuser) "Ausgangspunkt" für die Konstruktion. Abb. 2.7 zeigt einen ersten Schritt zum technischen Entwurf des Ablagenbeispiels, die aus dem fachlichen Entwurf von Abb. 2.4 abgeleitet wurde. Hier soll deutlich werden, daß unser Begriffsverständnis aus dem fachlichen Entwurf ohne Bruch in ein technisches Modell überführt werden kann.

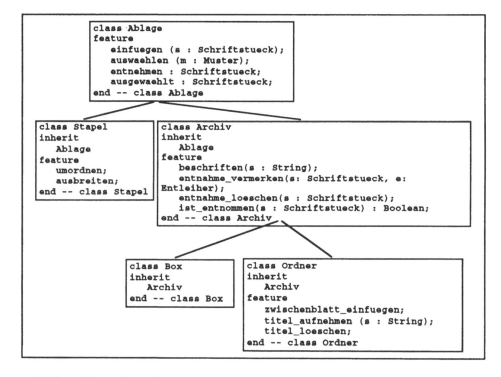

Abbildung 2.7:   Erste Version eines technischen Klassenmodells

Die Notation der technischen Klassenhierarchie in Abb. 2.7 ist angelehnt an die objektorientierte Programmiersprache Eiffel, die sich durch eine einfache Syntax auszeichnet. Zur Spezifikation der an der Schnittstelle einer Klasse sichtbaren Prozeduren und Funktionen wird das Schlüsselwort `feature` (= Merkmal) verwendet. Für die Klasse `Ablage` in unserem Beispiel werden die Prozeduren `einfuegen` und `auswaehlen` festgelegt. Die in der fachlichen Modellierung der Umgangsformen verwendeten Gegenstände werden jetzt zu Parametern der

Operationen. So erhält einfuegen als Parameter ein Objekt des Typs Dokument. Die Operation entnehmen ist als Funktion spezifiziert. Diese Funktion liefert als Ergebnis ein Objekt des Typs Dokument. Wenn wir über die technische Umsetzung eines Klassenentwurfs nachdenken, fallen uns unter diesem neuen Blickwinkel einige Ungereimtheiten unseres Entwurfs auf. So benötigt auswaehlen einen Parameter des Typs Muster, denn wir haben bei der Modellierung gemerkt, daß wir ein Schriftstück nur dann auswählen können, wenn es bestimmte Eigenschaften zeigt. Diese Eigenschaften wollen wir in einem Suchmuster angeben können. Ebenso haben wir beim Entwurf der Ablage schon implizit eine bestimmte Vorstellung gehabt, wie die Arbeit mit dieser Ablage funktionieren soll: Zu jedem Zeitpunkt soll es ein "aktuelles" Schriftstück geben. Dies drücken wir durch die zusätzliche Funktion ausgewaehlt aus, die genau dieses aktuelle Schriftstück liefert.

Es fehlt noch die Notation der Klassenhierarchie. Diese wird in allen objektorientierten Programmiersprachen explizit ausgedrückt. So machen Stapel und Archiv als Unterklassen der Ablage dies kenntlich durch das Schlüsselwort inherit (= erbt von) und der Angabe des Namens der Oberklasse.

Bei der fachlichen Modellierung bemühen wir uns aus Gründen der Verständlichkeit und Weiterentwickelbarkeit, mit einfachen Vererbungshierarchien, in denen jede Klasse genau eine Oberklasse hat, auszukommen. Auch bei der technischen Modellierung behalten wir diese Orientierung aufrecht. Auch dort setzten wir Mehrfachvererbung, d.h. das Erben von mehr als einer Oberklasse, nur dann ein, wenn sich neben der softwaretechnischen Begründung eine verständliche fachliche Interpretation der Mehrfachvererbung finden läßt. Wir kennen nur wenige Ausnahmen, in denen es aus softwaretechnischen Gründen angezeigt ist, von diesem Schema abzuweichen.

Beim Übergang vom technischen Klassenentwurf zur Implementation von Klassen werden die spezifizierten Schnittstellenoperationen und die nur intern bekannten Hilfsoperationen programmiert. Die Operationen aus einer Oberklasse können in einer Unterklasse unmittelbar verwendet werden, solange sie unverändert bleiben sollen.

Eine Veränderung der Implementation, wie z.B. die Veränderung der Routine einfuegen in den Unterklassen der Klasse Ablage (vgl. Abb. 2.8.) kann Bezug nehmen auf die ererbte Operation und sie erweitern. In der Klasse Archiv wird etwa eine Abfrage vor das eigentliche einfuegen in die Ablage programmiert. Alternativ dazu kann eine Implementation aus der Oberklasse vollständig verändert werden. Wir sprechen in beiden Fällen von einer Redefinition der ererbten Operation in der Unterklasse. Wenn dieses Vorgehen adäquat erscheint, ist jedoch zu überprüfen, ob die Modellierung des fachlichen Begriffsgerüstes und des daraus abgeleiteten fachlichen Klassenentwurfs an dieser Stelle tragfähig ist.

In unserer Notation wird das Redefinieren einer Operation durch das Schlüsselwort `redefine` gefolgt vom Namen der zu redefinierenden Operationen der Oberklasse dargestellt.

```
class Ablage
feature
    einfuegen (s : Schriftstueck) is
        do  -- fuege Schriftstueck in Ablage ein
        end;
    auswaehlen (m : Muster) is
        do -- ausgewaehlt := Element das
            -- mit `m´ uebereins    class Archiv
        end;                        inherit
    entnehmen : Schriftstueck          Ablage
        do -- entnimm ausgewaeh          redefine einfuegen, entnehmen
        end;                             end
    ausgewaehlt : Schriftstuec  feature
end -- class Ablage                 einfuegen (s : Schriftstueck) is
                                        do if ist_entnommen (s) then
                                            entnahme_loeschen (s)
class Ordner                            end;
inherit                                 ...
    Archiv                          end;
        redefine einfuegen      entnehmen : Schriftstueck is
        end                         do  -- entnimm ausgewähltes Schriftstuec
feature                                 -- nur wenn entsprechend
    einfuegen (a : Schriftstuec         -- entnahme_vermerken(s,e)
        do -- fuege Schriftstuec        end;
            -- sortiert ein        entnahme_vermerken (s : Schriftstueck,
        end;                                           e : Entleiher) is
end -- class Ordner                     do ... end;
                                    entnahme_loeschen (s : Schriftstueck) is
                                        do ... end;
                                    ist_entnommen (s : Schriftstueck) : Boolean
                                end -- class Archiv
```

Abbildung 2.8:   Übergang zur Implementation von Klassen

Die Möglichkeit ererbte Implementationen durch Redefinition anzupassen, trägt wesentlich zur Wiederverwendbarkeit von Klassen bei. Die Redefinition birgt jedoch auch die Gefahr, daß in einer Unterklasse die ursprüngliche Bedeutung einer Operation stark verändert wird. Auf diese Problematik der sog. "Semantikver-Fschiebung" beim Übergang von Oberklassen zu Unterklassen durch Reimplementation von Operationen gehen wir im Abschnitt über das Vertragsmodell (vgl. Kap. 3.3) noch gesondert ein.

Es sollte jedoch an dieser Stelle deutlich werden, daß im Vergleich etwa zu einem Übergang von einem daten- und funktionsorientierten Entwurf zu einer modularen Architektur, der Übergang von einem fachlichen, objektorientierten Entwurf zur Implementation von Operationen in Klassen erheblich leichter nachvollziehbar ist.

Während bei der konventionellen Informationsanalyse isolierte Geschäftsvorfälle als Abfolge von Funktionen und die dabei anfallenden Daten als fachliche Elemente modelliert werden, fokussiert objektorientierter Entwurf auf den begrifflichen Aufbau. Objektorientiert werden die Gegenstände "qualitativ" beschrieben, indem die gekapselten Daten und die darauf zulässigen Operationen als Einheit modelliert werden. Dabei wird vom Ansatz her bewußt auf die Modellierung möglicher Abläufe in einem System verzichtet.

In den folgenden Abschnitten erläutern wir, wie dieser Übergang vom fachlichen Entwurf zur softwaretechnischen Realisierung unter Verwendung eines Leitbildes und einer dazu passenden Entwurfsmetapher vollzogen wird.

2.2 Werkzeug und Material als Entwurfsmetapher für die Entwicklung

Bisher wurde aufgezeigt, daß Objektorientierung bedeutet, die relevanten Gegenstände und Begriffe eines Anwendungsbereichs fachlich zu beschreiben. Wir haben zudem skizziert, daß es möglich ist, diesen fachlichen Entwurf ohne Modellbruch in einen technischen Entwurf zu überführen. Damit existiert zwar die Grundlage für die weitere Systementwicklung, aber es fehlt noch die Anleitung, wie Gegenstände bei der Analyse eines Anwendungsbereichs als relevant erkannt werden können und vor allem, wie das angestrebte System und die zukünftigen Arbeitsformen aussehen können. Benötigt wird also eine zweckgebundene Entwurfsmetapher (vgl. dazu auch die Diskussion über *Leitbilder* in [85]), die den Entwicklern methodisch hilft, das Analysierte in geeigneter Weise in einen Entwurf des zukünftigen Anwendungssystems zu übertragen. Wir wollen dabei bewußt die Trennung von Analyse und Entwurf aufheben, d.h. wir verwenden unsere langsam wachsende Vorstellung vom zukünftigen Anwendungssystem dazu, die Analyse eines Anwendungsbereichs zu leiten und zu begrenzen.

Objektorientierung kann selbst als Leitbild betrachtet werden, indem etwa Objekte als aktive und miteinander kommunizierende Elemente eines Systems betrachtet werden (vgl. [103]). Dieses Leitbild paßt gut in eine virtuelle Welt künstlicher, intelligenter "Artefakte", oder zu einem technischen System mit greifbaren aktiven Komponenten. Es kann aber nur mit Mühe in den von uns betrachteten Anwendungsbereichen wiedergefunden werden. Viele Ansätze, die einen Übergang von der Welt der Datenmodellierung zur Objektorientierung suchen, greifen dieses Bild jedoch in modifizierter Form auf. Dabei wird die klassische

Vorgangssteuerung in "aktive" Steuerungsobjekte übertragen, die auf Daten-objekten als den Abbildern des konventionellen Datenmodells arbeiten (vgl. [31]). Dieses Leitbild von aktiven Steuerungsobjekten und Datenobjekten, mag für die Übertragung existierender Datenbankanwendungen in neue Systemumgebungen greifen, bringt aber zahlreiche Probleme mit sich, auf die wir im folgenden wie-der zu sprechen kommen.

Interpretieren wir Objektorientierung als Sichtweise, die zueinander passende Modellelemente für Analyse und Systementwurf liefert, fehlt ein tragfähiges Leitbild, das in der Anwendung verständlich und für die Entwickler orientierend ist.

Wir verwenden als Leitbild den Arbeitsplatz für qualifizierte menschliche Tätigkeiten, etwa den Arbeitsplatz in der Wertpapierabteilung einer Bank oder auch die Werkbank eines Handwerkers. Im Rahmen dieses Leitbildes verwenden wir als Entwurfsmetapher den *Umgang mit Werkzeug und Material* (vgl. [14]). Dies läßt sich fachlich motivieren: Menschen sind gewohnt, bei der täglichen Ar-beit ihre Arbeitsmittel und -gegenstände als Werkzeuge und als Materialien zu se-hen. Dies gilt nicht nur in handwerklichen oder produzierenden Bereichen, son-dern auch bei der Büroarbeit (vgl. Abb. 2.9 und [45]). Diese Entwurfsmetapher hat sich auch softwaretechnisch als ausdrucksstark erwiesen. Beim objekt-orientierten Entwurf lassen sich interaktive Anwendungssysteme als sinnvolle Zusammenstellung von Werkzeugen und Materialien in einer Arbeitsumgebung modellieren.

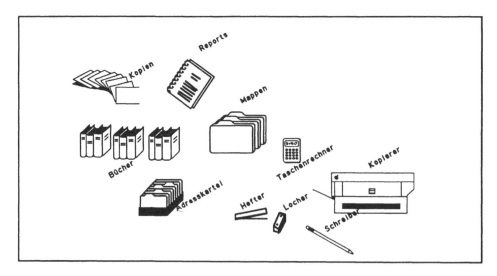

Abbildung 2.9:   *Werkzeuge und Materialien in einer Büroumgebung*

Werkzeug und Material als Entwurfsmetapher schaffen die Verbindung von den bisher am Arbeitsplatz vorhandenen gewohnten Gegenständen zu den neuen Komponenten eines Anwendungssystems. Diese neuen Komponenten sollen sich mit der Zeit bruchlos als weitere Werkzeuge und Materialien verwenden lassen. Derartige Anwendungssysteme müssen technisch anders konstruiert werden, als dies heute noch vielfach bei zentralistisch organisierten Großrechneranwendungen geschieht. Ein Stichwort ist hier "reaktive Anwendungssysteme", die so gestaltet sind, daß alle Aktivität vom Benutzer ausgeht, d.h. daß Benutzer in ihrer Arbeit die jeweils für sie relevanten Leistungen einer Anwendung anfordern. Wegen der engen Verbindung unserer Entwurfsmetapher zu dieser Form der Gestaltung von Anwendungssoftware gehen wir im nächsten Abschnitt gesondert darauf ein.

2.2.1 Von Softwareroutinen zu reaktiven Anwendungssystemen

Betrachten wir komplexe Anwendungsbereiche, wie etwa die Kundenbetreuung in einer Versicherung oder einer Bank, um dort Bereiche einer sinnvollen Unterstützung durch den Computer zu identifizieren, stößt die Verwendung herkömmlicher Analysetechniken auf Probleme. Denn diese Techniken sind auf schematisch sich wiederholende Arbeitsschritte orientiert. Entsprechend sind Arbeiten mit eher mechanischem Charakter, wie etwa die Lohnbuchhaltung, ein geeigneter Analysegegenstand und in der Folge auch weitgehend automatisiert worden. Ähnliches gilt für einfache Arbeitsfolgen im Dienstleistungsbereich, wie etwa die Scheckeinreichung oder die Einrichtung von Daueraufträgen in einer Bank. Charakteristisch für derartige Systeme mit einem hohen Maß an Ablaufsteuerung sind auch die Bedienoberflächen, die durchgängig als Folge von Menüs und Bildschirmmasken aufgebaut sind (vgl. Abb. 2.10).

Abbildung 2.10: Bedienoberfläche eines traditionellen Menüsystems

Dort, wo komplexe, qualifizierte Arbeitsaufgaben zu erledigen sind, läßt sich kein vergleichbar einfaches Schema feststellen. Offensichtlich unterscheiden sich die konkreten, von qualifizierten Sachbearbeitern durchgeführten Arbeitsabläufe stark voneinander. Eine technisch erzwungene Schematisierung von nicht schematischen Arbeitsabläufen führt nicht zu den erhofften positiven Effekten beim Einsatz des Systems. In der Folge zeigen sich nicht nur die zwangsläufig naheliegenden Akzeptanzprobleme bei der Einführung derartiger Softwaresysteme und die damit verbundene mangelnde Arbeitszufriedenheit. Zentral scheinen uns die negativen Auswirkungen auf die Qualität der Arbeit, nicht nur auf der Ebene der individuellen Arbeitsgestaltung. Bei der Systementwicklung rückt zunehmend die Frage in den Vordergrund, in welchem Umfang sich Anwendungssoftware an die vorhandenen Organisationsformen anpassen läßt und welcher organisatorische Anpassungsaufwand von Seiten der Anwenderorganisation noch geleistet werden muß. Dieser organisatorische Änderungsaufwand kann in Bereichen, wo qualifizierte Arbeitstätigkeit und geringe Sequentialisierung und Routinisierung vorherrschend sind, u.U. den Entwicklungsaufwand für ein Softwaresystem um ein Vielfaches übersteigen. So kennen wir Fälle, in denen die Ablauforganisation ganzer Dienstleistungsbetriebe umgestellt wird, nur um ein Anwendungssystem mit schematischer Ablaufsteuerung einsetzen zu können. Bei genauer Analyse vieler dieser Fälle zeigt sich, daß hier ein letztlich nicht aufrecht zu haltender Sachzwang als Ursache für kaum abzuschätzende finanzielle und ablauforganisatorische Belastungen herhalten muß.

Demgegenüber läßt sich in vielen Organisationen die Tendenz feststellen, Arbeitsbereiche, in denen, bedingt durch eine unflexible DV-Unterstützung, ein hohes Maß an routinisierten Arbeitsabläufen eingeführt worden ist, im Rahmen einer DV-technischen Reorganisation wieder zu "entsequentialisieren". Dies bedeutet, daß eine DV-technisch erzwungene Ablaufsteuerung, die fachlich problematisch ist, ersetzt wird durch eine flexible Sachbearbeitung. Diese Umorientierung von der Routine zum flexiblen Arbeitssystem geht einher mit der von uns in den Vordergrund gestellten kundenzentrierten Sachbearbeitung, bei der die Aufgaben nicht arbeitsteilig entlang der verschiedenen Leistungen eines Unternehmens erledigt werden, sondern an einem integrierten Arbeitsplatz entsprechend der unterschiedlichen Anforderungen der Kunden. Damit wandelt sich die Qualität der von Computern zu unterstützenden menschlichen Tätigkeit. In schwach strukturierten Arbeitszusammenhängen ist menschliche Arbeit *qualitativ* der maschinellen Routine überlegen. Sie kann durch den Einsatz computergestützter Systeme unterstützt, aber nicht ersetzt werden (vgl. [98]).

Wir stellen fest, daß heute Anwendungssysteme in Bereichen entwickelt werden, für die die traditionellen Methoden der Analyse und die daraus abgeleitete rigide DV-technische Ablaufsteuerung nicht mehr passend sind, z.B. dialog-gestützte

Systeme zur Kundenberatung. Mit der objektorientierten Methode besteht die Möglichkeit, Analyse und Entwurf in neue Bahnen zu lenken. Die technische Umsetzung dieser Konzepte führt zu sog. *reaktiven Systemen* auf Arbeitsplatzrechnern mit graphischen Benutzungsoberflächen. Reaktive Systeme sind im engeren Sinne so konstruiert, daß die wesentliche "Richtung" der Ereignisse von "außen nach innen" geht, d.h. die Benutzereingaben bestimmen, welche Komponenten des Systems wie aktiviert werden. Hat eine Komponente ihre Dienstleistung erbracht, wartet das System auf das nächste äußere Ereignis.

Traditionell werden Anwendungssysteme genau umgekehrt, d.h. von innen nach außen, konstruiert. Das System befindet sich in einem bestimmten Zustand, in welchem eine Menge von Eingaben zulässig ist. Die Entwickler haben alle möglichen Sequenzen von Eingabereihenfolgen bereits "vorausgedacht". Typischerweise wird diese Art der Dialogsteuerung durch endliche Automaten implementiert. Der Versuch, reaktive Systeme nach diesem Grundmuster zu konstruieren, führt zu einer explosionsartig anwachsenden Anzahl der zu verwaltenden Systemzustände, da die Reihenfolgen von eintretenden Ereignissen nicht oder nur sehr schlecht im voraus zu bestimmen sind.

Mittlerweile sind mit dem Begriff *reaktives System* aber auch bestimmte Gestaltungsmerkmale von Anwendungssystemen verknüpft, wie die Eigenschaft, unabhängig von routinisierten, d.h. implementierten Arbeitsabläufen Dienstleistungen anzubieten, die in ihrer jeweilig wahlfreien Zusammenstellung eine qualitativ hochwertige Unterstützung menschlicher Arbeit realisieren.

Die Voraussetzung für die Entwicklung eines solchen Systems ist, daß alle Beteiligten, insbesondere die Entwickler, *verstehen*, was die Anforderungen im Anwendungsbereich sind, und wie die dort anstehenden Aufgaben erledigt werden. Diese Notwendigkeit, eine Anwendungssituation zu verstehen, deckt sich mit der bisher vorgestellten objektorientierten Methode und steht in Widerspruch zu konventionellen Sichtweisen, bei denen es Aufgabe der Entwickler ist, aus einem vorgegebenen Pflichtenheft oder einer anderen vorgegebenen Beschreibung in schematischen, möglichst formal festgelegten Schritten ein Softwaresystem abzuleiten.

Im Folgenden erweitern wir unseren Ansatz um eine genauere Beschreibung der Entwurfsmetapher von Werkzeug und Material und skizzieren, wie sie sich bei der Konstruktion interaktiver Anwendungssysteme softwaretechnisch in Werkzeug-, Material- und Aspektklassen ausdrücken läßt (vgl. [9]).

Grundlegend für diese Unterteilung ist, daß Werkzeugklassen auf die Handhabung von Arbeitsmitteln und auf Arbeitstätigkeiten fokussieren. Materialklassen fokussieren auf die Merkmale der Arbeitsgegenstände und die fachlichen Zusammenhänge und Aspektklassen modellieren das Zusammenspiel von Werkzeugen und Materialien.

2.2.2 Materialien und Materialklassen

Am Beispiel der Büroarbeit fällt die Zuordnung zu Materialien leicht. Kopien, Reports, Mappen, Karteien, Bücher — dies alles sind Dinge, die bearbeitet werden, und an denen sich das Ergebnis unserer Arbeiten zeigt. Allgemeiner halten wir fest:

Dinge, die im Rahmen einer Anwendung zum *Arbeitsgegenstand* werden, ordnen wir den *Materialien* zu. Materialien lassen sich in bestimmter Weise bearbeiten, d.h. verändern oder sondieren. Solche Arbeiten werden mit unterschiedlichen Werkzeugen ausgeführt.

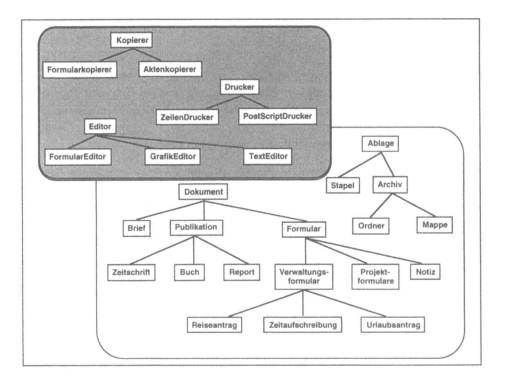

Abbildung 2.11: Werkzeug- und Materialklassen

Bei der Übertragung unseres Beispiels in eine objektorientierte Klassifikation erhalten wir Begriffshierarchien von Materialklassen, wie sie in Abb. 2.11 rechts unten dargestellt sind. Materialklassen werden dabei so modelliert, daß sie Operationen zur Veränderung und Sondierung des jeweiligen (fachlichen) Materials definieren.

In vielen Entwicklungsprojekten, insbesondere bei Neuanwendungen, ist es ratsam, die im Anwendungsbereich vorgefundenen fachlichen Materialien recht unmittelbar in entsprechenden *Materialklassen* zu modellieren, um den späteren Benutzern einen Bezug zu ihrer bisherigen Arbeit aufrecht zu erhalten und ihnen die Nutzung der vorhandenen Kenntnisse und Erfahrungen zu ermöglichen.

Im Sinne der Definition unseres Materialbegriffs werden die Operationen einer Materialklasse immer mit Hilfe interaktiver Werkzeuge ausgelöst. Materialklassen führen niemals eigenständige Ein- und Ausgabe durch und sind damit unabhängig von der konkreten Systemplattform. Diese Unabhängigkeit der Materiaien gilt als Forderung übrigens auch für eine evtl. zu modellierende Speicherung.

Allgemein halten wir fest, daß Materialien in unterschiedlichen Arbeitskontexten vorkommen. Die jeweils betrachteten Eigenschaften von Materialien werden durch Aspektklassen (siehe Kap. 2.2.4) modelliert.

2.2.3 Werkzeuge und Werkzeugklassen

In der Büroarbeit kommen Werkzeuge wie Kopierer, Schreiber, Locher oder Drucker vor. Viele elementare Werkzeuge, wie ein Schreibstift, werden so universell verwendet, daß eine unmittelbare Übertragung in einen Systementwurf kaum möglich ist. Andere Werkzeuge, wie der Locher, sind stark an die Materialart, z.B. Schreibpapier, gebunden, so daß eine Übertragung nicht sinnvoll erscheint. Schließlich müssen wir noch berücksichtigen, daß wir bei der Büroarbeit vielfach unsere Hände wie Werkzeuge benutzen, wenn wir z.B. einem Karteikasten umsortieren oder Querverweise in einem Handbuch verfolgen. Als generelle Leitlinie kann hier dienen, daß nicht die vorhandenen Werkzeuge das unmittelbare Vorbild für die Software-Werkzeuge unseres Anwendungssystems liefern, sondern bestimmte charakteristische Arbeitstätigkeiten, wie etwa das Sortieren von Karteikarten oder das Durchsuchen von Dokumentationen. Bei der Entwicklung eines Anwendungsmodells kommen daher neben einigen bereits vorhandenen Werkzeugen weitere neue hinzu. Wenn wir beispielsweise einen gespeicherten Brief bearbeiten wollen, so benötigen wir zunächst ein Suchwerkzeug, meist Browser genannt, um den Brief in den elektronischen Mappen und Ordnern aufzufinden, dann einen Editor, der uns nur noch entfernt an eine Schreibmaschine erinnert. Um diesen Brief schließlich zu versenden, gibt ihn entweder ein Drucker in einem vorbereiteten Druckformat aus oder ein elektronischer Faxanschluß verschickt ihn über das Telefonnetz.

Aus einer fachlichen Sicht ordnen wir die Dinge, die im Rahmen einer Anwendung zum *Arbeitsmittel* werden, Werkzeugklassen zu. Wir hantieren mit *Werkzeugen*, wenn wir Material bearbeiten. Ein Werkzeug kann für unterschiedliche Materialien geeignet sein.

Technisch betrachtet, beschreiben *Werkzeugklassen* die Arbeit eines Benutzers mit einer Anwendung. Werkzeuge realisieren die "interaktive" Komponente des Systems. Allerdings wird in der Praxis einer fachlichen Werkzeugklasse Editor nicht nur genau eine technische Klasse entsprechen. Interaktive Werkzeuge mit Anbindung an eine graphische Oberfläche sind so komplex, daß sie technisch in mehreren Klassen konstruiert werden. Mehr dazu findet sich in Kap. 2.3.

Ergebnis einer solchen Zuordnung ist z.B. das in Abb. 2.12 dargestellte Ordnerwerkzeug. Damit lassen sich die Inhalte von Ordnern, die bestimmten Projekten zugewiesen sind, durchsuchen. Die in den Ordnern aufbewahrten Schriftstücke sind nach Anträgen, Formularen und Notizen unterteilt, die jeweils getrennt oder in Kombination angezeigt werden können. Sie können nach Eingangsdatum, Bearbeitername oder nach Art des Schriftstücks aufgelistet werden.

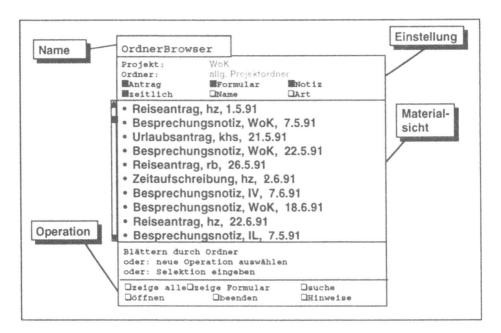

Abbildung 2.12:   Das interaktive Ordnerwerkzeug

An diesem Beispiel lassen sich verschiedene allgemeine Eigenschaften von Software-Werkzeugen darstellen. Das Werkzeug

- hat einen Namen und kann über ein graphisches Symbol aktiviert werden,
- zeigt immer eine Sicht auf das gerade bearbeitete Material, das in unserem Fall aus dem Inhalt eines Ordners besteht,
- bleibt bei der Benutzung selbst "im Blick", d.h. bei der Bearbeitung des Materials ist immer erkennbar mit welchem Werkzeug es bearbeitet wird,
- bietet mögliche Handhabungen an, um das Material unterschiedlich zu bearbeiten, wie `suche` oder `Hinweise`,
- zeigt jederzeit seine Einstellung, die die Materialsicht bestimmt, so z.B. daß die angezeigten Elemente des Ordners in einer zeitlichen Reihenfolge dargestellt werden.

Diese konzeptionellen Merkmale von Werkzeugen lassen sich ergänzen um eine Modellarchitektur für die technische Konstruktion von Werkzeugen, auf die wir im Abschnitt über die Architektur von Werkzeugen noch detaillierter eingehen werden.

Werkzeuge und Materialklassen kapseln interne Datenstrukturen und machen diese durch Zugriffsoperationen verfügbar. Es ist ein (naheliegendes) Mißverständnis, die nach dieser Beschreibung erzeugten Materialobjekte mit den Daten und die Werkzeugobjekte mit den Funktionen einer traditionellen Anwendung gleichzusetzen. Werkzeug- und Materialklassen beschreiben beide sowohl innere Zustände (wir sprechen auch von "Werkzeuggedächtnis") als auch spezifische Umgangsformen. Sie sind damit Klassen in dem bisher vorgestellten Sinne.

Wenn wir uns die Begriffsbestimmungen von Werkzeug und Material genauer ansehen, fällt ein wichtiger Zusammenhang ins Auge: Werkzeuge sind Dinge, mit denen wir Materialien bearbeiten, und Materialien sind dadurch gekennzeichnet, daß sie von Werkzeugen bearbeitet werden. Diese Begriffe sind zyklisch definiert, d.h. wir können nur verstehen was ein Werkzeug ist, wenn wir wissen, welche Materialien es bearbeitet. Dazu kommt ein weiterer Gesichtspunkt. Die Begriffe Werkzeug und Material lassen sich nicht an objektiven Eigenschaften festmachen, die den Dingen unabänderlich anhaften. Ein Ding wird vielmehr dadurch zum Material, daß wir es mit einem anderen Ding, das dadurch zum Werkzeug wird, bearbeiten, um ein Arbeitsergebnis zu produzieren. Dies mag auf den ersten Blick ungewöhnlich sein. Aber ein Beispiel kann unsere Sicht verdeutlichen:

Zwar verwenden wir einen Hammer meist als Werkzeug, aber wenn wir den Hammerstiel erneuern müssen, dann wird der Hammer zu Material, das wir mit anderen Werkzeugen bearbeiten. Ähnliches gilt im Büro für den Bleistift, der seinen Werkzeugcharakter verliert, wenn wir nicht mit ihm schreiben, sondern ihn anspitzen. Diese Flexibilität des Umgangs muß auch in einem objektorientierten Modell darstellbar sein. Für unser Konzept bedeutet dies, daß es keine Oberklasse Werkzeug und keine Oberklasse Material geben kann (siehe in Abb. 2.11).

2.2.4   Aspektklassen

Wir haben gesagt, daß ein Material von mehreren Werkzeugen bearbeitet werden und daß ein Werkzeug für mehrere Materialien geeignet sein kann. Allerdings ist dieser Zusammenhang nicht beliebig. Aus dem Handwerklichen wissen wir, daß nicht jedes Werkzeug für jedes Material geeignet ist. Wir würden kaum einen Faserschreiber mit einem Bleistiftspitzer bearbeiten. Dies sagt uns unsere Erfahrung. Der Zusammenhang von Schraubenschlüsseln und Muttern ist darüber hinaus durch eine Norm festgelegt. Da das "Zueinanderpassen" von Werkzeugen und Materialien so wichtig ist, wollen wir dies auch in unserem objektorientierten Modell verdeutlichen. Offensichtlich muß es eine Schnittstelle geben, die aus Sicht eines Werkzeugs an den geeigneten Materialien die für das Funktionieren des Werkzeugs relevanten Eigenschaften zeigt. Solche Schnittstellen drücken wir in Aspektklassen aus. In Abb. 2.13 ist das Beispiel eines allgemeinen Suchwerkzeugs Browser dargestellt, das über die Aspektklasse Auflistbar die Inhalte unterschiedlicher Ordner und Mappen anzeigen kann.

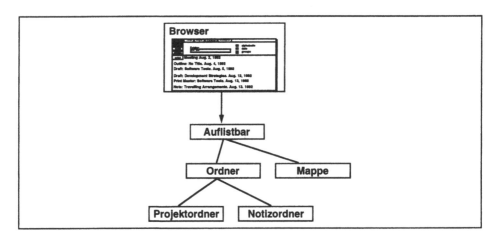

Abbildung 2.13:   Das Werkzeug Browser, *die Aspektklasse* Auflistbar *und Materialien*

An diesem Beispiel wird der generelle Zusammenhang von Werkzeug-, Aspekt- und Materialklassen deutlich:

- Zu jeder Werkzeugklasse gibt es zumindest eine Aspektklasse, deren Schnittstelle von der Werkzeugklasse benutzt wird.
- Da jedes Material meist von mehr als einem Werkzeug benutzt wird, ist die Mehrfachvererbung von Aspektklassen in Materialklassen hinein die Regel.

Sehen wir uns in einem weiteren einfachen Beispiel in Abb. 2.14 eine Skizze des Zusammenhangs der verschiedenen Klassen an.

Das Werkzeug Drucker benutzt den Aspekt Druckbar, um unterschiedliche Materialien, wie z.B. einen Brief oder eine Notiz, zu drucken. In der Aspektklasse Druckbar werden Operationen wie an_den_anfang oder naechste_zeile spezifiziert und in den entsprechenden Unterklassen von Druckbar, nämlich Brief oder Notiz, implementiert. Der im Beispiel angegebene Routinenkörper von drucke aus der Klasse Drucker soll zeigen, daß in der Implementation nur exportierte Operationen der Aspektklasse verwendet werden und kein Zugriff auf Brief oder Notiz erfolgt. Aspektklassen legen die Schnittstellen zwischen Werkzeugklassen und Materialklassen fest. In unserem Beispiel ist durch das Schlüsselwort deferred (= aufgeschoben) gekennzeichnet, daß die Operationen der Aspektklasse nur spezifiziert aber nicht implementiert sind. Jede Materialklasse implementiert entsprechend alle ererbten Operationen ihrer Aspektklassen, um den Werkzeugen die notwendigen Zugriffsoperationen zur Verfügung zu stellen. Der Übersetzer stellt in typisierten objektorientierten Sprachen sicher, daß im Programm keine Anweisungen enthalten sind, die die Erzeugung von Objekten einer Klasse bewirken, in der noch nicht-implementierte (d.h. aufgeschobene) Operationen enthalten sind.

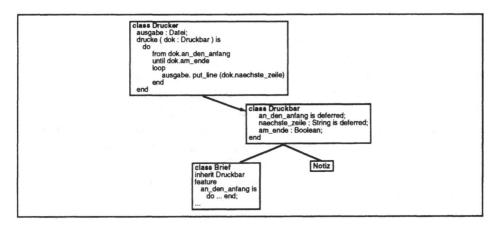

Abbildung 2.14: Das Werkzeug Drucker benutzt den Aspekt Druckbar

Die Einführung von Aspektklassen bewirkt, daß die Abhängigkeit von Materialien und Werkzeugen explizit gemacht wird. Gleichzeitig ist damit aber auch ein Schritt in Richtung Unabhängigkeit erzielt. Aus der Sicht von Werkzeugen bedeutet Unabhängigkeit, daß die Werkzeuge nicht mehr die konkreten, von ihnen bearbeiteten Materialien kennen, sondern nur noch ihre in der Aspektklasse herausgezogene Schnittstelle. Aus der Sicht von Materialien wird die Unabhängigkeit dadurch erreicht, daß die Materialien nur die durch die Aspektklasse spezifizierten Operationen implementieren müssen und weiter keine Annahmen über das Werkzeug machen, insbesondere nicht über die Art der Präsentation und die Formen der Handhabung an der Benutzungsschnittstelle. Aspektklassen sind durch diese Art der "Funktionstrennung" geeignet, die Grundlage für die arbeitsteilige Entwicklung von Anwendungssystemen zu bilden.

Diese Funktionstrennung von Werkzeugen und Materialien bedeutet allerdings nicht, daß im Material kein Wissen über "Darstellbarkeit" modelliert werden darf. Gerade am Beispiel Abb. 2.14 soll deutlich werden, daß Briefe und Notizen nicht wissen, in welchen Arbeitszusammenhängen und von wem sie gedruckt werden, daß sie aber sehr wohl Auskunft über die richtige Reihenfolge von Textzeilen geben und evtl. diese Druckrepräsentation auch selbst erstellen. Ebenso ist es beim Entwurf graphischer Systeme üblich, daß ein Materialobjekt auf Anforderung ein Bit-Muster seiner Bildschirmikone abliefert.

2.2.5 Werkzeuge, Materialien, Aspekte

Abschließend betrachten wir noch einmal den technischen Klassenentwurf unserer Büroumgebung in Abb. 2.15, bestehend aus Werkzeug-, Material- und Aspektklassen.

Wir sehen zunächst eine Anzahl von Werkzeugen, nämlich `Mauszeiger`, `Editor`, `Kopierer` und `Drucker`, die über die entsprechenden Aspektklassen ihre jeweiligen Materialien bearbeiten können. Materialien, die von den jeweiligen Werkzeugen bearbeitbar sind, erben die Aspektklasse und implementieren deren Operationen. So implementieren in unserem Beispiel die Klassen `Brief`, `Formular` und `Stapel` als Unterklassen der Klasse `Druckbar` die dort spezifizierten Operationen. Die zu einem Werkzeug gehörende Aspektklasse (es können auch mehrere sein) definiert sozusagen den Blickwinkel, unter dem die für ein Werkzeug bearbeitbaren Materialien sichtbar sind. Diese Verbindung ist in der Abbildung durch schattierte Kästen dargestellt. Abb. 2.15 greift einen Gedanken auf, den wir zu Ende des letzten Abschnitts angesprochen haben: Im Arbeitszusammenhang wird bestimmt, was Material und was Werkzeug ist. An unserem

Beispiel wird deutlich, daß Editoren, Kopierer und Drucker meist Werkzeug für ihre Materialien sind.

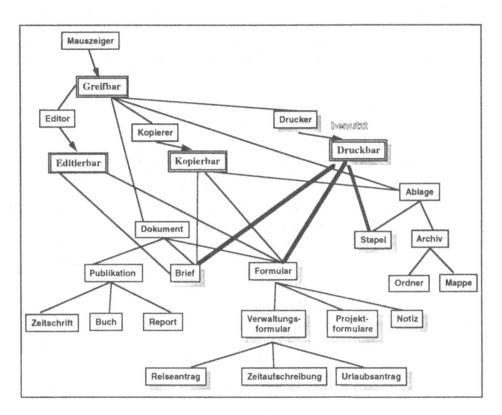

Abbildung 2.15: Material-, Werkzeug-, und Aspektklassen einer Büroumgebung

So verstehen wir einen Kopierer im Verhältnis zu einem Formular als Werkzeug. Nur für das Werkzeug Mauszeiger, mit dem sich graphische Symbole auf dem Bildschirm hin- und herbewegen und aktivieren lassen, werden auch Objekte dieser Klassen zu Materialien. Für dieses Werkzeug ist es unerheblich, ob seine Materialien - die es ja lediglich über den Aspekt Greifbar verwendet - in anderen Betrachtungskontexten als Werkzeuge oder als Materialien verstanden werden.

An dieser Stelle sind noch einige Bemerkungen zur Verwendung von Einfach- und Mehrfachvererbung angebracht. Während wir bei der Modellierung der Materialklassen darauf achten, daß wir vorrangig die Einfachvererbung einsetzen, wird bei der Modellierung mit Aspektklassen Mehrfachvererbung eingesetzt. Dies liegt in der n:m-Beziehung zwischen Werkzeugen und Materialien begründet. Unser Verständnis von den Materialien als den fachlichen Elementen wird dadurch nicht beeinträchtigt. Daß z.B. ein Formular nicht nur druckbar ist, sondern auch kopierbar und editierbar, ist für unser Verständnis von Formularen nicht störend. Generell haben wir den Eindruck, daß die Diskussion um Einfach-versus Mehrfachvererbung fundamentalistisch angehaucht ist. Unsere Erfahrungen zeigen, daß eine Vererbungshierarchie, die sich eng an fachliche Taxonomien hält und mit Mehrfachvererbung diszipliniert umgeht, nicht zu Schwierigkeiten für das Systemverständnis geführt hat.

Wir wollen abschließend noch auf zwei Einwände eingehen, die in der Diskussion um objektorientierte Systeme besonders in der hier vorgestellten Ausprägung oft vorgebracht werden. Da ist zunächst die Frage, an welchen Gegenständen der bisherigen Anwendung sich der Entwurf eines Anwendungssystems vorrangig orientieren sollte, um nicht nebensächliche oder fachlich bereits überholte Dinge zu konservieren. Damit verbunden ist der zweite Einwand, ob nicht generell diese Art der Modellierung auf eine simulierende "Elektrifizierung" von traditionellen Arbeitsmitteln abzielt, die die Möglichkeiten eines Softwaresystems unzureichend ausschöpft. Gegen beide Einwände haben wir implizit im Verlauf der bisherigen Diskussion Argumente geliefert, wollen sie aber hier nochmals auf den Punkt bringen.

Wir orientieren uns bei unseren *Klassenentwürfen* im Schwerpunkt an den Materialien des Arbeitsbereichs, d.h. an denjenigen Gegenständen, die bearbeitet werden, um die anfallenden Aufgaben bei der Verfolgung der Ziele einer Organisation zu erledigen. Es zeigt sich, daß Materialien in der Entwicklung einer Organisation eine relativ stabile Basis darstellen. Wir gehen beispielsweise davon aus, daß in der Arbeit einer Versicherung Formulare und Policen auch in den nächsten Jahren noch eine zentrale Rolle spielen werden. Dabei vertreten wir einen Materialbegriff, der sich nicht allein an der physikalischen Repräsentation eines Gegenstandes festmacht. So ist die Papierform eines Formulars für uns von nachrangiger Bedeutung. Ausgehend von den Umgangsformen konzentrieren wir uns primär auf das Konzept eines Formulars, und modellieren dieses objektorientiert.

Die bisher bei der Arbeit verwendeten Werkzeuge geben einen guten Überblick über die vorhandenen *Arbeitszusammenhänge*. Sie unterliegen aber einem sehr viel stärkeren Wandel durch organisatorische und technische Veränderungen als Materialien und können zudem selten unmittelbar in ein DV-Modell übernommen werden. Wir haben darauf hingewiesen, daß es wenig Sinn macht, einen Hefter oder einen Bleistift unmittelbar in eine Klasse abbilden zu wollen. Beim Entwurf von Software-Werkzeugen kommt die "Innovation" in unsere Systeme. Denn durch die Werkzeuge werden neue Umgangsformen mit Materialien eröffnet. Erste Hinweise für die Gestaltung dieser (Software-) Werkzeuge, die nicht in überholten Arbeitsformen verhaftet sind, erhalten wir häufig in den Diskussionen mit den zukünftigen Benutzern. Schließlich kommen im Einsatz ständig wichtige Einsichten und Anregungen für die Weiterentwicklung auch von Software-Werkzeugen hinzu.

Die Aufteilung in Materialien, Werkzeuge und Aspekte erlaubt uns, bereits bei der Analyse einen Standpunkt einzunehmen, der uns Modellelemente liefert, die im weiteren Entwurfsprozeß ohne Bruch bearbeitet werden können. Auch neu hinzugekomme Elemente, wie etwa neue Werkzeuge, fügen sich in dieses Bild ein. Beim Klassenentwurf können wir das sich entwickelnde System jeweils in einem bestimmten Anwendungskontext betrachten und andere Gesichtspunkte, die in diesem Kontext nicht relevant sind vernachlässigen. Damit ist ein wesentlicher Schritt auf dem Weg zur Beherrschung von Komplexität erreicht.

2.3 Die Architektur von Software-Werkzeugen

Die Strukturierung eines Anwendungssystems in Werkzeuge und Materialien kann auf der Ebene der Werkzeuge noch weiter betrieben werden (vgl. [9]). Zentrales Anliegen ist dabei die Trennung der Funktionalität eines Werkzeuges von der Präsentation der Leistungen an der Benutzungsoberfläche. Bevor wir jedoch das Konstruktionsprinzip im Detail erläutern, noch einige begriffliche Anmerkungen.

Unter der *Architektur* eines Anwendungssystems wollen wir die strukturellen, formalen, nicht an konkreten Inhalten oder Anwendungen orientierten Grundsätze bei der Gestaltung von Anwendungssystemen verstehen. Genau wie z.B. die gotische Architektur durch Merkmale wie Spitzbögen und Kreuzgewölbe gekennzeichnet ist, so sind die wesentlichen Eigenschaften einer objektorientierten Anwendungs- (System-) Architektur die Umsetzung des Prinzip der Datenkapselung, die Klassenbildung, der Erweiterbarkeit von Strukturen, die Redefinierbarkeit von Operationen und die Interaktion der Komponenten über Operationsaufrufe.

Über diese allgemeinen Charakteristika von Architekturen hinaus ist in jüngster Zeit im Kontext der Objektorientierung eine Diskussion über sog. Designpattern oder *Architekturmuster* entstanden, die interessanterweise ihre Wurzeln in der Architektur des Städtebaus hat (vgl. [2]). Softwareentwickler haben bei der Analyse großer objektorientierter Systeme festgestellt, daß für ähnliche Problemstellungen gleiche architektonische Lösungen gefunden wurden. Diese Lösungen lassen sich als Muster beschreiben und benennen und bilden damit die Grundlage für eine "Entwurfssprache". Dies läßt sich dahingehend erweitern, daß solche

Architekturmuster als abstrakte (Software-) Bausteine verfügbar gemacht werden
(vgl. [37]).

Das Architekturmuster eines Werkzeugs (vgl. Abb. 2.16) besteht aus einer Funk-
tions- und einer Interaktionskomponente. Durch dieses Prinzip wird die Unabhängigkeit eines Werkzeuges von einer Basissoftware, z.B. einem Fenstersystem,
erreicht. Dieses Architekturmuster ist vergleichbar mit dem aus Smalltalk bekannten Model-View-Controller Paradigma zur Trennung von Funktionalität auf
der einen Seite und Handhabung und Präsentation auf der anderen Seite (vgl.
[41]).

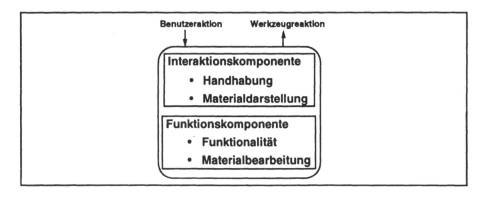

Abbildung 2.16: Architekturmuster eines Softwarewerkzeugs

Die Interaktionskomponente präsentiert das Werkzeug an der Benutzungsoberfläche und nimmt die vom Benutzer ausgelösten Ereignisse entgegen. Diese Ereignisse werden interpretiert und in Darstellungsänderungen oder Aufrufe der
Funktionskomponente umgesetzt.

Die aufgerufene Funktionskomponente ist der bewirkende und sondierende Bestandteil eines Werkzeugs. Hier findet die Bearbeitung des Materials in Abhängigkeit der vom Benutzer ausgelösten Ereignisse statt, ohne auf die Darstellung
durch die Interaktionskomponente Bezug zu nehmen. Ebenso wird das "Werkzeuggedächtnis" fortgeschrieben.

Die technisch motivierte Trennung von Anliegen kann auch konzeptionell argumentiert werden. Die Funktionskomponente definiert den Zweck eines Werkzeugs
unter Berücksichtigung der verwendeten Materialien. Sie charakterisiert im jeweiligen Arbeitskontext, *was* ein Werkzeug leistet. Die Interaktionskomponente
charakterisiert, *wie* ein Werkzeug dargestellt und bedient wird.

Bei Diskussionen mit zukünftigen Benutzern über die Gestaltung eines Software-systems konzentrieren wir uns auf den Leistungsumfang eines Werkzeuges, d.h. wir diskutieren auf der Ebene von Aufgabenstellungen und Arbeitshandlungen, was ein Werkzeug leisten soll. Die Darstellung des Leistungsumfangs eines Werk-zeuges durch ein Fenstersystem spielt dabei zunächst eine untergeordnete Rolle. Wir gehen davon aus, daß die Oberfläche eines Werkzeugs unter Verwendung ei-nes Fensterentwicklungssystems (auch Graphical User Interface Builder, kurz: GUI-Builder genannt) konstruiert werden kann.

Die hier beschriebene Aufteilung in Funktions- und Interaktionskomponenten hat Konsequenzen für die Art, in der die Komponenten sich gegenseitig benutzen:

Die Aktivität im Zusammenspiel von Funktions- und Interaktionskomponente geht immer von der Interaktionskomponente aus, die für jedes äußere Ereignis fest-stellt, ob sich nur die Darstellungen an der Oberfläche ändern müssen oder ob dazu auch die Funktionskomponente gerufen werden muß, die dann ggf. auf das Material zugreift. Ein Beispiel für den ersten Fall wäre das "Hochschieben" einer Liste in einem Fenster durch Mausaktionen im sog. Rollbalken (wie dies in Abb. 2.12 angedeutet ist). Ein Aufruf der Funktionskomponente im skizzierten Ordnerwerkzeug ist dann erforderlich, wenn ein neuer Ordnername eingegeben wurde und dann der Knopf öffnen gedrückt wird.

In der Konsequenz löst die Funktionskomponente niemals direkt Darstellungsän-derungen durch die Interaktionskomponente aus. Sie benachrichtigt die Interakti-onskomponente darüber, daß eine Veränderung der darzustellenden Daten vor-liegt. Daraufhin überprüft die Interaktionskomponente über abfragende Opera-tionen, welche Daten das sind. Die Funktionskomponente abstrahiert auch völlig von der konkreten Handhabung des Werkzeugs. So wird sie niemals selbst einen modalen Dialog zur Fehlerbehandlung anstoßen, sondern nur einen nicht erfolg-reichen Operationsaufruf an die Interaktionskomponente melden.

Umgekehrt macht die Interaktionskomponente keine Annahmen über Zustandsän-derungen in der Funktionskomponente, ausgelöst durch Benutzerereignisse. Sie muß darauf warten, daß ihre Funktionskomponente sie über Zustandsänderungen benachrichtigt.

Zusammengefaßt kapseln die beiden Komponenten folgende Funktionalität:

Funktionskomponente
* Stellt Informationen über das Material und den Zustand des Werkzeugs zur Verfügung.
* Verändert das Material und den Zustand des Werkzeugs.

Interaktionskomponente
- Präsentiert die von der Funktionskomponente gelieferten Informationen.
- Interpretiert die Ereignisse des Benutzers und ruft ggf. Operationen der Funktionskomponente.

Wir runden die konzeptionelle Diskussion über die Architektur von Software-Werkzeugen hier mit dem Begriff "Interaktionstyp" ab. Niemand wird heute mehr ohne größere Not ein eigenes Fenstersystem für die Implementation interaktiver Anwendungen programmieren. Entsprechend werden zur Darstellung der Oberfläche von Interaktionskomponenten vorgefertigte Bausteine, sog. *Interaktionstypen* verwendet, wie sie heute in gängigen Bibliotheken zur Realisierung von graphischen Benutzungsschnittstellen (GUI) angeboten werden. Dazu gehören etwa Knöpfe und Listen zur Auswahl eines Elementes (vgl. Abb. 2.17).

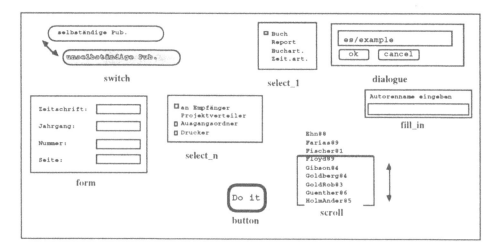

Abbildung 2.17:   Beispiele für Interaktionstypen

Die Interaktionskomponente gruppiert Interaktionstypen derart, daß es für eine Funktionskomponente nicht transparent wird, wie Daten an der Benutzungsoberfläche dargestellt werden, und daß auch in der Interaktionskomponente von der konkreten Form der Handhabung eines Interaktionstypen abstrahiert wird. Ein Beispiel für das Zusammenspiel der Werkzeugkomponenten sieht etwa so aus:

Der Benutzer arbeitet mit dem Ordnerwerkzeug von Abb. 2.12, drückt die Maustaste und löst so das Ereignis `Mausklick` aus. Dieses wird aufgrund der entsprechenden Mauszeigerposition vom Knopf `öffnen` des Interaktionstyps`button` (vgl. Abb. 2.17) als Aktivierung interpretiert und als "höheres" Ereignis an die einbettende Interaktionskomponente gemeldet. Diese setzt das

Ereignis zusammen mit bereits eingelesenen Daten in einen Operationsaufruf `neuer_Ordner(NeuerOrdnerName)` ihrer zugeordneten Funktionskomponente um. Der Aufruf bewirkt, daß die Funktionskomponente einen Ordner sucht, der zu `NeuerOrdnerName` paßt. Kann der Ordner geöffnet werden, dann meldet die Funktionskomponente diese Änderung über einen Signalmechanismus an die Interaktionskomponente. Erst jetzt greift die Interaktionskomponente mithilfe sondierender Operationen auf eine Liste mit dem neuen Ordnerinhalt zu und stellt diese geeignet über einen Interaktionstyp (z.B. `scroll`) an der Oberfläche dar. Die Austauschbarkeit von Interaktionskomponenten unter Beibehaltung der Funktionskomponente wird dabei durch das Prinzip der "implicit invocation" (vgl. [94]) sichergestellt. Dies bedeutet, daß die Funktionskomponente ihre Interaktionskomponeten weitgehend anonymisiert über Änderungen benachrichtigt.

Die Forschung in der Softwaretechnik konzentriert sich derzeit darauf, Mechanismen und Architekturmuster zu entwickeln, wie zum einen das Zusammenspiel von Interaktions- und Funktionskomponenten optimiert und wie zum anderen die Konsistenz zwischen verschiedenen, gleichzeitig verwendbaren Werkzeugen sicherstellt werden kann (vgl. [94]). Eine weitergehende Behandlung dieser Problematik würde jedoch dem Rahmen dieses Buches zu sehr ausweiten.

2.4 Andere Leitbilder

Neben dem Leitbild vom Arbeitsplatz für qualifizierte menschliche Tätigkeiten in Verbindung mit der Entwurfsmetapher von Werkzeug und Material und den bereits zu Beginn dieses Kapitels referierten Vorschlägen zu "aktiven Objekten" werden in der Literatur noch andere Leitbilder genannt. So schlagen Wirfs-Brock et al. [103] das Prinzip der vertraglichen Zusammenarbeit zwischen Klassen und Subsystemen vor. Dies ist ein tragfähiges Konzept für die technische Ausgestaltung, auf das wir auch im Weiteren wieder zurückkommen werden (vgl. Kap. 3.3). Aber als Entwurfsprinzip fehlt hier ebenso wie den in Booch [5] oder Rumbaugh et. al. [87] vorgestellten Methodiken der Charakter des Leitbilds so wie wir es verstehen. Es mangelt diesen Vorschlägen an "plastischer Vorstellbarkeit", d.h. die Entwickler erhalten keine Orientierung, wie sie sich das zukünftige System in Handhabung und Funktionalität vorstellen sollen.

Verwandt mit dem Bild der aktiven Objekte ist die häufig verwendete Metapher des *Sachbearbeiters* (vgl. auch [51]): Objekte werden wie fiktive Sachbearbeiter spezifiziert, die Aufträge erledigen. Inhalt des Auftrags ist die Veränderung des Datenmodell-Ausschnitts, für den sie allein verantwortlich sind:

Die Sachbearbeiter

> "verfügen über Kompetenz und Know-how auf einem bestimmten Ge-
> biet, haben Detailwissen in ihnen gehörenden Karteien abgelegt, be-
> kommen von anderen Kollegen *Aufträge* erteilt und dazugehörige In-
> formationen übergeben und beauftragen schließlich selbst weitere Kol-
> legen. Die Aufgabe des Spezifikationsteams besteht darin, wie ein
> kluger Bürovorsteher, die Arbeit der Sachbearbeiter geschickt zu or-
> ganisieren, gewissermaßen Arbeitsplatzbeschreibungen für sie zu ver-
> fassen." (vgl. [24], p. 110).

Es soll hier nicht darum gehen, die Vermenschlichung des Computers in diesem
Bild zu kritisieren. Allerdings sollte mit Blick auf die in Kap. 2.2 geführte Diskussion um reaktive Systeme klar sein, daß sich ein solches Leitbild nur für sehr
beschränkte Anwendungsbereiche eignet, wenn es nicht sogar durch die fehllei-
tende Gleichsetzung von menschlichen und elektronischen Sachbearbeitern zu
falschen Erwartungen an das System führt.

Außerhalb des engeren Bereichs des objektorientierten Entwurfs werden weitere
Leitbilder oder Metaphern genannt (vgl. [64]). Die Schreibtischmetapher mit dem
Prinzip der direkten Manipulation etwa (vgl. [49]) oder das Bild des Computers
als Kommunikationspartner.[1] Wir halten fest, daß der prinzipielle Wert von
Leitbildern für die Systementwicklung zunehmend deutlich wird. Für die von uns
betrachteten Anwendungsbereiche hat sich das Leitbild des Arbeitsplatzes für
qualifizierte menschliche Tätigkeiten und die Entwurfsmetapher von Werkzeugen
und Materialien bewährt.

2.5   Zusammenfassung

In Kapitel 2 haben wir den konzeptionellen Weg von der Analyse eines Anwendungsbereichs über den Entwurf bis zu ersten technischen Klassenbeschreibungen
einmal durchschritten. Abb. 2.18 faßt diesen Weg vom Anwendungsmodell zur
Konstruktion eines Anwendungssystems zusammen: Ausgehend von den Arbeitsgegenständen und Arbeitsmitteln in der Anwendungswelt beschreiben wir mit objektorientierten Techniken Werkzeuge und Materialien. Dazu klären wir die
fachlichen Zusammenhänge und erarbeiten uns ein Verständnis der Begriffe im
Anwendungsbereich. In der Modellierung sowohl der bisherigen Situation als

---

[1] In [31] werden diese Ansätze diskutiert.

auch des zukünftigen Systems verwenden wir die Vererbungsbeziehung, um Gemeinsamkeiten und Unterschiede zwischen Konzepten in Klassenhierarchien transparent zu machen. Wir verwenden die Benutzt-Beziehung, um die Struktur und den inneren Aufbau von Gegenständen zu modellieren. Wir gehen davon aus, daß wir beim Entwurf objektorientierter Systeme bereits modellierte Konzepte als Klassen wiederverwenden können. Diese vorhandenen Klassen sind in Bibliotheken abgelegt, so daß sie für eine Wiederverwendung zur Verfügung stehen.

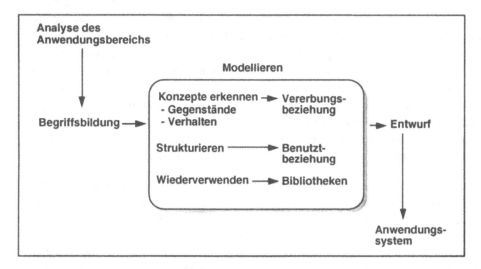

Abbildung 2.18: Von der Problemanalyse zum Anwendungssystem

Der bis hierhin gelieferte Überblick spannt die Themenlandschaft auf, die wir im weiteren abhandeln werden. Nachdem die Konzepte erläutert wurden, ergeben sich jetzt die Fragen nach der Umsetzbarkeit. Dies führt zu zwei umfangreichen Themengebieten: die technische Umsetzbarkeit und die organisatorische Umsetzung. Das erste umfaßt Fragen z.B. zur technischen Realisierung der Systemarchitektur, zu Programmiersprachen und zu Entwicklungswerkzeugen und wird in den beiden folgenden Kapiteln behandelt. Das zweite Themengebiet wird mit den Begriffen Systementwicklungsstrategien, Prototyping und evolutionäre Systementwicklung umrissen und steht danach zur Diskussion.

3. Konzepte des objektorientierten Softwareentwurfs

Ziel einer methodischen Softwareentwicklung ist die Beherrschung der Komplexität von großen Softwaresystemen, insbesondere beim Entwurf und der damit eng verzahnten Konstruktion. Modularisierung, der Entwurf mit abstrakten Datentypen und die objektorientierte Methode sind Schritte in diese Richtung. Der Grundgedanke ist, ein komplexes System so zu zerlegen, daß Komponenten entstehen, die sowohl verständlich als auch systematisch konstruierbar sind. Jede Komponente selbst kann von außen und von innen betrachtet werden. In der äußeren Sicht zeigt eine Komponente nur das, *was* sie als Leistungsangebot für das Gesamtsystem bereitstellt. Die Innensicht gibt dem Entwickler den Blick auf ihre Konstruktion, d.h. auf das *Wie* der erbrachten Leistungen, frei. Dieser Gedanke liegt als *Geheimnisprinzip* allen oben genannten Ansätzen zugrunde.

Beim Softwareentwurf nach dem Geheimnisprinzip stellt sich die Frage, wie die gekapselten Komponenten des Gesamtsystems miteinander in Verbindung stehen sollen. Denn trotz Modularisierung oder Abstrahieren in Klassen oder abstrakten Datentypen stellen wir fest, daß die Bezüge *zwischen* den verschiedenen Komponenten sehr komplex sein können. Die Antworten auf diese Frage haben für den hier diskutierten Zusammenhang eine mehrfache Bedeutung. Zum einen liefern sie Entwurfskriterien für Klassen, zum anderen geben sie Hinweise, wie objektorientierte Systeme in ein informationstechnisches Umfeld einzubetten sind, und wie dieses informationstechnische Umfeld insgesamt gestaltet werden soll.

Aus diesen Gründen stellen wir im Folgenden drei Ansätze für Modelle der Kooperation zwischen Komponenten eines DV-technischen Systems vor, die sich jeweils auf einen bestimmten Bereich beziehen:

*   Die *Client/Server-Architektur* beschreibt die Organisation von Dienstleistungen in einem vernetzten System von Rechnern. Diese Architektur hat sich heute als aussichtsreichstes Konzept für heterogene Rechner in Netzwerken herauskristallisiert.
*   Das *Dienstleistungsprinzip* (Client/Services) ist eine allgemeine Formulierung des Kooperationsprinzips, das sich gleichermaßen auf die Gestaltung einer Systemplattform und auf die Softwarearchitektur beziehen kann.
*   Das *Vertragsmodell* ist im Kontext des objektorientierten Entwurfs vorgeschlagen worden, und erweitert das Angebotsprinzip um das Konzept

formaler Verträge zwischen kooperierenden Komponenten (hier: Objekten, die in Klassen beschrieben sind).

Die folgenden Abschnitte erläutern die drei genannten Ansätze. Dabei wenden wir uns vor allem an solche Leser, die sich einen Überblick über den Diskussionsstand verschaffen wollen. Umfassende Studien oder gar Marktübersichten können nicht Gegenstand dieses Kapitels sein. Deshalb haben die im folgenden genannten Systeme und Netzprotokolle allenfalls exemplarischen Charakter.

3.1 Client/Server-Architekturen

Client/Server-Architekturen sind mit der Verbreitung von Arbeitsplatzrechnern aufgekommen (vgl. [93]). Den Anstoß dazu lieferte die Verbindung von PCs mit Großrechnern. In der ersten Phase wurden diese Arbeitsplatzrechner als komfortable "Terminals" für Großrechner betrieben. Gleichzeitig wurden eigene Anwendungen auf diesen Arbeitsplatzrechnern eingesetzt. Mit der Verbreitung lokaler Netze (Local Area Networks) war die Möglichkeit gegeben, die beschränkten Ressourcen dieser PCs durch zusätzlich angebotene Speicher- und Druckkapazitäten auszugleichen.

Damit besteht eine "klassische" Client/Server-Architektur typischerweise aus einem Netzwerk mit einem oder mehreren Leistungsanbietern und aus einer beliebigen Anzahl von Leistungsabnehmern. Obwohl im Prinzip jeder Rechner eines Netzwerkes für eine Dienstleistung als Anbieter eingesetzt werden kann, versteht man meist unter Anbietern diejenigen Rechner eines Netzwerks, die größere Datenmengen, Postdienste oder Peripherie (z.B. Drucker) verwalten. Bei Leistungsabnehmern lassen sich platten- und programmlose unterscheiden. Plattenlose Abnehmer beziehen alle Programme und Daten von Anbieterrechnern. Programmlose Abnehmer verfügen über lokale Platten, d.h. eigenen Seitenwechsel-Speicher (Swapspace) und Platz für lokale Anwendungsdaten, beziehen jedoch Programme von den Anbietern. Der Anbieter kann sowohl ein leistungsfähiger Kleinrechner als auch ein Großrechner sein. Abb. 3.1 zeigt eine mehrstufige Client/Server-Konfiguration. Auf der Basis eines zentralen für die Datenver- und -entsorgung zuständigen Rechners (Host) operiert ein dezentraler Server als Leistungsanbieter für Datenbankservices und die Kommunikation mit dem Zentralrechner. Als Kunden des dezentralen Servers beziehen Leistungsabnehmer sowohl Programme als auch Daten von diesem Rechner.

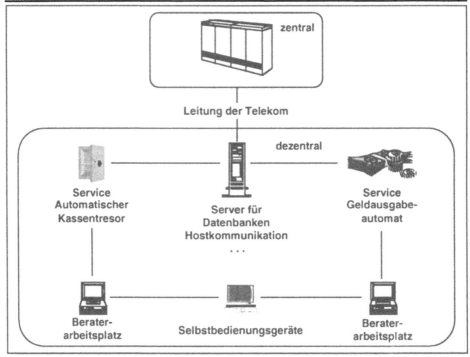

Abbildung 3.1:   Client/Server Konfiguration in einer Bankanwendung

Kennzeichnend für klassische Client/Server-Architekturen ist, daß die eigentlichen Anwendungen lokal auf den Abnehmern (z.B. Beraterarbeitsplätzen) laufen, d.h. daß Programme oder Anwendungsdaten über das Netz in den Abnehmer kopiert und dort ausgeführt werden.

Diese Form der Client/Server-Architektur gewinnt zunehmend an Bedeutung. Nach einer amerikanischen Studie waren dort 1990 33,4 Mio. Arbeitsplätze mit PCs ausgestattet und davon waren 34,2% an ein LAN angeschlossen. Die Studie sagt ein Anwachsen auf 69 Mio. Rechner und eine 65,2% Vernetzung bis 1994 voraus (zitiert nach [93]).

Eine Ausweitung dieses Architekturprinzips zerteilt eine Anwendung in *mehrere Prozesse*, die auf unterschiedlichen miteinander vernetzten Rechnern laufen. Dabei können die einzelnen Prozesse Eingabe- und Ergebnisanalysen, Ergebnisberechnungen und Ergebnisdarstellungen übernehmen. Die Aufgaben der Leistungsabnehmer sind dann:

• die Interaktion mit dem Benutzer über eine meist graphische Benutzungsoberfläche (GUI);

- die Aufbereitung von Anfragen oder Kommandos an der Benutzungs-schnittstelle in die Sprache, die zum Austausch mit den Anbietern verwendet wird;
- der eigentliche Austausch mit den Anbietern über eine Interprozeß-Kommunikationsmethode (IPC);
- Analyse der Ergebnisdaten und ihre Präsentation an der Oberfläche.

Die Aufgaben eines Leistungsanbieters sind:
- im Regelfall eine eigene Rechenleistung anzubieten;
- nur auf explizite Anfragen zu reagieren und nicht selbst den Austausch mit einem Abnehmer zu initiieren;
- die komplexen vernetzten Kooperationsbeziehungen vor den Abnehmern und Benutzern zu verbergen, was bedeuten kann, daß ein Anbieter "intern" die angebotenen Leistungen an andere Anbieter weitergeben kann und von ihnen erbringen läßt.

Eine Client/Server-Architektur kann z.B. auf Ethernet basieren und diese Architektur durch eine Netzwerk-Datenverwaltung wie dem Network File System unterstützen. NFS ist ursprünglich eine Entwicklung der Firma SUN-Microsystems, die aber heute durchgängig für Plattformen verfügbar ist, auf denen TCP/IP[1] läuft. NFS ermöglicht den Zugriff auf im Netzwerk verteilte Daten so, als seien sie lokal auf einem Abnehmer vorhanden. Entsprechende Möglichkeiten bestehen daher auch in der IBM-Welt. (z.B. PC-NFS für DOS). Der Austausch zwischen den einzelnen Dienstleistungen auf Programmebene kann über ein sog. Application Programming Interface (API) realisiert werden. Beispiele für verbreitete APIs sind Named Pipes von Microsoft, Remote Procedure Calls in der Version ONC von Sun oder NCA von Apollo oder, mit besonderer Eignung für eine SNA-Architektur, Advanced Program-to-Program Communication (APPC).

Dieses allgemeinere Prinzip von Leistungsanbietern und Abnehmern steht in erkennbarem Einklang mit den hier vertretenen Prinzipien des objektorientierten Entwurfs. Es verwundert daher nicht, wenn zur softwaretechnischen Realisierung dieses Prinzips die objektorientierte Programmierung vorgeschlagen wird (vgl. [93]).

---

[1] Transmission Control Protocol / Internet Protocol ist das am weitesten verbreitete Netzwerkprotokoll. Alternativ dazu existiert das Open Systems Interconnection Protokoll oder der Xerox Network Standard, die jedoch weitaus weniger verbreitet sind.

3.2   Das Dienstleistungsprinzip

Als Verallgemeinerung der Idee des Geheimnisprinzips und der Aufteilung in
Leistungsanbieter und Leistungsabnehmer werden moderne Softwarearchitekturen nach dem Dienstleistungsprinzip (auch Client/Services-Prinzip genannt) aufgebaut. Mit dieser Technik soll die Verständlichkeit von Bausteinen eines Softwaresystems erhöht werden. Jeder Baustein oder jede Komponente realisiert eine
festgelegte Dienstleistung. Diese Dienstleistung (Service) wird durch eine
Schnittstelle der Umgebung bekanntgemacht. Zur internen Realisierung der
Dienstleistung können bereits vorhandene Bausteine verwendet werden. Damit
wird ein Baustein zum Leistungsabnehmer eines (oder mehrerer) anderer Bausteine. Welcher Art die angebotene Dienstleistung ist, wird ausschließlich durch
die Exportschnittstelle des Bausteins bestimmt. In objektorientierten Systemen
werden Bausteine in Klassen beschrieben. Umfassendere, in einem inneren Zusammenhang stehende Dienstleistungen werden in Clustern (vgl. Kap. 5.4.5) zusammengefaßt. Im Idealfall besteht die Konstruktion einer neuen Anwendung aus
der Ausnutzung und Kombination von existierenden Bausteinen.

Die Kapselung von Dienstleistungen in Klassen hat verschiedene Vorteile:
*   *Dienstleistungen sind implementationsunabhängig.*
    Den Abnehmern ist nur die Schnittstelle des Dienstes bekannt. Dahinter
    können verschiedene Implementationen stehen. Dies entspricht auch dem
    softwaretechnischen Qualitätskriterium Lokalität. Die Dienstleistung kann
    über ihre Klasse statisch oder dynamisch an die laufende Anwendung ge-
    bunden sein; dies entspricht der Bindung in modulorientierten Sprachen.
    Sie kann - alternativ - als eigenständiger Prozeß ablaufen. Die Schnittstelle
    der Dienstleistung wird dann über sog. Remote Procedure Calls (RPC)
    benutzt.
*   *Dienstleistungen sind ortsunabhängig.*
    Dienstleistungen können i.d.R. auf beliebigen Rechnern bereitgestellt wer-
    den. Die Entscheidung, auf welchem Rechner sie erbracht wird, kann
    sowohl statisch als auch dynamisch getroffen werden. Statische Bindung
    eines Dienstes an einen Rechner ist in allen Fällen angezeigt, in denen
    Leistungen hardware-abhängig sind. Dies ist z.B. bei Datenbankservern
    der Fall. In allen anderen Fällen kann der Ausführungsort dynamisch
    bestimmt werden, z.B. indem ein gerade wenig belasteter Rechner gesucht
    wird. Dies setzt jedoch einen leistungsfähigen Verteilungsalgorithmus

voraus. Weiterhin ist zu überprüfen, ob die auszuführenden Dienste aufwendig genug sind, um etwa den Suchaufwand nach einem wenig ausgelasteten Rechner rechtfertigen zu können.

Festhalten wollen wir, daß das Dienstleistungsprinzip von der Implementation der angebotenen Leistungen abstrahiert. Deshalb können auf diese Weise auch solche Anwendungen, die strategisch wichtig, aber zu umfangreich sind, um sie intern nach objektorientierten Prinzipien zu restrukturieren, in das allgemeine Architekturprinzip integriert werden. Dazu werden diese Großrechneranwendungen analytisch in einzelne Dienstleistungsbündel zerlegt. Die Dienstleistungsbündel werden jeweils in einer Schnittstelle konform zu den Prinzipien objektorientierter Schnittstellengestaltung beschrieben. Diese Schnittstelle bildet eine Art "Hülle" um die eigentlichen Anwendungen. Dabei wird es in der Regel notwendig sein, bestimmte Modifikationen an der Anwendung vorzunehmen, damit sie sich an der Schnittstelle wie ein Leistungsanbieter in einer allgemeinen Client/Server-Architektur verhält. Die Dienstleistungen solcher Großrechnerprogramme können in einem Netz von unterschiedlichen Rechner-Plattformen ausgenutzt werden. Generell wird eine maximale Lokalität angestrebt, d.h. ein Dienstleistungsbündel wird nur an einem Ort angeboten. Technische Voraussetzungen sind ein lokales heterogenes Netz, vernetzte Arbeitsplatzrechner, Großrechnerverbindungen und die technische Unterstützung des Leistungsaustauschs wie RPC.

3.3 Das Vertragsmodell[1]

Das Vertragsmodell ist eine objektorientierte Interpretation des Dienstleistungsprinzips. Als Ziel der objektorientierten Softwareentwicklung wurde bereits identifiziert wiederverwendbare, erweiterbare und änderbare Klassen zu entwickeln. Darüber hinaus sollen diese Klassen auch korrekt (gegenüber einer Spezifikation) und zuverlässig, also robust (in der Verwendung) sein.

Aus der Sicht eines Entwicklers, der zur Erfüllung einer Aufgabe eine oder mehrere Klassen implementiert, stehen potentiell alle Klassen eines Systems als (wiederverwendbare) Hilfsmittel zur Verfügung. Der Grad der Wiederverwendbarkeit vorhandener Klassen ist jedoch nicht zuletzt davon abhängig, ob die von einer Klasse implementierte Dienstleistung von einem möglichen "Wiederverwender" verstanden wird. Außerdem muß die Dienstleistung sicher verwendet

---

[1] Die hier vorgestellte Interpretation des Vertragsmodells basiert auf [69].

werden können, und der Entwickler muß aufgrund dieser sicheren Verwendbarkeit Vertrauen in die angebotenen Dienstleistungen haben.

In dem bisher vorgestellten objektorientierten Modell wird die Leistung einer Klasse auf der syntaktischen Ebene durch ihren Namen und durch die Namen der Operationen sowie die Anzahl und Typen der Parameter festgelegt. Auf der semantischen Ebene ist damit noch keine Festlegung erfolgt. Wenn wir die Effekte einer Klasse und ihrer Operationen beschreiben wollen, können wir dies durch Kommentare i.d.R. nur unscharf tun. Was wir auf jeden Fall vermeiden wollen ist, daß Klassen nur anhand ihrer Implementationen verstanden werden können. Dies haben wir auf der Ebene des Verhältnisses zwischen Klassen dadurch erreicht, daß wir Klassenhierarchien entsprechend der fachlichen Begriffsgebäude eines Anwendungsbereichs modellieren. Auf der Ebene der Semantik haben wir die einzelnen Klassen soweit sinnvoll an den alltäglichen Arbeitsformen orientiert. Wir wollen im folgenden diese Systematik auch auf der technischen Ebene der Klassenkonstruktion fortsetzen. Das Vertragsmodell ist ein Mittel, um die Bedeutung von Klassen und Routinen über die syntaktische Beschreibung hinaus festzulegen. Es vereint das Dienstleistungsprinzip mit Konzepten des Entwurfs von abstrakten Datentypen. Als Voraussetzung dazu müssen wir die Erläuterungen zu Typen aus Kap. 1.2 ergänzen.

3.3.1 Abstrakte Datentypen als Grundlage des Vertragsmodells

Klassen sollen technisch nach dem Prinzip der *abstrakten Datentypen* entwickelt werden. Dabei ist die Grundidee, die konkret zur Implementation einer Klasse verwendeten Datentypen nach außen zu verbergen und Zustandveränderungen nur über die zulässigen "abstrakten" Operationen zu realisieren. Etwas präziser formuliert verstehen wir unter abstrakten Datentyp (ADT) im Sinne von Liskov und Zilles [62] die potentielle Menge aller Objekte mit gleichen Eigenschaften. Diese Menge wird durch die Angabe der verfügbaren Operationen ihrer Objekte vollständig charakterisiert. Jede Operation liefert als Ergebnis eine Abstraktion der internen Daten eines Objekts, wobei das Ergebnis dem Aufrufer in Form eines Rückgabeparameters einer Prozedur oder als Rückgabewert einer Funktion zur Verfügung gestellt wird.

Mit dem Konzept der *abstrakten Datentypen* sind Datenstrukturen und die darauf anwendbaren Funktionen als Einheit so beschreibbar, daß die konkrete Realisierung dieser Datenstrukturen und die Implementation der Funktionen nach außen verborgen sind[1] Diese Idee wurde schon von Hoare [47] mit Blick auf die sichere Verwendung von Datenstrukturen vorgestellt. Die softwaretechnische Grundlage zur Umsetzung war damals mit der Sprache Simula bereits vorhanden und in Dahl und Hoare [22] wurde auf dieser Grundlage die Bedeutung von Konzeptbildung für den Programmentwurf diskutiert.

Ein ADT besteht aus:

- einem Namen und der Angabe der verwendeten Wertebereiche (Typen oder sog. Sorten);
- den Funktionsnamen mit der Angabe, wie sie die verschiedenen Werte abbilden (den sog. Signaturen);
- den Vorbedingungen für die sog. partiellen Funktionen;
- den Axiomen oder definierenden Gleichungen, die die Semantik des Datentyps, d.h. die Wirkung seiner Funktionen im Zusammenhang mit anderen Funktionen, beschreiben.

```
TYP
    STACK [X], BOOLEAN
FUNKTIONEN
    new:      --> STACK [X]
    empty:    STACK [X] --> BOOLEAN
    push:     X x STACK [X] --> STACK [X]
    pop:      STACK [X] -/-> STACK [X]   -- partiell
    top:      STACK [X] -/-> X           -- partiell
VORBEDINGUNGEN
    pre pop (s: STACK [X]) = (not empty (s))
    pre top (s: STACK [X]) = (not empty (s))
AXIOME
    Für alle x: X, s: STACK [X]:
    empty(new())
    not empty (push(x,s))
    top (push (x,s)) = x
    pop (push (x,s)) = s
```

Abbildung 3.2:   Der ADT Stack

---

[1] Bei der algebraischen Spezifikation abstrakter Datentypen werden ausschließlich Funktionen zur Spezifikation verwendet. Objektorientierte Implementationen abstrakter Datentypen weichen von diesem Prinzip ab, indem sie n-stellig spezifizierte Funktionen als (n - 1)-stellige Prozeduren realisieren, wenn der Ergebnistyp der Funktion gleich dem spezifizierten Typ ist.

Abbildung 3.2 zeigt als Beispiel den abstrakten Datentyp STACK (Keller) nach Meyer [69].

Unter der Rubrik TYP werden die Namen der verwendeten Typen genannt. Per Konvention bezeichnet der erste Name den zu spezifizierenden abstrakten Datentyp. Alle weiteren Namen bezeichnen Typen (d.h. Wertebereiche), die zur Spezifikation verwendet werden.

Unter der Rubrik FUNKTIONEN werden alle Funktionen des ADT mit ihrer Signatur spezifiziert. Die Angabe der Signatur besteht in der Angabe der Typen der Parameter - getrennt durch "x" - und der Angabe des Resultattyps. Parameter- und Resultattypspezifikation werden durch "-->" für totale Funktionen und "-/->" für partielle Funktionen getrennt. Totale Funktionen sind diejenigen Funktionen, die über den gesamten angegebenen Wertebereich gültig sind. Partielle Funktionen gelten nur für bestimmte Werte, weshalb bestimmte Vorbedingungen eingehalten werden müssen.

Ein Objekt des Typs STACK wird erzeugt, indem die nullstellige, d.h. parameterlose Funktion new aufgerufen wird. Als Ergebnis wird ein Objekt des Typs STACK geliefert, welches als Eingabeparamter für andere Funktionen verwendet werden kann. Diese Funktionen sind die wohlbekannten Operationen empty, push, pop, top.

Unter der Rubrik VORBEDINGUNGEN werden für alle partiellen Funktionen die Vorbedingungen für einen Aufruf in Form bool´scher Ausdrücke spezifiziert. Als Vorbedingung für pop und top wird in unserem Beispiel festgelegt, daß der STACK bei einem Aufruf dieser Funktionen nicht leer sein darf, d.h. ein Aufruf der Funktion empty darf als Wert nicht true zurückliefern.

Unter der Rubrik AXIOME werden schließlich Aussagen gemacht, die für alle Objekte des Typs STACK gelten, d.h. wahr sind. Man spricht in diesem Zusammenhang auch von definierenden Gleichungen, weil erst an dieser Stelle die Semantik eines Kellers festgelegt wird. In der angegebenen Reihenfolge sind dies im Beispiel die Aussagen:

*   Für einen mit new erzeugten Keller gilt, daß er leer ist.
*   Für einen beliebigen Keller s, in den ein Element x mit push eingefügt worden ist gilt, daß er nicht leer ist.
*   Wird in einen Keller s ein Element x eingefügt, dann liefert ein direkt danach folgender Aufruf von top dieses Element.
*   Wird in einen Keller s ein Element x eingefügt, dann liefert ein direkt danach folgender Aufruf von pop den ursprünglichen Keller zurück.

Damit ist das Verhalten eines Kellers in Ansätzen charakterisiert. Wir kennen jetzt seine Schnittstelle und wissen über sein Verhalten so viel, daß wir ihn z.B. von einer Schlange unterscheiden können. Das Konzept abstrakter Datentypen liefert also ein Ausdrucksmittel, mit dem sich die Semantik einer Programmkomponente ohne Rückgriff auf ihre Implementierung eingrenzen läßt. Dieses Konzept übertragen wir jetzt auf die Konstruktion von Klassen, um sie im Sinne von Meyer [72] als abstrakte Datentypen implementieren zu können.

Objektorientierte Systeme können das Prinzip abstrakter Datentypen zum durchgängigen Modellierungsprinzip machen, d.h. hier wird ein System ausschließlich aus Objekten zusammengesetzt, die die internen Algorithmen und Datenelemente kapseln. Jedes Objekt besitzt eine Menge von zulässigen Operationen. Diese Operationen sind das einzige Mittel, um Auskunft über den inneren Zustand eines Objektes zu erhalten und diesen zu verändern. Objekte, die in ihren Strukturen gleich und nur in ihren konkreten Ausprägungen verschieden sind, werden in einer Klasse beschrieben. Klassen als Implementationen von abstrakten Datentypen stellen demnach auf der Ebene eines Programms die Erzeugungsmuster für die Objekte des Systems dar.

Betrachten wir jetzt eine Klasse als eine Implementation eines abstrakten Datentyps (vgl. [69]), dann besteht ihre Beschreibung aus:

* der Menge von exportierten Funktionen. Funktionen liefern Werte eines bestimmten Typs. Der Aufruf einer Funktion bewirkt keine Seiteneffekte, d.h. der (von außen feststellbare) Zustand eines Objektes als Exemplar dieser Klasse wird nicht verändert.

* der Menge von exportierten Prozeduren. Prozeduren bewirken Seiteneffekte, d.h. sie verändern den Zustand eines Objektes, liefern aber kein weiteres Ergebnisobjekt.

* den zugehörigen Zusicherungen. Zusicherungen sind logische Ausdrücke, d.h. Prädikate, die in der Form von Invarianten Aussagen über den Zustand von Objekten einer Klasse und in der Form von Vor- und Nachbedingungen Aussagen über die Gültigkeit von Aufrufen ihrer exportierten Routinen und deren Wirkung machen.

Wenn wir programmiersprachliche Mittel haben, um solche Zusicherungen auszudrücken, dann sind die Voraussetzungen geschaffen, um Klassen nicht nur im Sinne abstrakter Datentypen zu entwerfen, sondern sie auch so zu implementieren und dabei gewisse Eigenschaften in der Verwendung sicherzustellen. Damit können wir wiederum das Dienstleistungsprinzip schärfer fassen. Ein solches Verhältnis sagt dann nicht nur, daß ein Kunde Dienstleistungen eines Anbieters anfordert, sondern daß diese Dienstleistungen nur unter bestimmten Bedingungen erbracht werden. Diese Bedingungen werden in einem sog. Vertrag festgeschrieben und binden Kunden und Anbieter: Ein Vertrag legt fest, was die Vorleistungen eines Kunden als Vertragsnehmer für die Dienstleistungen des Anbieters als Vertragsgeber sind. Darüber hinaus muß im Vertrag festgehalten werden, unter welchen allgemeingültigen Bedingungen dieser Vertrag geschlossen wird. Verträge werden auf der Ebene der einzelnen exportierten Routinen einer Klasse formuliert. Die konkreten Bedingungen werden als Vor- und Nachbedingungen und die Rahmenbedingungen werden in den Invarianten festgehalten.

3.3.2   Realisierung des Vertragsmodells

Zusicherungen sind logische Ausdrücke (d.h. Prädikate), die in unserem Zusammenhang auf der Ebene der programmiersprachlichen Realisierung objektorientierter Entwürfe verwendet werden. Wir haben gesagt, daß Zusicherungen einerseits die Gültigkeit von Routinenaufrufen und ihrer Effekte definieren und zum zweiten die Konsistenz eines Objekts beschreiben. Im Zusammenhang von Routinen werden zwei Arten von Zusicherungen unterschieden.

Vorbedingungen legen fest, welche Bedingungen gelten müssen, bevor die Anweisungen einer Routine ausgeführt werden. Für den Aufrufer (d.h. Vertragsnehmer) einer Routine hat dies den Effekt, daß er weiß, welche Voraussetzungen gegeben sein müssen, ehe eine Routine aufgerufen werden kann. Die Einhaltung von Vorbedingungen ist damit eine Verpflichtung des Aufrufers. Es sind sozusagen die Leistungen, die ein Vertragsnehmer vorschießen muß, damit ein Vertrag zustande kommt.

Nachbedingungen einer Routine legen fest, worin die Leistung der Routinenausführung besteht. Die Einhaltung von Nachbedingungen ist damit eine Verpflichtung der aufgerufenen Routine. Anders formuliert, die Nachbedingung beschreibt die vertragliche Leistung des Vertragsanbieters.

Abb. 3.3 zeigt als Beispiel einen Ausschnitt der Spezifikation eines objektorientierten Kellers in der Sprache Eiffel mit Vor- und Nachbedingung für die Prozedur pop (Schlüsselwörter `require` und `ensure`). Diese Zusicherungen besagen offensichtlich, daß ein Element des Kellers nur dann entfernt werden kann, wenn der Keller nicht leer ist, und daß nach dem Entfernen der Keller nicht voll sein darf. Darüber hinaus wird in der Exportliste der Klasse das in der Vorbedingung verwendete Prädikat `empty` exportiert, so daß ein Kunde überprüfen kann, ob die Voraussetzungen für die Verwendung der Operation pop gegeben sind.

```
class Stack
  export
    number_of_elements, empty, full, push, pop, top
  feature

    pop is
      require                    ◄─────────────  Vorbedingung
        not empty                               (d.h. Voraussetzungen)
      do
        number_of_elements := number_of_elements - 1;
      ensure
        not full               ◄─────────────── Nachbedingung
      end;                                       (d.h. Verpflichtungen)
      ...
  invariant                     ◄────────────── Invariante
    empty implies (number_of_elements = 0)      (d.h. Randbedingung)
end -- class Stack
```

Abbildung 3.3:   Spezifikation eines Stacks in Eiffel

Schließlich wird deutlich, daß die funktional spezifizierte Operation pop als Prozedur implementiert wurde, die als Seiteneffekt die Exemplarvariable number_of_elements verändert[1].

In der Terminologie unseres Vertragsmodells können wir den zwischen dem Aufrufer (Vertragsnehmer) und dem Aufgerufenen (Vertragsanbieter) geschlossenen Vertrag so formulieren: Wenn der Vertragsnehmer sicherstellt, daß er den Keller nicht bereits entleert hat, dann garantiert der Vertragsanbieter, daß der Keller durch das Entfernen eines Elementes nicht voll wird – eine recht schwache Verpflichtung, aber immerhin.

Dieser Vertrag zwischen Routinen wird um Verweise auf generelle Vertragsrandbedingungen angereichert. Da Routinen, insbesondere Prozeduren, den inneren Zustand von Exemplaren einer Klasse verändern, sind im Rahmen des Vertragsmodells auch Zusicherungen auf Klassenebene notwendig. Denn nur so kann sichergestellt werden, daß der innere Zustand aller Exemplare dieser Klasse konsistent ist.

Klasseninvarianten sind demnach Zusicherungen, die für alle exportierten Routinen einer Klasse bezogen auf stabile Zustände eines Objekts gelten. Unter einem stabilen Zustand wird der Zustand eines Objekts nach der Erzeugung und jeweils vor oder nach dem Aufruf einer exportierten Routine verstanden. In Abb. 3.3 ist

---

[1] Daß die Exemplarvariable number_of_elements exportiert wird bedeutet nicht, daß sie von einem Kunden eines STACK-Objektes direkt verändert werden kann. Für einen Kunden kann die Variable nur wie eine Funktion, d.h. lesend, verwendet werden.

eine solche Invariante (Schlüsselwort `invariant`) dargestellt, die besagt, daß ein leerer Keller keine Elemente mehr enthält.

Die Einschränkung der Gültigkeit von Invarianten auf die stabilen Zeitpunkte eines Objekts bedarf der Erläuterung. Wir betrachten eine Klasse, die eine sortierte Liste von Elementen verwaltet, d.h. Operationen u.a. zum Einfügen und Entnehmen von Elementen zur Verfügung stellt. Als Klasseninvariante der Liste soll gelten, daß alle Elemente der Größe nach geordnet sind.

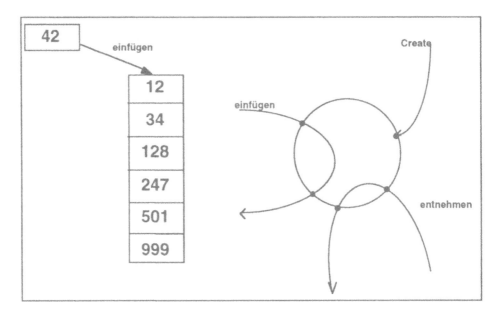

Abbildung 3.4:   Einfügen in eine sortierte Liste

Nachdem ein Exemplar dieser Klasse erzeugt worden ist, gilt die Invariante, daß wir eine leere Liste als sortiert ansehen. Beim Einfügen eines Elementes in eine sortierte Liste kann es jedoch – je nach verwendetem Algorithmus – zu Verletzungen der Invariante kommen. Betrachten wir zur Illustration Abb. 3.4. Zum Zeitpunkt des Aufrufs der Operation `einfügen` muß die Invariante gelten. Wäre sie zu einem früheren Zeitpunkt verletzt worden, wäre der jetzt stattfindende Aufruf nicht möglich. Wird für das Einfügen des neuen Elements z.B. der Bubble-Sort-Algorithmus verwendet, dann muß während der Einsortierung die Invariante verletzt werden, da es beim Bubble-Sort Zeitpunkte gibt, an denen die Liste nicht sortiert ist. In der Abbildung wird dies durch den grau schraffierten Bereich dargestellt, der für den Aufrufer einer exportierten Routine nicht sichtbar ist. Die Verletzung der Invariante darf solange gelten, bis das Einfügen abgeschlossen ist und das Objekt für den Aufruf weiterer exportierter Operationen zur Verfügung steht.

Die Einhaltung der Klasseninvariante ist also in erster Linie für die gerufene Routine bindend, d.h. nach Abarbeitung des Routinenrumpfes muß die Invariante wieder hergestellt sein, wenn sie verletzt worden ist.

Mit Blick auf die Wiederverwendbarkeit und Korrektheit bedeutet die Formulierung von Vertragsbedingungen einen wesentlichen Schritt zur Verdeutlichung der Leistungen von Klassen. Das Vertragsmodell hat aber nur dann über die reine Spezifikation hinausgehende Bedeutung, wenn Zusicherungen auch im laufenden System geprüft werden können. Damit ist die Umsetzung des Vertragsmodells eng an eine passende Ausnahmebehandlung (exception handling) gebunden. Darauf gehen wir in Kap 3.3.4 ein.

Der Wert des Vertragsmodells soll im Folgenden an ausgewählten Aspekten verdeutlicht werden. Im Kap. 6.7 über Testen und Qualitätssicherung werden weitere Bezüge zu diesem Konzept hergestellt.

3.3.3 Zusicherungen als Hilfsmittel im Entwurfsprozeß

Bei der Konstruktion von Klassen helfen Zusicherungen, die Abhängigkeiten beim Aufruf von Routinen zu beschreiben. Wir müssen berücksichtigen, daß die Reihenfolge der Operationsaufrufe einer Klasse nicht mehr eindeutig in einem steuernden Hauptprogramm festgelegt ist, sondern diese Reihenfolge bei reaktiven objektorientierten Systemen weitgehend von äußeren Einflüssen abhängt. Damit können wir nur noch formulieren, welche logischen Abhängigkeiten für die Verwendung der einzelnen Operationen der Klassen bestehen. Da objektorientierte Programmierung zustandsorientierte Programmierung ist, können Zusicherungen Aussagen über notwendige Zustände von Objekten machen. Damit wird schon beim Entwurf Bezug genommen auf die intendierte Art der Verwendung einer Klasse. Während Vorbedingungen vorrangig die logischen Abhängigkeiten einer einzelnen Routine festlegen, fördern Nachbedingungen und Invarianten die Entwicklung "runder" Klassen, d.h. Klassen, die ein geschlossenes und in sich konsistentes Konzept repräsentieren und nicht nur eine Ansammlung eventuell nützlicher Leistungen sind.

Die Bedeutung des Vertragsmodells für den Entwurfsprozeß besteht vorrangig in dem geforderten Sichtenwechsel. Wenn wir die Semantik einer Klasse fachlich formulieren, haben wir die Übereinstimmung der Operationen mit den Umgangsformen des Anwendungsbereichs im Auge. Bei der Festlegung der Verträge, die eine Klasse anbietet, konzentrieren wir uns dagegen auf die innere Stimmigkeit der modellierten Konzepte. Wir stellen im Beispiel der Abb. 3.2 fest, daß die Semantik der Operation pop sinnvoll durch die Prädikate empty und full festgelegt werden kann und daß wir diese Prädikate an der Schnittstelle zur Verfügung stellen sollten. In ähnlicher Weise werden wir die anderen Operationen des Kellers untersuchen, uns Gedanken über "partielle Funktionen" und deren Vorbedingungen und Effekte machen und uns bemühen, mit einem minimalen Satz von Prädikaten für deren Spezifikation auszukommen.

Über das hier vorgestellte Vertragsmodell hinaus geht der Vorschlag von Wirfs-Brock et al. [103]. Während unser Vertragsmodell für einzelne Routinen gilt, verwenden die Autoren Verträge beim Klassenentwurf, um darin zusammenhängende "Dienstleistungsbündel" zu charakterisieren. In einem Vertrag werden dort diejenigen Operationen einer Klassenschnittstelle zusammengefaßt, die sinnvoll zur Erledigung einer identifizierten und benennbaren Aufgabe (Responsibility) von anderen Klassen verwendet werden sollen. Diese Interpretation verträgt sich u.E. sehr gut mit unseren Vorstellungen als Ergänzung auf der "Makroebene". Einen Ansatz zur konstruktive Umsetzung dieses Vorschlags stellen die in Abschnitt 2.2.4 vorgestellten Aspektklassen dar, die als Dienstleistungsbündel für Werkzeuge gesehen werden können.

3.3.4 Zusicherungen als Hilfe bei der Fehlersuche

Zusicherungen sollten als logische Ausdrücke zur Ausführungszeit eines Programmes überprüft werden. Die Verletzung einer Zusicherung führt zu einer Ausnahmebehandlung. Im Regelfall bedeutet dies den Abbruch eines Programmes, der durch "lokale" Maßnahmen im Kontext des Ausnahmefalles verhindert werden sollte. In Verbindung mit einem geeigneten Laufzeitsystem wird die Fehlersuche durch Zusicherungen stark vereinfacht. Da bekannt ist, welche Zusicherung zur Ausnahmebehandlung geführt hat, ist auch die Programmstelle, bzw. die Aufrufstelle bekannt. Im Zusammenhang mit einer Spurverfolgung (Trace) können Fehlerursachen leicht ermittelt werden.

Die vorliegenden Erfahrungen mit dem Einsatz von Zusicherungen unter dem Aspekt der Fehlersuche weisen darauf hin, daß typische Programmierfehler - wie etwa die Übergabe von nicht initialisierten Objekten als Parameter einer Operation - sehr leicht gefunden werden können.

Wird als Implementierungssprache C++ gewählt, können Bestandteile des Zusicherungskonzeptes, insbesondere Vor- und Nachbedingungen, durch entsprechende Makrodefinitionen nachgebildet werden.

3.3.5 Zusicherungen verhindern "semantische Verschiebungen"

In der Sprachwelt des Vertragsmodells wird die Benutzt-Beziehung zwischen Klassen als Verhältnis zwischen Vertragsanbieter und Vertragsnehmer interpretiert. Darüber hinaus haben Zusicherungen einen wesentlichen Einfluß auf die Einhaltung der hier favorisierten Verwendung der Vererbung.

Invarianten von Klassen werden vererbt. Dies bedeutet, daß erbende Klassen an die Verträge von Oberklassen gebunden sind. Hiermit soll verhindert werden, daß die Bedeutung von Klassen auf dem Vererbungswege verschoben wird. Klar ist einerseits, daß die Spezialisierung von Unterklassen (d.h. vor allem die Redefinition von Routinen) ein wichtiger Entwurfsmechanismus der Objektorientierung ist, und andererseits, daß eine Verschiebung der Semantik von Operationen gegenüber der intendierten Bedeutung nur sehr begrenzt formal gefaßt werden kann.

Die Interpretation der Vererbung von Vor- und Nachbedingungen im Rahmen des Vertragsmodells gestaltet sich komplizierter. Zunächst haben wir die Klassenbeziehungen (vgl. Abb. 3.5, rechts): Die Klasse Kunde benutzt die Operation f der Klasse Anbieter. Dazu ist im Text der Klasse Kunde ein Bezeichner statisch als Anbieter typisiert. Die Klasse Zulieferer erbt von Anbieter und redefiniert f. Betrachten wir jetzt die Situation, die sich unter dem Blickwinkel des Vertragsmodells ergeben kann (vgl. Abb. 3.5, links). Der Vertragsnehmer Kunde entnimmt aus der Spezifikation der Klasse Anbieter statisch die Vor-, Nachbedingungen und Invarianten, d.h. die Vertragsbedingungen. Da zur Laufzeit ein Objekt der Unterklasse Zulieferer polymorph anstelle eines Objekts der Klasse Anbieter stehen kann, entsteht u.U. folgendes Problem: Ist bei der Redefinition der Routine f von Zulieferer die Vorbedingung verschärft worden, wird das für den Vertragsnehmer von Anbieter statisch nicht sichtbar. Als Folge der dynamischen Bindung von Objekten des Typs Zulieferer an Bezeichner des Typs Anbieter wird der Vertragsnehmer Kunde jedoch verpflichtet, die schärfere Vorbedingung einzuhalten. Oder anders formuliert – die Unterklasse verlangt für eine Leistungserbringung mehr an Vorleistung als im Vertrag der Oberklasse erkennbar ist. Dies führt dann zu einer Ausnahmesituation, wenn eine in der Unterklasse verstärkte Vorbedingung nicht erfüllt werden kann.

Da bei der Vertragsübernahme durch Vererbung alle Routinen einschließlich ihrer Vor- und Nachbedingungen mitvererbt werden, darf ein Vertrag nur dann weitergegeben werden, wenn die Unterklasse bereit ist:

a)   weniger oder gleich viel für die Ausführung der Vertragsleistung zu ver-
      langen, und

b)   mindestens gleich viel an Leistung zu erbringen.

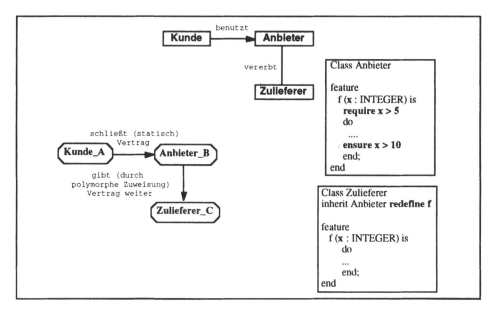

Abbildung 3.5:   Weitergabe eines Vertrags durch Vererbung

Für Vorbedingungen bedeutet dies: Sie dürfen in einer erbenden Klasse nicht
stärker werden, d.h. von einem Vertragsnehmer darf nicht mehr verlangt werden
als in der Oberklasse verlangt worden ist. Für Nachbedingungen gilt der umge-
kehrte Fall: In erbenden Klassen müssen Routinen mindestens die Leistungen ga-
rantieren, die bereits in der Oberklasse garantiert worden sind.

Da es i.a. nicht entscheidbar ist, ob eine Bedingung stärker oder schwächer ist,
wird ein einfaches Verfahren gewählt, um den gewünschten Effekt zu erreichen.
Vorbedingungen von Operationen aus Oberklassen werden mit neuen Vorbedin-
gungen in Unterklassen unter Verwendung des logischen 'Oder' verknüpft. Für
Nachbedingungen gilt das entsprechende Verfahren, hier wird jedoch das logische
'Und' zur Verknüpfung verwendet.

Dadurch wird sichergestellt, daß bereits die Einhaltung der ursprünglichen Vorbedingung ausreichend ist und für die Nachbedingung folgt, daß mindestens die
Nachbedingung der Routine der Oberklasse eingehalten werden muß.

Durch dieses Entwurfsprinzip kann die Erweiterbarkeit von Klassen durch Vererbung gewährleistet werden, ohne daß bereits laufende Systemteile davon betroffen sind.

4. Hilfsmittel der objektorientierten Softwareentwicklung

Bisher haben wir die wesentlichen objektorientierten Konzepte und Entwurfsprinzipien vorgestellt. In diesem Kapitel werden wir relevante Hilfsmittel zur Verwirklichung einer objektorientierten Entwicklung einführen. Dazu gehören unserer Ansicht nach die Auswahl einer adäquaten Programmiersprache, eine Programmierumgebung und die Möglichkeit, ein Datenbanksystem an ein objektorientiertes System anzuschließen. Da viele große Anwendungsorganisationen auf IBM-Basis arbeiten, schließen wir dieses Kapitel mit einer Betrachtung der von IBM vorgeschlagenen Verfahrensweisen zur Objektorientierung.

4.1 Klassifikation von Programmiersprachen

Der in diesem Buch vertretene objektorientierte Ansatz reicht von der Analyse eines Anwendungsbereichs bis zur technischen Umsetzung der entsprechenden Entwürfe in ein Softwaresystem. Um diesen Entwurfs- und Gestaltungsprozeß möglichst bruchlos durchführen zu können, ist die Verwendung einer geeigneten Programmiersprache von großer Bedeutung. Wir stellen im Folgenden eine Klassifikation vor, die Kriterien an die Hand gibt, um entscheiden zu können, ob eine bestimmte Programmiersprache die Verwendung objektorientierter Konzepte nur erlaubt oder unterstützt. Die Zuordnung einer Programmiersprache in eine der vorgeschlagenen Kategorien ermöglicht eine Abschätzung darüber, mit welchem Aufwand objektorientierte Konzepte in der gewählten Sprache - wenn überhaupt - realisiert werden können.

Wir haben als Klassifikation den Vorschlag von Peter Wegner [99] aufgegriffen, der Programmiersprachen danach einteilt, in welchem Umfang sie die Grundelemente des objektorientierten Modells programmiersprachlich unterstützen. Entsprechend unterteilt er in objektbasierte, klassenbasierte und objektorientierte Programmiersprachen (vgl. Abb. 4.1). Damit können wir auch eine Gegenposition zu der landläufigen Meinung "Jeder redet über Objektorientierung, aber keiner weiß, was es ist" vertreten, da Wegners Einteilung trotz aller Unterschiede in den einzelnen vorgeschlagenen objektorientierten Methoden heute kaum noch infrage gestellt wird.

Objekte **objektbasiert**	Objekte + Klassen **klassenbasiert**	Objekte + Klassen + Vererbung **objektorientiert**
Ada Modula2	CLU	Simula Smalltalk Eiffel C++

Abbildung 4.1:   *Klassifikation von Programmiersprachen*

Objektbasierte Sprachen als Ausgangspunkt der Klassifikation sind dadurch cha-
rakerisiert, daß sie Objekte als Sprachprimitive unterstützen. Ein Objekt im programmiersprachlichen Sinn ist eine Komponente des laufenden Programms, die
Daten und die darauf arbeitenden Operationen kapselt. Zur Gruppe von Sprachen,
die dieses Ausdrucksmittel besitzen, gehören z.b. Modula2 mit dem Modulkonzept und Ada mit dem Paketkonzept, aber nicht Sprachen wie Pascal oder
FORTRAN, da sie kein Konzept enthalten, um eine Datendeklarationen von ihrer
Verwendung zu trennen.

Klassenbasierte Sprachen sind alle objektbasierten Sprachen, die eine Zuordnung
von Objekten zu Klassen ermöglichen. Klassenbasierte Sprachen unterstützen
damit das Management von Objekten (Erzeugen, Löschen, etc.), aber nicht die
Organisation von Klassen (d.h. Einheiten eines Programmtextes) in Vererbungshierarchien. Klassenbasierte Sprachen in ihrer "Reinform" sind im industriellen
Bereich kaum vertreten. Eine Sprache wie CLU (vgl. [61]), die das Programmieren mit abstrakten Datentypen unterstützt, wird nur im akademischen Bereich
eingesetzt; sie hat aber großen Einfluß auf die Entwicklung objektorientierter
Sprachkonzepte gehabt. Modula2 z.B. ist keine klassenbasierte Sprache, da Module nicht als Klassen betrachtet werden können, denn die Laufzeitkomponenten
entsprechen nicht unmittelbar den Programmkomponenten (z.B. übernehmen
Module nicht notwendig die Speicherorganisation der Laufzeitkomponenten).
Dazu kommt, daß Module keine "erstklassigen" Sprachelemente sind, da sie z.B.
nicht als Parameter einer Routine übergeben werden können.

Kommt zu den Objekten und Klassen noch das Konzept der Vererbung hinzu,
sind die notwendigen Merkmale für eine objektorientierte Sprache erfüllt. Objektorientierte Sprachen in diesem Sinne sind Simula, Smalltalk, Eiffel und C++.
Dabei besitzen diese Sprachen, außer Smalltalk, alle zusätzlich noch die Eigen-

schaft, statisch typisiert zu sein, d.h. daß ein in diesen Sprachen geschriebenes Programm von einem Übersetzer auf typkorrekte Deklarationen überprüft werden kann[1].

Festzuhalten ist, daß nur diejenigen Sprachen Objektorientierung durch Sprachkonzepte unterstützen, die anhand der hier aufgeführten Merkmale auch als objektorientiert bezeichnet werden können.

4.2 Sprachen für die objektorientierte Entwicklung

In diesem Abschnitt diskutieren wir auf der Basis der oben vorgenommenen Klassifikation die Eignung verschiedener verbreiteter Programmiersprachen und erläutern, welche Probleme beim Einsatz nicht-objektorientierter Sprachen zu erwarten sind.

COBOL ist definitiv keine Alternative für die Entwicklung objektorientierter Systeme. Als Programmiersprache der zweiten Generation bietet COBOL keine heute noch akzeptierbaren Möglichkeiten zur Strukturierung großer Programmsysteme. Während C, Modula2 und Ada wenigstens noch die Typisierung und Modularisierung als Sprachmittel kennen, bietet COBOL außer der Möglichkeit, Programmteile getrennt zu übersetzen, keine Unterstützung für den arbeitsteiligen Entwicklungsprozeß. Selbst mit der Einführung von COBOL II wird diese Situation nicht wesentlich verbessert, da COBOL II nur Merkmale der Strukturierten Programmierung und wenige Ansätze zur modularen Entwicklung aufweist.

Im November 1989 wurde von CODASYL die Object-Oriented COBOL Task Group (OOCTG) ins Leben gerufen, die einen neuen COBOL-Standard entwickeln soll, der die Objektorientierung unterstützt. Diese Arbeitsgruppe wurde vor kurzem in die ANSI Gruppe X3J4.1 übernommen. Im Februar '93 erschien der technische Report "Object-Oriented Extensions to COBOL" (vgl. [3]) als Basis für weitere Diskussion und Verbesserungsvorschläge.

Es ist keine leichte Aufgabe die antiquierte Sprache COBOL um objektorientierte Eigenschaften zu erweitern, und dabei den Investitionsschutz für bestehende COBOL-Anwendungen zu gewährleisten. Genau diese Aufgabe hat sich die OOCTG gestellt und der genannte technische Report beschreibt recht gute

---

[1] Wir wollen an dieser Stelle nicht die Diskussion aufgreifen, in welchem Ausmaß C++ als stark getypt gelten kann.

Lösungen. Zentrale Konzepte einer objektorientierten Sprache wie Objekte, Klassen und Typen, Schnittstellendefinitionen, Vererbung, Polymorphie und dynamisches Binden sind im Sprachentwurf realisiert. Vorhandene Programme sollen ungeändert übersetzt und ausgeführt werden können.

Nach Bekanntwerden des Vorhabens und der ersten Vorschläge arbeiten mehrere Hersteller an OO-COBOL-Compilern, u.a. HP und CA: Netron/CAP, REALIA und MicroFocus bieten bereits Lösungen auf dem Markt an. Insbesondere die objektorientierte Variante von MicroFocus COBOL mit einer Laufzeit-Umgebung (RTE) und einem "reusable code manager" enthält eine Reihe interessanter Merkmale wie eine Entwicklungsumgebung mit Editor, Compiler, Linker und Animator, einem Browser und einer Klassenbibliothek. Wieviel davon einem zukünftigen Standard entspricht, der erst in ein paar Jahren verabschiedet werden wird, ist ungewiß.

C++ hat sich als objektorientierte Sprache am Markt durchgesetzt. Dabei spielt vor allem die Kompatibilität zu C eine Rolle. Die Standardisierung der Sprache ist so weit fortgeschritten, daß eine stabile syntaktische und semantische Basis für die Programmierung gegeben ist. In Verbindung mit dem oben skizzierten Architekturmodell ist auch eine weitgehende Hardwareunabhängigkeit gewährleistet, da C++-Übersetzer (wie C-Übersetzer) auf allen gängigen Hardware-Plattformen verfügbar sind. Es kann davon ausgegangen werden, daß absehbar alle C-Compiler gleich in Form einer eingeschränkten C++-Version ausgeliefert werden. Passend zu C++-Übersetzern bieten eine Reihe von Softwarehäusern und andere Hersteller in C++ geschriebene Bibliotheken, z.B. Fenstersysteme und Basisdatenstrukturen (vgl. [43]). Dieser Markt wird sich in den kommenden Jahren stark vergrößern.

Es ist ebenfalls abzusehen, daß Klassenbibliotheken für die automatische Speicherverwaltung (garbage collection) auf dem Markt angeboten werden. Damit wird eine zur Zeit noch bestehende Schwachstelle für die Entwicklung großer Programmsysteme in C++ geschlossen.

Eine Entscheidung für C++ gewährleistet also die langfristige Einbettung in einen wachsenden Markt. Oft genannt, aber in der Konsequenz umstritten, ist die Möglichkeit, mit C++ als einer hybriden Sprache sowohl prozedural-ablauforientiert als auch objektorientiert zu programmieren. Dies zielt auf einen kontinuierlichen Übergang von einem traditionellen zu einem objektorientierten Programmierstil. Erfahrungen zeigen, daß daraus aber in der Arbeit mit C++ erhöhte Anforderungen an die Disziplin der Programmierer resultieren und im Regelfall eine wirkliche Durchdringung der objektorientierten Konstruktionsprinzipien ausbleibt. Besonders die erfahrenen C-Programmierer verfallen leicht in einen ablauforientierten Programmierstil in C++, der zudem häufigen Gebrauch von nicht-objektorientierten C-Konstrukten macht. Unbestritten sind der oft beklagte unhandliche Umfang sowie die undurchsichtige Syntax und Semantik der Sprache. Letztlich kann dies in Anbetracht von Ada oder PL/I kein wirkliches Argument sein. Wir würden uns für Anfänger allerdings einen leichteren Zugang zu objektorientierten Techniken der Softwareentwicklung wünschen.

Neben C++ wird gelegentlich Objective-C [21] in die Diskussion gebracht - ebenfalls ein C-"Derivat", dessen Verbreitung allerdings wesentlich geringer ist als die von C++. Objective-C war die erste objektorientierte C-Erweiterung von Bedeutung und hat als Implementationssprache der NeXt-Workstation Aufsehen erregt. Die grundsätzlichen Vor- und Nachteile sind mit denen von C++ vergleichbar. Unterschiede liegen darin, daß Objective-C sowohl compilierend, als auch interpretativ arbeitet und damit zur Laufzeit eine höhere Flexibilität bei der Veränderung eines Systems und seiner Konfiguration bietet.

Alternativ zu C++ kommt die Sprache Eiffel [72] in Betracht. Eiffel ist eine rein objektorientierte Programmiersprache, die überwiegend in Forschungsabteilungen großer Firmen und an Universitäten zu Ausbildungszwecken eingesetzt wird. Eiffel zeichnet sich durch eine einfach erlernbare Syntax, sowie eine klare objektorientierte Semantik aus. Im kommerziellen Bereich hat Eiffel (noch) sehr wenig Bedeutung. Hauptgrund dafür ist die mangelhafte Unterstützung durch Softwarepakete für Front- und Backends von "realen" Anwendungen. Wie C++ ist auch bei Eiffel die Hardwareunabhängigkeit gegeben. Eiffel erreicht dies durch eine Übersetzung nach C. Die weitere Entwicklung im Eiffel-Bereich muß besonders mit Blick auf die Version 3 beobachtet werden. In jedem Fall ist Eiffel eine ausgezeichnete Sprache zur Vermittlung des objektorientierten Entwurfs sowie der objektorientierten Programmierung. Mit der Einbettung einer Zusicherungssprache ist in Eiffel ein gutes Hilfsmittel zur direkten Umsetzung des Vertragsmodells vorhanden. Die verbesserte Entwicklungsumgebung kann entscheidend dazu beitragen, daß Eiffel vor allem als Analyse-, Entwurfs- und Programmiersprache an Bedeutung gewinnen wird.

Im Ausbildungsbereich spielt der Modula-2-Nachfolger Oberon [83a] eine gewisse Rolle. Oberon geht als modulorientierte Sprache über einige Schwächen von Modula-2 hinaus und ermöglicht in der Fassung Oberon-2 durch erweiterbare Records im wesentlichen objektorientierte Konstruktion (vergl. [72a]). Obwohl wir Oberon-2 als eine hybride Sprache betrachten, die die traditionelle prozedurale Programmierung mit objektorientierten Zusätzen anreichert, hat sie für die Ausbildung einige unbestreitbare Vorteile. Die gesamte Oberon-Umgebung mit eigenen Betriebssystemkern, Fenstersystem, Textverarbeitung, Compiler und Linker hat einen Umfang von ca. 200 kB und ist auf allen gängigen

Maschinen lauffähig. Oberon ist kostenfrei zu beziehen und sehr gut in Lehr- und Handbüchern beschrieben.

Smalltalk [39] ist die Sprache, die den Begriff Objektorientierung geprägt und die objektorientierte Programmierung bekannt gemacht hat. Die Sprache ist ungetypt und interpretierend (genauer: inkrementell kompilierend). Sie wird mit einer umfangreichen und ausgereiften Entwicklungsumgebung ausgeliefert. Ihre Klassenbibliothek ist vorbildlich. Da Smalltalk bisher in seinen Versionen nicht von seiner Umgebung und dem inkrementell weiterentwickelbaren Arbeitsspeicher zu trennen war, wird die Umgebung meist noch als Einplatzsystem verwendet. Allerdings sind in jüngster Zeit Entwicklungen im PC-Bereich auf den Markt gekommen (z.B. ENVY von OTI, Canada), die dieses Problem überwunden haben. Ein weiterer Einwand gegen Smalltalk ist gelegentlich die geringe Eignung für den Bau technischer Steuerungssysteme. Auch hier hat sich durch verbesserte Compiler und eine gute Schnittstelle zu C einiges verändert. Unbestritten ist das Smalltalk-System hervorragend für Prototyping und zur Realisierung hoch interaktiver Systeme mit anspruchsvoller Graphik geeignet. Smalltalk ist die nach C++ bedeutendste Sprache für professionelle Anwendungsentwicklung mit einem beachtlichen Marktsegment.

Fassen wir unsere Überlegungen zusammen: Für die Neuentwicklung von objektorientierten Anwendungssystemen empfehlen wir, eine objektorientierte Programmiersprache einzusetzen. Steht für eine Entwicklungsabteilung die Auswahl offen, kommen im Kern zwei Sprachen in Frage - C++ und Eiffel. Für hochinteraktive, graphische Anwendungen und für das Prototyping sollte Smalltalk in Betracht gezogen werden. Im Bereich von Expertensystemen ist die objektorientierte Lisp-Variante CLOS von großer Bedeutung. Generell legen wir bei der Auswahl der Programmiersprache großen Wert darauf, die Durchgängigkeit von fachlicher Analyse und softwaretechnischer Modellierung wahren. Coad und Yourdon bringen diese Argumentation so auf den Punkt:

> "Unsere Entwurfsideen werden durch unsere Vorstellungen darüber, wie wir etwas programmieren können, beeinflußt und unsere Vorstellungen von der Programmierung werden stark von der verfügbaren Programmiersprache bestimmt."

In der Konsequenz bedeutet das, daß die bruchlose Überführung eines fachlich motivierten objektorientierten Modells in ein technisches Modell nur unter Verwendung einer objektorientierten Programmiersprache effizient möglich ist. Diese Aussage relativiert sich für solche Entwicklerteams, die ausreichende Erfahrungen mit der Umsetzung objektorientierter Konzepte haben. Dann ist die Wahl der konkreten objektorientierten Sprache von nachrangiger Bedeutung. Für den Experten stellt sich das Bild dann eher so dar, daß jede derzeit verfügbare objektorientierte Sprache unterschiedliche Stärken und Schwächen hat, und daß sich in fast allen ein disziplinierter objektorientierter Konstruktionsstil erreichen läßt. Diese Aussage gilt mit Abstrichen auch für die Verwendung klassischer prozeduraler Sprachen. Mit ausreichendem Wissen und Erfahrung läßt sich auch mit solchen Sprachen einiges an objektorientierten Konzepten realisieren. Die Frage ist nur, zu welchem Preis und weshalb der meist recht hohe Preis gezahlt werden soll.

Zwar sind Techniken bekannt, mit traditionellen nicht-objektorientierten Programmiersprachen objektorientierte Entwürfe umzusetzen, jedoch erfordert diese Vorgehensweise sehr große Disziplin bei den Entwicklern und ist nur durch aufwendige und rigide Qualitätssicherung allein zur Sicherung der Modellstruktur umsetzbar. Muß dieser Weg trotzdem gegangen werden, dann sind auf der Liste der für den professionellen Einsatz in Frage kommenden Programmiersprachen neben Modula2 vor allem C und Ada von Bedeutung, da sie weit verbreitet sind und eine akzeptable softwaretechnische Basis haben. (Wir greifen diesen Punkt noch einmal bei der Diskussion um eine Einführungsstrategie in Kapitel 8 auf.)

4.3 Programmierumgebungen

Unter den Hilfsmitteln für die objektorientierte Entwicklung haben Programmierumgebungen eine besondere Bedeutung. Zum einen, weil dadurch die Entwicklung wesentlich beschleunigt werden kann, zum anderen, weil es für objektorientierte Programme erst wenige marktgängige Entwicklungsumgebungen gibt, die den Anforderungen an die Unterstützung der objektorientierten Programmierung genügen. Vorreiter ist hier, wie gesagt, die Smalltalk80-Umgebung. Vergleichbar ist Objectworks für C++, eine in Smalltalk implementierte Entwicklungsumgebung. Im Bereich frei verfügbarer (Public Domain) Software existiert mit ähnlichem Leistungsumfang ET++ [100]. Diese Umgebung für C++ wurde an der Universität Zürich entwickelt, läuft auf einer Unix-Plattform und wird bereits im kommerziellen Bereich eingesetzt. Die in ET++ verankerten Konzepte der objektorientierten Programmierung sind weit fortgeschritten [37]. Da sich für ET++-Weiterentwicklungen ein kommerzieller Hersteller gefunden hat, wird diese Umgebung u.E. noch an Einfluß gewinnen.

Im Bereich der kommerziell verfügbaren Programmierumgebungen steht mit der Umgebung SNiFF+ ein Hilfsmittel zur Verfügung, das speziell für die Unterstützung von Programmierern in großen objektorientierten Projekten entwickelt worden ist. Die besondere Leistungsfähigkeit von SNiFF+ ergibt sich dadurch, daß auf der Ebene von symbolischen Informationen, d.h. Konstrukten der Programmiersprache C++, gearbeitet werden kann. Dadurch wird vor allem erreicht, daß die semantischen Beziehungen innerhalb und zwischen Klassen sehr viel leichter erschließbar werden, als das unter Verwendung von Werkzeugen möglich wäre, die ausschließlich textuelle Informationen verarbeiten.

Im PC-Bereich ist die Programmierunterstützung noch nicht sehr umfangreich. Zwar werden Umgebungen wie die Microsoft PWB (Professional Workbench) auch für C++ angeboten, aber diese Umgebung wird den Anfordernissen der objektorientierten Programmierung (z.B. Klassenbrowser oder Vererbungsgraphen) nicht gerecht. Allerdings inserieren verschiedene Hersteller von C++-Übersetzern (wie Borland) in diesem Bereich stark erweiterte Umgebungen. Zu erwarten ist eine Integration von Editor, Compiler, Debugger, Versions- und Variantenkontrolle auf der Basis einer Projektbibliothek. IBM bietet als objektorientierte Entwicklungsumgebung die Software Development Environment (SDE) Workbench/6000 an. Dieses auf Hewlett-Packards Softbench basierende Rahmenwerk ist das Kernstück der neuen auf AIX basierenden CASE-Umgebung von IBM, die dem Kunden die Integration weiterer Unix-basierter Werkzeuge ermöglicht.

Für die Entwicklung prototypischer Lösungen sollte die Entwicklungsumgebung Enfin/3 (Enfin, frz.: letztlich, schließlich, endlich) evaluiert werden. Die Sprache von Enfin ist eng an Smalltalk angelehnt. Die Entwicklungsumgebung ist unter OS/2 mit Presentation Manager und unter MS Windows einsetzbar. Die Verfügbarkeit von Bausteinen zur Konstruktion von Oberflächen gemäß CUA 91, angereichert um Erweiterungen wie List Boxes, Buttons, Datumsfelder und ähnliche, sowie die Möglichkeit, andere OS/2 Applikationen einzubinden, macht Enfin attraktiv. Zur Konstruktion von Oberflächen stehen leistungsfähige Werkzeuge zur Verfügung.

Auf dem Gebiet der visuellen Programmierung ist Parts von Digitalk für OS/2 2.x eine leistungsfähige Programmierumgebung. Es erlaubt, ähnlich wie der Interface-Builder der NeXt-Computer, Anwendungen aus einer großen Anzahl von vorgefertigten Bausteinen zu erstellen.

Eine typische Parts-Anwendung besteht dabei aus den folgenden drei Teilen:
- Interaktionselementen (Interaktionstypen) wie Fenster, Dialogboxen, Knöpfen oder Selektionen;
- funktionalen Komponenten wie Drucker oder Plattenlaufwerke;
- Verbindungen, die Ereignisse (ausgehend von einer Komponente) mit Operationsnamen (in einer anderen Komponente) verbinden.

Die ereignisorientierte Verknüpfung von Komponenten ist vergleichbar mit der in Kap. 2.3 vorgestellten Konstruktionsmethodik für interaktive Werkzeuge. Die visuelle Verbindung von Ereignissen mit Operationen, sprich: Ereignisempfängern, stellt, solange man mit den Standardbausteinen auskommt, den gesamten Programmieraufwand dar.

Wir wollen die Vorgehensweise bei der Entwicklung von Programmen mit Parts anhand eines kleinen Beispiels (vgl. Abb. 4.2) erläutern. Zweck der Anwendung ist, den Wert eines Schiebereglers in numerischer Form in einem anderen Fenster auszugeben.

Die Anwendung besteht aus einem Hauptfenster, in dem der Schieberegler und das Ausgabefenster als Kindfenster enthalten sind. Mit dem Schieberegler können Werte zwischen 0 und 80 eingestellt werden. Das Ausgabefenster zeigt den aktuellen Wert des Schiebereglers.

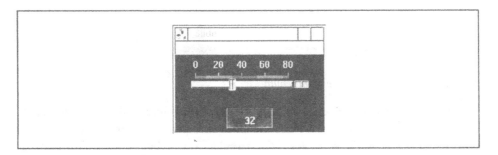

Abbildung 4.2:   Beispiel einer Parts-Anwendung

Diese Elemente der Anwendung werden mit Hilfe von Drag und Drop aus einem Katalog in die Anwendung gezogen. Ein solcher Katalog ist links neben der Parts-Workbench in Abb. 4.3 zu sehen. Er stellt momentan verschiedene Arten von Schiebereglern zur Verfügung.

Beim Starten einer Anwendung, die mit Parts erstellt wurde, wird stets das externe Ereignis [open] erzeugt. Da in unserem Beispiel als Folge das Hauptfenster mit all seinen Kinderfenstern dargestellt werden soll, wird das externe Ereignis [open] mit der Operation <open> des Hauptfensters verbunden.

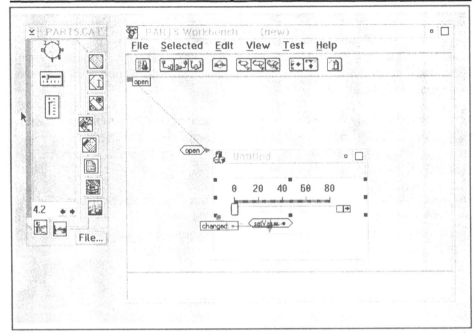

Abbildung 4.3:   Parts Arbeitsumgebung

Das Betätigen des Schiebereglers, d.h. die Änderung seines Wertes führt dazu, daß das Ereignis [changed: einParameter] generiert wird. Als Parameter wird dabei der aktuelle Wert des Schiebereglers übergeben. Da die Anwendung den Schiebereglerwert in einem separaten Ausgabefenster anzeigen soll, wird das Ereignis [changed: einParameter] mit der Operation <setValue: einParameter>, die das Anzeigen des Wertes "einParameter" in diesem Ausgabefenster bewirkt, verbunden. Als aktuellen Parameter für die Operation <setValue: > wird dabei der aktuelle Parameter des Ereignisses [changed:] verwendet. Ergebnis dieser visuell durchgeführten Verknüpfung von Ereignissen mit Operationsaufrufen ist dann die in Abb. 4.2 dargestellte Anwendung.

Insgesamt bietet Parts über 70 vorgefertigte Komponenten an. Dieser Katalog läßt sich allerdings leicht erweitern. Hierfür steht in Parts die Programmiersprache Partstalk zur Verfügung, die ein Subset von Smalltalk-V darstellt. Für Entwickler, die Parts intensiv nutzen und erweitern wollen, ist es sogar möglich, Parts in eine Smalltalk-V Umgebung zu integrieren, und dann die gesamte Entwicklungsumgebung des Smalltalk-Systems zu nutzen.

Zu den Programmierumgebungen können wir abschließend feststellen, daß das Angebot relevanter Hilfsmittel für die objektorientierte Softwareentwicklung noch nicht sehr umfangreich und nur zum Teil ausgereift ist. Während wir aber im Sprachenbereich mittelfristig keine große Änderung der Marktlage erwarten, stellt sich dies bei den Programmierumgebungen schon kurzfristig anders dar. Viele Hersteller und Anbieter haben neue Produkte angekündigt und wir hören auch aus den einzelnen Entwicklungsabteilungen, daß ein deutlicher Trend zu offenen Programmierumgebungen für die objektorientierte Konstruktion geht, in die dann schrittweise neue Werkzeuge integriert werden können.

4.4 Datenhaltung

Als Ergebnis unserer bisherigen Betrachtungen können wir festhalten, daß wir mit den Mitteln der objektorientierten Programmierung den fachlichen Kern eines Anwendungssystems technisch konstruieren können. Weiterhin erlauben uns Bibliotheken, in denen die Funktionalität von Fenstersystemen gekapselt ist, die Realisierung interaktiver Systeme mit graphischen Benutzungsoberflächen. Wir widmen uns jetzt der Frage, wie der für praxisrelevante Systeme unabdingbare Anschluß an eine leistungsfähige Datenbank realisiert werden kann.

Ohne Zweifel ist vom methodischen Standpunkt der Anschluß einer objektorientierten Datenbank an ein objektorientiertes Anwendungssystem die glatteste Lösung. Mit Blick auf das heute praktisch Machbare ist aber gleichzeitig erkennbar, daß ein gängiges relationales Datenbanksystem mit einer SQL-Schnittstelle ein Kompromiß sein kann, der eine vorhandene Technik und die Anforderungen an die persistente Speicherung von Objekten in Einklang bringt (vgl. [25]).

Um die Problematik bei der Verwendung von Datenbanken zu verdeutlichen, betrachten wir zunächst das Verhältnis zwischen den Datenstrukturen, die in einem Programm verwendet werden, und den Datenstrukturen, die Datei- und Datenbank-Systeme bieten. Wir stellen hier einen Strukturbruch[1] fest, der im Programm überwunden werden muß (vgl. Abb. 4.4).

---

[1] Der hier beschriebene Strukturbruch wird auch als Kommunikationskonflikt (impedance mismatch, vgl. [27]) bezeichnet.

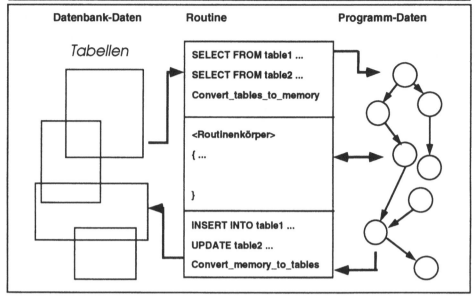

Abbildung 4.4:   Strukturbruch am Beispiel relationaler Datenbanken

Wird in einer Routine auf gespeicherte Daten zugegriffen, so ist zu Beginn einer
Routine ein Codefragment notwendig, das die persistenten Daten in die Strukturen
transformiert, die von der Programmiersprache im Hauptspeicher benutzt werden
können. Werden die Daten in einer relationalen Datenbank gehalten, so sind in
der Regel mehrere SQL-SELECT-Anweisungen und ihre anschließende Konver-
tierung erforderlich. Der Routinenkörper kann dann in der gewohnten Programmiersprache formuliert werden. Spätestens am Ende des Routinenkörpers ist
dann wieder zusätzlicher Code zur Abspeicherung der veränderten Datenstrukturen in das Datei- oder Datenbanksystem erforderlich. Im Falle relationaler Datenbanken sind dies dann mehrere INSERT- oder UPDATE-Befehle. Durch die
Verwendung normalisierter Tabellen kann diese Transformation aufwendig und
fehleranfällig werden, zumal SQL keine Updates auf Joined Views erlaubt.

Dieser Strukturbruch ist keine spezielle Eigenschaft bei der Verwendung objektorientierter Programmiersprachen, sondern ist schon bei Sprachen der
3. Generation in den Fällen bekannt, wo komplexe Datentypen verwendet werden.

Da die Konzepte der objektorientierten Sprachen und Datenbanken gut zueinander
passen, erhofft man sich hiervon eine katalytische Wirkung für die Integration
von Sprachen und Datenbanken (vgl. [56], [57]). Diese mögliche, nahtlose Integration von Datenbank und Programmiersprache steht im Gegensatz zu relationa-

len Datenbanken, die ihre eigene Sprache unabhängig von der Sprache des Anwendungsprogramms besitzen: als Folge muß der Entwickler sowohl die Sprache kennen, die für die flüchtigen Objekte des Anwendungsprogramms verwendet wird (z.B. C++, SMALLTALK), als auch die, mit der die persistenten Objekte verwaltet werden (SQL im Standard oder einer seiner Dialekte).

4.4.1 Relationales und objektorientiertes Datenmodell

Da wir das Thema Datenhaltung für die industrielle Praxis von herausragender Bedeutung einschätzen, werden wir im folgenden einige der wichtigsten Unterschiede zwischen dem "Objekt-Datenmodell" und dem "Relationalen Datenmodell" aufführen (vgl. [48]). Dadurch soll den Lesern deutlich werden, wo die Probleme bei der Kombination einer objektorientierten Anwendung mit einem relationalen DBMS liegen.

Das Auffinden von Daten ist eine elementare Voraussetzung für den Umgang mit persistenten Daten. Die Identifizierung von relationalen Datenobjekten oder Tupeln erfolgt durch Primärschlüssel (primary key), die häufig benutzerdefiniert sind. Die so erzielte Objektidentität kann gefährdet werden durch Strukturänderungen des Datenmodells, durch Änderungen der Werte, die den Schlüssel ausmachen oder durch Änderungen des Ablageorts des Datenobjekts. Durch den Zugriff der Benutzer auf den Schlüssel können zudem eine Vielzahl von Mehrdeutigkeiten und Fehlern auftreten.

In objektorientierten Datenbanken wird dagegen jedem Objekt bei seiner Erzeugung ein global eindeutiger Identifikator zugewiesen, der die Identität des Objekts in der Datenbank sichert. Dieser Bezeichner wird selbst nach Löschung des Objekts aufbewahrt, so daß z.B. ein Objekt ohne Beeinträchtigung seiner Identität aus einem Archivspeicher wieder in die Datenbank eingeführt werden kann. Benutzerdefinierte Schlüssel spielen in OODBMS weiter eine wichtige Rolle; sie werden jedoch als normale Attribute eines Objekts realisiert: die eigentliche Objektidentifizierung und -referenzierung im Kernbereich der Datenbank erfolgt dagegen über die vom Benutzer nicht manipulierbaren Identifikatoren. Probleme mit der Eindeutigkeit der Objektidentifikatoren können nur dann auftreten, wenn in getrennten Umgebungen entwickelte Systeme mit überlappenden Identifikatoren später zusammengeführt werden.

Objektorientierte Datenbanksysteme können ihr Schema unmittelbar aus dem Klassenschema der Anwendung ableiten. Eine zentrale Anforderung an OODBMS ist, evolutionäre Schemaveränderungen aufgrund der sich verändernden Klassenhierarchien zu ermöglichen. Hier werden Lösungsansätze diskutiert. Eine vergleichbare Dynamik ist bei relationalen Datenbank-Schemata nicht gegeben.

Die Vererbung von Attributen und Beziehungen wird von relationalen Datenbanken bislang nicht unterstützt, auch wenn Codd dies ansatzweise bereits in seinem experimentellen Datenbank-Systeme Tasmania/RT verwirklicht hatte. Für SQL3, das für Mitte bis Ende der 90er Jahre erwartet wird, ist die Unterstützung des Super-/Subtyp-Konzepts angekündigt.

Attribute von Klassen müssen in objektorientierten Datenbanken nicht nur einfache Datentypen mit elementaren Werten sein, sondern dies können benutzerdefinierte Typen sein, die auf andere Klassen von beliebiger Komplexität verweisen. Durch diese mächtigen Datentypen mit netzartigen Verbindungen lassen sich in OODBMS einfach Hypermedia- und Multimedia-Fähigkeiten realisieren. So wird es z.b. möglich, bei einem Schadensfall, außer den üblichen Texten und Zahlen, eine Unfallskizze oder ein Foto abzuspeichern.

Beziehungen zwischen Objekten werden im objektorientierten anders als im Entity-Relationship-Modell nicht *neben* den Entitäten aufgeführt. Als Attributwerte eines Objektes können vollständige Objekte definiert werden. Die Anforderung bei herkömmlicher Datenmodellierung, strikt zwischen Attributen und Beziehungen in der Spezifikation zu unterscheiden, und die Schwierigkeiten, die etwa dann entstehen, wenn aus einem Attribut eine eigene Entität gemacht werden muß, werden somit vermieden. Bezieht man sich im Attribut eines Objekts auf ein anderes Objekt, so wird in manchen objektorientierten Datenbanksystemen auch automatisch die inverse Beziehung angelegt und bei jeder Modifikation ebenfalls verändert. Die referentielle Integrität und die Kardinalitäten können damit jederzeit aufrechterhalten werden. Auf alle Attribute eines Objekts, die in der Klasse eingekapselt sind, kann in den Routinen dieses Objekts zugegriffen werden, so kann z.B. in einem Objekt `Versicherungsvertrag` direkt auf den dort verwalteten Versicherungsnehmer Bezug genommen werden, während in einem relationalen System eine explizite Verbundoperation (Join) mit Angabe der zu vergleichenden Schlüsselwerte erforderlich ist.

Im relationalen Modell gibt es keine Entsprechung für den Umgang mit Routinen in einer Klasse. Auch die Integrität wird nur unzureichend unterstützt über die Entitäts- und referentielle Integrität; es fehlen Objektprotokolle (die Vertragsbedingungen) und die Kapselung der Objekte. Im objektorientierten Datenmodell wird durch die Speicherung der Methoden ein großer Teil der herkömmlichen Anwendungsprogramme Teil der Datenbank, muß nur einmal entwickelt werden und wird von allen aufrufenden Prozeduren benutzt.

Die wesentlichen Stärken des Objekt-Datenmodells liegen also in seiner Erweiterbarkeit (dynamisches Schema), der Realisierung benutzerdefinierter abstrakter

Datentypen und der Unterstützung der Vererbung. Weitere Vorteile bieten OODBMS durch die Unterstützung kooperativer Anwendungen und Multimedia.

4.4.2 Konzeptionelle Anbindung einer relationalen Datenbank

Wir haben in Kap. 2.2 gezeigt, daß wir bei der Entwicklung objektorientierter Anwendungssysteme konzeptionell und technisch Werkzeuge und Materialien unterscheiden. Technisch werden Materialien für Werkzeuge durch die Einführung von Aspektklassen verfügbar. Im Rahmen dieses Modells können wir überlegen, welche Rolle einer Datenbank zukommt. Es fällt schwer, eine Datenbank als Werkzeug zu betrachten. Wir haben bei der Charakterisierung von Werkzeugen festgehalten, daß Werkzeuge ausschließlich auf Anforderung durch einen Benutzer Aktionen ausführen. Dies würde bedeuten, daß jede Speicherung eines Objektes in die Datenbank aktiv durch den Benutzer ausgelöst werden muß. Im Gegensatz dazu steht die fachliche Anforderung, ohne expliziten Befehl von der Persistenz von Objekten ausgehen zu können[1].

Um diese fachliche Anforderung ausdrücken zu können, erweitern wir die Werkzeug-Material Metapher um ein weiteres Ausdrucksmittel, den Automaten. Ein Automat ist dadurch gekennzeichnet, daß er, im Unterschied zum Werkzeug, mit einer bestimmten (veränderbaren) Einstellung im Hintergrund aktiv ist, d.h. er führt über einen längeren Zeitraum Aktionen auf der Basis eines vorgegebenen Algorithmus "automatisch" durch. Zweck eines Datenbankautomaten ist, die ihm übergebenen Objekte in eine Datenbank zu überführen oder sie aus der Datenbank wieder zu rekonstruieren und dabei vor einem Anwendungsprogramm die konkrete Datenbank zu verbergen.

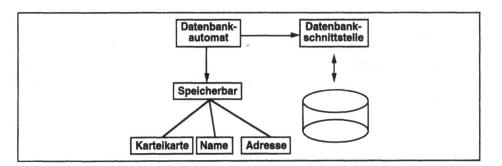

Abbildung 4.5:   Einbindung eines Datenbankautomaten

---

[1] Das hier vorgestellte Konzept wurde bei der RWG entwickelt. In vergleichbarer Weise wird es auch von Jacobson [52] vertreten.

Der Datenbankautomat benutzt eine konkrete Datenbankschnittstelle, um Objekte zu speichern und zu laden. Analog zu Werkzeugen, die Materialien über Aspekte bearbeiten, benutzt der Datenbankautomat den Aspekt `Speicherbar`, um *speicherbare* Materialien in die Datenbank zu überführen. In Abb. 4.5 sind die Materialien `Karteikarte`, `Name` und `Adresse` Unterklassen von `Speicherbar`, d.h. sie müssen das dort spezifizierte Protokoll implementieren. Das Protokoll besteht konzeptionell aus einer Routine, die eine Überführung eines Objekts in eine an Datenbanktypen orientierte Repräsentation vornimmt.

Die Verwendung einer Aspektklasse bedeutet, daß der Datenbankautomat als Ausprägungen dieser Aspektklasse unterschiedliche (d.h. polymorphe) Typen verwalten muß. Durch diese Konstruktion wird sichergestellt, daß nicht der Typ der Aspektklasse, sondern der dazu konforme dynamische Typ des speicherbaren Objekts gespeichert wird. Daraus folgt umgekehrt, daß beim Laden des gespeicherten Objekts in das Anwendungssystem der ursprüngliche dynamische Typ wiederhergestellt werden muß.

Zur Realisierung dieses Konzepts wird für jede Klasse, deren Exemplare speicherbar sein sollen, eine Relation oder Tabelle angelegt. Eine Relation einer speicherbaren Klasse besteht aus den folgenden Spalten:
- eine Spalte für den datenbankweit eindeutigen Identifikator jedes Exemplars,
- eine Spalte für jedes Attribut der Klasse, das von einem Basistyp ist;
- zwei Spalten für jedes Attribut der Klasse, das selbst wieder von einem Klassentyp ist. Dabei enthält eine Spalte die Objektidentifikation und die zweite den Klassennamen des Typs, der wieder einem Relationsnamen entspricht.

Mit diesem Prinzip lassen sich Objekte beliebig komplexer Klassen speichern und laden. Angemerkt werden soll, daß in einer Relation, die eine Klasse beschreibt, auch die aus einer Oberklasse geerbten Attribute aufgeführt sind. Dies könnte man auch entlang der Klassenhierarchie so aufgliedern, daß sich ein gespeichertes Objekt in die Relationen seiner direkten Klasse und deren Oberklassen aufteilt. Das nachfolgende Beispiel einer Kartei von Mitarbeitern soll die hier gewählte Lösung verdeutlichen.

Wir sehen uns zunächst die Klassenhierarchie in Abb. 4.6 an. Alle im Beispiel verwendeten Klassen erben von der Klasse `Speicherbar`, entweder direkt wie `Karteikarte`, `Name` und `Adresse` oder indirekt, wie `Privatadresse` als Unterklasse von `Adresse`. Wir haben zur Vereinfachung in dieser Übersicht nur die Attribute dieser Klassen aufgeführt, da die eigentlich charakteristischen Operationen für die Abspeicherung in einer relationalen Datenbank nicht von Bedeutung sind.

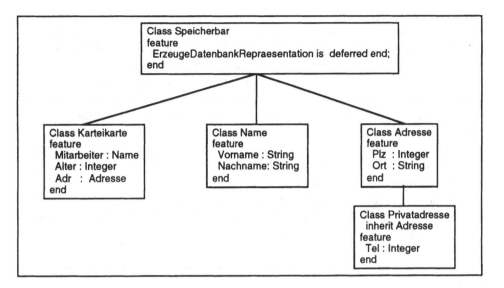

Abbildung 4.6: Klassenmodell einer Mitarbeiterkartei

In einem entsprechenden Anwendungsprogramm erzeugen wir jetzt Exemplare dieser Klassen, die wir anschließend speichern wollen. Wir gehen im weiteren von dem in Abb. 4.7 dargestellten Objektdiagramm aus.

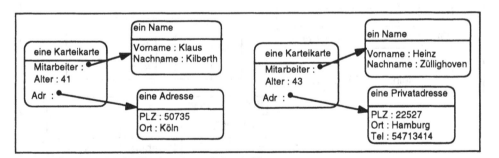

Abbildung 4.7: Objektdiagramm einer Mitarbeiterkartei

In zwei Exemplaren der Klasse Karteikarte werden der Name, das Alter und die Adresse zweier Mitarbeiter verwaltet. Dabei verweist das Karteikartenobjekt mit dem Namen "Kilberth" unter dem Attributnamen Adr auf ein Exemplar der Klasse Adresse, während das gleiche Attribut beim Karteikartenobjekt mit dem Namen "Züllighoven" auf ein Exemplar der Unterklasse Privatadresse verweist. Um die in diesen Objekten enthaltenen Daten zu speichern, sind jetzt in Abb. 4.8 die korrespondierenden Relationen erzeugt worden.

Für die Klasse Karteikarte, sowie die anderen Klassen wurden die entsprechend benannten Relationen erzeugt. Standardmäßig verfügen alle Relationen über eine Spalte Objektidentifikator (OID), mit der das Objekt in einer Datenbank eindeutig identifiziert werden kann. Zur Abspeicherung eines Objekts vom Typ Karteikarte müssen die drei Attribute Mitarbeiter, Alter und Adr abgespeichert werden. Da Alter von einem Basistyp ist, wird hierfür nur eine Spalte in der Relation Karteikarte angelegt. Für die Attribute Mitarbeiter und Adr werden je zwei Spalten angelegt, wobei in der Spalte Klassenname der dynamische Typ des zu speichernden Objekts festgehalten wird. In der Spalte OID wird der Identifikator in der Relation des dynamischen Typs festgehalten. Im Beispiel wird in der Relation Karteikarte der Name des Mitarbeiters mit der OID "1" in der Relation Name mit der OID "2" festgehalten. In der Relation Adresse kann unter der OID "3" auch die Adresse des Mitarbeiters mit der OID "1" gefunden werden.

Karteikarte

OID	Klassenname	OID	Alter	Klassenname	OID
1	Name	2	41	Adresse	3
4	Name	5	43	Privatadresse	6

Name

OID	Vorname	Nachname
2	Klaus	Kilberth
5	Heinz	Züllighoven

Adresse

OID	PLZ	Ort
3	50735	Köln

Privatadresse

OID	PLZ	Ort	Tel
6	22527	Hamburg	54713414

Abbildung 4.8:   Relationen zur Abspeicherung der Mitarbeiterkartei

In diesem Beispiel gehen wir weiter davon aus, daß dem Mitarbeiter "Heinz Züllighoven", der im zweiten Karteikartenobjekt beschrieben ist, durch polymorphe Zuweisung an die Exemplarvariable Adr ein Objekt vom Typ Privatadresse zugewiesen wurde. In der Relation Karteikarte wird deshalb in der entsprechenden Spalte Klassenname als Relation Privatadresse eingetragen. Aus dieser Relation können dann die Daten des Objekts unter der OID "6" gefunden werden. Das Abspeichern der weiteren Attribute vollzieht sich nach dem gleichen Muster wie im ersten Beispiel.

Generell wird ein Objekt also durch seine Attribute abgespeichert. Dieser Prozeß wird rekursiv bis zu den Basistypen durchgeführt. Beim Laden eines Objekts aus der Datenbank wird der Prozeß des Speicherns in der Reihenfolge umgekehrt. Dazu ist es jedoch notwendig, daß der Datenbankautomat (vgl. Abb. 4.3) alle speicherbaren Objekte kennt, um diese Objekte zunächst zu erzeugen und dann mit den Werten aus der Datenbank zu belegen. Dazu muß noch eine Tabelle gehalten werden, in der die Korrespondenz zwischen den Objekten im Anwendungssystem und den gespeicherten Datenobjekten verwaltet wird.

4.4.3 Verfügbare Systeme

In den letzten Jahren wurden bei einigen relationalen Datenbanken Mechanismen entwickelt, die für eine objektorientierte Datenhaltung relevant sind, z.B. Stored Procedures, Regel-Mechanismen oder Trigger wie bei Postgres und Sybase. Weiterhin werden auf dem Markt mittlerweile eine Vielzahl objektorientierter Datenbanksysteme angeboten (vgl. [30]).

Da alle großen Anbieter relationaler Datenbanken heute entweder an Erweiterungen bestehender konventioneller Datenbanksysteme arbeiten oder eigene OODBMS entwickeln, kann die teilweise erbittert geführte Debatte zwischen den Anhängern des Relationenmodells und dem objektorientierten Lager als überholt betrachtet werden. Nicht beantwortet ist damit die Frage, ob sich rein objektorientierte Datenbanken durchsetzen oder hybride Systeme evolutionär den Übergang bewerkstelligen (vgl. [4]).

Um objektorientierte Eigenschaften erweiterte konventionelle Datenbanksysteme sind z.B. Postgres (Basis: Ingres) oder OODB (Basis: Allbase) von Hewlett-Packard. IBM experimentiert unter dem Namen Starburst an einem objektorientierten Datenbanksystem. Objektorientierte Datenbanken, die sich häufig aus Erweiterungen objektorientierter Sprachen um Datenbank-Fähigkeiten entwickelten, werden heute zumeist für Unix-Rechner angeboten. Ähnliches gilt in Ansätzen auch für OS/2-Rechner. Die unterstützten Sprachen sind meist C++ und C, seltener Smalltalk oder andere (z.B. Lisp, CLOS).

Als objektorientierte Datenbanken gelten u.a. ObjectStore, Versant, Itasca (kommerzielle Version von Orion), Gemstone (Anbindung an Smalltalk), Ontos

(Vorläufer: Vbase), Zeitgeist, Iris, ODE und O_2.[1] In einem sich rasch entwickelnden und verändernden Markt sind gegenwärtig vor allem Versant,
Gemstone, Ontos und Objectstore leicht dominierend.

4.4.4 Erfahrungen

Mittlerweile liegen auch eine Reihe von Erfahrungen mit objektorientierten Datenbanken in unterschiedlichen Anwendungsbereichen vor (vgl. [30] und [1]). Die
wichtigsten Vorbehalte gegen den Einsatz sind die folgenden:

* Die Technik ist noch nicht reif. Die Situation ist in vielerlei Hinsicht zu
  vergleichen mit der beim Einsatz relationaler Datenbanken Mitte der 80er
  Jahre.

* Es existieren noch keine verbindlichen Standards, aber es sind eine Reihe
  von Standardisierungsbemühungen nationaler und internationaler Gremien
  auf dem Weg. Dazu gehören ANSI, ISO sowie die einflußreiche Object
  Management Group (OMG), ein Konsortium von mittlerweile weit über
  200 Herstellern und Anwenderfirmen.

* Keine Erfahrungen liegen bisher mit Belastungstests vor, bei denen
  gleichzeitig viele Benutzer und ein großes Transaktions- und Datenvolu-
  men bewältigt werden müssen. Die Anzahl gleichzeitig arbeitender Benutzer, die auf einer objektorientierten Datenbank arbeiten können, ist bei
  den meisten Produkten auf maximal 200 begrenzt.

Diese Einwände werden sicher in vier bis fünf Jahren überholt sein - gleichwohl
sprechen sie zum gegenwärtigen Zeitpunkt gegen den Einsatz objektorientierter
Datenbanken bei transaktionsintensiven operativen Anwendungen (vgl. [42]).
Hervorragend geeignet scheinen objektorientierte Datenbanken aber schon jetzt
z.B. als Repositories.

Die als Kompromiß mögliche Nutzung relationaler Datenbanken in einem objektorientierten Umfeld stößt vor allem auf zwei Probleme: das der Zugriffsebene
und das der Performance. Objekte im objektorientierten Sinne sind meist sehr
viel mächtiger als Tabellen in einer relationalen Datenbank: ein Objekt wird dann
über viele Tabellen zerstreut. Semantisch besteht aber der Anspruch, auf das
gesamte Objekt zuzugreifen und zu bearbeiten. Dies erfordert eine komplexe
Zugriffsschicht oberhalb einer SQL-Ebene. Tatsächlich wird an der Standardisierung einer solchen Sprache gearbeitet: Das von HP entwickelte OSQL [32] scheint
sich als Kern eines de-facto-Standards zu etablieren.

---

[1] Vgl. zur detaillierten Vorstellung der Konzepte von O2, ObjectStore, GemStone, POSTGRES und
    Starburst [20].

Das zweite Problem folgt unmittelbar aus dem ersten: Relationale Datenbanksysteme haben erhebliche Performance-Probleme, wenn es um die Manipulation komplexer Objekte und komplexer Beziehungen (z.B. Stücklisten) geht. Indem objektorientierte Datenbanken die Definition dieser komplexen Strukturen erlauben, können sie dafür auch effiziente Speicherungsmechanismen bieten und nutzen.

Werden eine objektorientierte Programmierumgebung und eine dazu passende objektorientierte Datenbank zusammen verwendet, so erhebt sich die Frage, welche Objekte direkt in der objektorientierten Datenbank abgelegt werden sollen. Die hier vorgeschlagene Metapher von Werkzeug und Material legt nahe, speicherbare Materialien in der Datenbank abzulegen.

Problematisch ist für uns vor allem die Verwaltung von Entwicklungsdokumenten. Bisher werden derartige Dokumente meist in Dateisystemen verwaltet. Strukturell ändert sich daran durch die Verwendung eines Versionsverwaltungssystems wie PVCS wenig. Da Szenarien, Glossar, Systemvisionen und Klassenbeschreibungen (vgl. Kap. 5.4) sich in vielfältiger Weise aufeinander beziehen, ist diese Art der Dokumentverwaltung völlig unzureichend. Änderungen in einem Dokument müssen mühevoll "per Hand" in den anderen betroffenen Dokumenten nachvollzogen werden. Dabei können auch die heute verfügbaren Data Dictionaries kaum Abhilfe schaffen, da dort die vielfältigen Bezüge nicht einfach verwaltet werden können. In diesen Data Dictionaries werden meist nur sog. fachliche Elemente und Segmente als Strukturen gespeichert. Dokumente in der Form typisierter Langtexte, die selbst wieder Verweise enthalten, können nicht erfaßt werden. Insgesamt scheint kein marktgängiges Dokumentationssystem den verschiedenen Ansprüchen an objektorientierte Dokumentation zu genügen. Konzeptionell bieten Hypertext- oder Hypermedia-Systeme die notwendigen Voraussetzungen. Natürlich ist es ebenfalls möglich, derartige Dokumentbeziehungen in einem objektorientierten Verwaltungssystem zu modellieren. Die konkrete Realisierung eines entsprechenden hypertextbasierten oder objektorientierten Dokumentationssystems scheint uns gegenwärtig noch ein F&E-Thema zu sein, für das prototypische Lösungen in der Art des an der Graphentheorie orientierten Ipsen-Systems [29] erwartet werden.

5. Der objektorientierte Entwicklungs-prozeß

In den vorangegangenen Kapiteln haben wir die grundlegenden Begriffe und Konzepte unserer objektorientierten Methode erläutert und aufgezeigt, wie Analyse, Softwareentwurf und die konstruktive Umsetzung auf der Programmebene zusammenspielen. Dabei haben wir weitgehend die Frage ausgeklammert, wie solche objektorientierten Entwicklungsprozesse systematisch ablaufen sollen, wie sie dokumentiert und gesteuert werden können. Das ist Gegenstand dieses Kapitels. Wir werden nicht im einzelnen die Diskussion über Phasen- und Wasserfallmodelle nachzeichnen. Aber wir versuchen zu verdeutlichen, daß Entwurfs- und Konstruktionsprinzipien nicht unabhängig sind von der Art ihrer Umsetzung.

Dieser Zusammenhang ist natürlich auch schon in den vorhergehenden Kapiteln betrachtet worden. So haben wir gesagt, daß bei der objektorientierten Entwicklung von Softwaresystemen die wechselseitigen Lernprozesse zwischen Anwendern und Entwicklern eine wesentliche Rolle spielen. Die Orientierung an der konkreten Arbeit und der Fachsprache der Anwender stellt erweiterte Anforderungen an den Entwicklungsprozeß. Wir zeigen jetzt, daß die Vorgehensweise in einem objektorientierten Projekt den Konsequenzen dieser Art der Modellierung Rechnung tragen muß.

Zu diesem Zweck stellen wir im weiteren sowohl verschiedene Techniken zur Fortschrittskontrolle in einem Projekt vor, als auch Dokumenttypen, die für die Beschreibung objektorientierter Softwaresysteme geeignet sind. Dem schicken wir einige Überlegungen über die grundsätzliche Gestaltung objektorientierter Softwareprojekte voran. Dies geschieht mit Blick auf die Unterschiede zwischen traditionellen Vorgehensweisen und Objektorientierung.

5.1 Verbindung traditioneller Analysemethoden und Objektorientierung

In der letzten Zeit finden sich in der Literatur vielfach Vorschläge, bereits vorhandene Ansätze der Systemanalyse in der Anfangsphase eines Projekts zu verwenden, um von den Analyseergebnissen auf den objektorientierten Entwurf überzugehen (vgl. [87], [90]). Andere Autoren legen keinen großen Wert auf die Durchgängigkeit von Analyse und Design und sind, besonders was die Analyse anbetrifft, sehr allgemein (z.B. [103], [17], [5]). Die Motivation für derartige Vorschläge ist offensichtlich: Die Autoren sind bemüht, die in einem Unternehmen bereits vorhandenen Verfahren, Werkzeuge und Kenntnisse soweit wie möglich bei der Einführung einer neuen Methode nutzbar zu machen. Daher schlagen sie entweder gut eingeführte Verfahren wie Structured Analysis und die Entity-Relationship-Modellierung vor oder sie überlassen es ihren Lesern, sich ein genehmes Verfahren auszusuchen. Bei aller Verständlichkeit dieser Bemühungen darf doch die darin liegende Gefahr nicht unterschätzt werden.

In diesem Buch haben wir immer wieder betont, daß Objektorientierung vor allem eine Sichtweise ist, die sich auch in der Art ausdrückt, wie Analytiker und Systementwickler den Gegenstandsbereich eines Entwicklungsprozesses *wahrnehmen*. Ist diese Wahrnehmung aber durch eine nicht-objektorientierte Analyse in eine bestimmte Richtung gelenkt, dann werden bestimmte Merkmale und Zusammenhänge erst gar nicht erkannt und können so auch nicht in einen objektorientierten Entwurf eingehen. Dieses Problem stellen wir durchgängig in unseren Seminaren bei erfahrenen Systementwicklern fest, die sich die objektorientierte Sichtweise nach langjähriger Praxis der prozeduralen Programmierung und der Trennung von Daten- und Funktionsmodellierung angewöhnen wollen. Aus der vorgefaßten Sichtweise resultieren in der Regel Entwürfe, die den zentralen Vorteil des objektorientierten Ansatzes aufgeben: die Durchgängigkeit und fachliche Verständlichkeit der erarbeiteten Modelle, die Wahrung von Geheimnisprinzip und Lokalität und die Generalisierung nach dem Verhalten von Entwurfskomponenten. Ein Beispiel soll das erläutern:

Konventionelle Analysetechniken sind entweder funktions- oder datenorientiert, d.h. bei der Analyse eines Anwendungsbereichs wird mit Blick auf den späteren Systementwurf entweder entlang der Funktionen oder entlang der Daten modelliert. Oft geschieht dies kombiniert, indem eine funktionsorientierte Datenflußanalyse und ein datenorientiertes Informationsmodell erstellt werden.

Das Problem der funktionsorientierten Modelle ist, daß sie einen Anwendungsbereich beschreiben als eine Ansammlung von Funktionen und Subfunktionen, ohne den Zusammenhang dieser Funktionalität zu Gegenständen des modellierten Bereiches ausdrücken zu können. Damit kann ein Problemverständnis weder explizit formuliert noch überprüft werden. Auch die Datenflußdiagramme von Structured Analysis sind trotz der Möglichkeit, Speicher (Stores) zwischen Ereignissen anzuordnen, stark funktionsorientiert. Damit ist auch hier der Bezug zum Anwendungsbereich schwach. Ein weiteres Problem entsteht beim Übergang zum Systementwurf, da die netzförmigen Datenflußdiagramme ohne wirkliche methodische Unterstützung in hierarchisch angeordnete Modulentwürfe überführt werden müssen.

Datenorientierte Ansätze werden meist in einer Ausprägung des Entity-Relationship-Modells (ERM) ausgedrückt. Dabei werden zwar auch Gegenstände der Anwendung als Entitäten erfaßt, aber sie werden aufgrund ihrer statischen, dh. strukturellen Beziehungen zu anderen Entitäten modelliert. Die Dynamik des Umgangs mit Gegenständen wird nicht erfaßt. Erfahrungsgemäß läuft diese Modellierungstechnik sehr rasch auf die Festlegung von Daten hinaus. Des weiteren kann unter dem Gesichtspunkt der Verständlichkeit festgestellt werden, daß ERM-Darstellungen, spätestens mit der Normalisierung, wenig Bezug zu den Gegenständen eines Anwendungsbereichs aufweisen.

Ein solches, weitgehend normalisiertes Daten- oder Informationsmodell wird zum Beispiel im Ansatz von Shlaer und Mellor [90] zur objektorientierten Analyse zugrundegelegt. Dies hat zur Konsequenz, daß Klassen als eine Ansammlung von Attributen modelliert werden, deren wesentliche Operationen aus dem Schreiben, Lesen und Löschen dieser Attributwerte bestehen. Damit ist aber der Blick verstellt für die typischen Umgangsformen mit den Objekten einer Klasse. Die eventuell entstehenden Vererbungshierarchien modellieren nicht konzeptionelle oder begriffliche Abstraktionen, sondern "faktorisieren" im wesentlichen gemeinsame Attribute.

Um dies zu verdeutlichen, bringen wir ein Beispiel aus unserer früheren Arbeit (vgl. [12]): Hier wurde ein Bibliographie-System nach der Entwurfsmetapher eines Karteikastens mit unterschiedlichen Karten für die jeweiligen Publikationsarten entworfen. Daraus resultiert die Klassenhierarchie von Abbildung 5.1. Die Schwäche dieses Entwurfs liegt in der Konzentration auf gemeinsame Attribute, die zu einem starren und auch wenig fachlichen Schema führt.

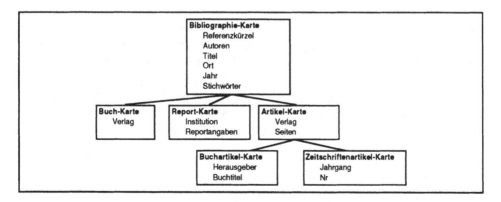

Abbildung 5.1:   Datenorientierter Klassenentwurf

Doch kurzes Nachdenken oder der Blick in ein erprobtes Bibliographiesystem zeigen, daß hier nicht in Ansätzen die notwendigen bibliographischen Kategorien erfaßt sind – es würde mit diesem System nicht einmal gelingen, einen Zeitschriftenband als Ganzes zu erfassen. Darüber hinaus sind die typischen Umgangsformen mit Karteikarten nicht erfaßt. Generische Operationen von der Art anlegen, ändern, löschen führen da nicht weiter. Ein Ansatz wäre dagegen, eine Karteikarte in notwendig und optional auszufüllende Felder zu unterteilen und die dazu passenden eingebenden oder prüfenden Operationen bereitzustellen, damit ein entsprechendes Karteikasten-Werkzeug darauf arbeiten kann.

Allerdings gibt es Weiterentwicklungen klassischer Methoden, wie die erweiterten Entity-Relationship-Modelle oder die unterschiedlichen Ansätze der semantischen Datenmodellierung, die - in recht unterschiedlichem Umfang - sehr viel tragfähigere Ansätze für objektorientierte Modelle liefern. In diesen Ansätzen stehen Modellelemente wie multiple Attribute, fachliche Datentypen oder Domänen mit verschiedenen Medien und Generalisierungen oder Aggregationen zur Verfügung. Aber auch solche semantisch ausdruckskräftigeren Informationsmodelle weisen gegenüber einem objektorientierten Modell einige wesentliche Defizite auf (vgl. [17]):

- Die Umgangsformen, d.h. die späteren Operationen, können nicht zusammen mit den Entitäten modelliert werden. Damit fehlt dem Modell die Beschreibung der Dynamik.
- Vererbung kann als eine Form von Relation zwischen Entitäten dargestellt werden und ist nicht das vorherrschende Organisationsprinzip.
- Die Schnittstellen einer Klasse können nicht formuliert werden - die Relationen verbinden Entitäten und "gehören" nicht zu einer Entität.

In einer Untersuchung der Eignung verschiedener "strukturierter" Methoden für einen Übergang hin zur objektorientierten Entwicklung kommt Sutcliffe [95] zu dem Schluß, daß auf funktionaler Zerlegung basierende Methoden dafür kaum geeignet sind. Dies gilt mit einigen Abstrichen auch für sematische Datenmodellierungsmethoden (z.B. NIAM [97], vgl. auch [80]). Besser geeignet scheinen dagegen vor allem die ersten Schritte der Jackson System Development Methode (vgl. [55]), obwohl sie keine Vererbung unterstützt und nur den Systemkern als eine Simulation der realen Welt objektbasiert modelliert. Ähnliches gilt auch für die verschiedenen Ansätze der sog. Domain Analysis (vgl. dazu [5, Kap.4]).

Betrachten wir nun die verschiedenen objektorientierten Analyse- und Entwurfsansätze, so können wir diese im Sinne von Monarchi und Puhr [73] unterscheiden in kombinierte, adaptive und reine Ansätze:

- *Kombinierte Ansätze* versuchen strukturierte und objektorientierte Sichtweisen zu vereinen; dies führt zu getrennten Modellen und einer Anweisung, wie diese verschiedenen Modelle integriert werden können; zugeordnet werden hier Rumbaugh et. al. [87] und der Ansatz von Shlaer und Mellor [91].

- *Adaptive Ansätze* dagegen versuchen existierende Techniken in einer neuen, objektorientierten Weise zu nutzen; als Vertreter seien hier Henderson-Sellers und Constantine [46] und Nierstrasz et. al. [78] genannt.

- Als *rein objektorientierte Ansätze* lassen sich dagegen die Ansätze von Booch [5], Wirfs-Brock [103], Jacobson [52], Nerson [76] und Rubin [86] bezeichnen, die neue Techniken benutzen, um Objektstrukturen, Funktionalität und Verhalten zu modellieren.

Abgesehen davon, daß man sich über diese Klassifikation im Detail natürlich streiten kann, und daß "rein" nicht gleichzusetzen ist mit "besser", spiegelt sich hier jedoch wider, daß es einen breiten Konsens über eine einheitliche Vorgehensweise bei der Objektorientierung bisher nicht gibt. Unbestreitbar sind allerdings die Probleme, die mit der Vielzahl der Modelle und Perspektiven bei kombinierten Ansätzen auftreten, die in ihrer Komplexität zudem nur von sehr erfahrenen Entwicklern beherrscht werden können. Wenig bestritten werden kann zudem, daß sich unter den Vertretern rein objektorientierter Ansätze eine starke Konvergenz in der Vorgehensweise zeigt, die vielfach mit den erkannten Problemen hybrider Ansätze (vergl. [89]) begründbar ist.

Trotz aller Unterschiede herrscht weitgehende Einigkeit über die von uns vorgestellten Grundprinzipien wie Datenabstraktion und das Bestreben, vor dem Entwurf der Lösung den Problembereich selbst zu modellieren. Wie Monarchi und Puhr [73] feststellen, besteht Dissens besonders in der Frage, ob bestimmte "traditionelle" Methoden Ansätze zur initialen Gewinnung der Elemente eines objektorientierten Modells liefern können, und erst recht, ob es gleitende Übergänge gibt. Mit Blick auf unsere Erfahrungen wiederholen wir unsere Auffassung, daß sowohl funktions- als auch datenorientierte Modelle wenig geeignet sind für einen guten objektorientierten Entwurf in Anwendungsbereichen, wie wir sie bisher skizziert haben. Die Kritik gilt nicht in voller Schärfe für die Kombination einer bestehenden oder im Prinzip gut bekannten relationalen Datenbankanwendung mit einer objektorientierten "Oberfläche". Dieser heute noch häufig anzutreffende Anwendungsbereich wird natürlich von den bewährten Entwurfsverfahren gut erfaßt, und es lassen sich dann auch Übergänge von relationalen zu objektorientierten Modellen aufzeigen (vgl. [66]). Betrachten wir aber generell die Merkmale konventioneller Analysetechniken und Darstellungsformen und unsere objektorientierte Methode, dann stellen wir fest, daß wenig Vorteile bei ihrer Kombination erkennbar sind. Das oft vorgetragene Argument der Vertrautheit von Analytikern mit konventionellen Ansätzen wird invalidiert durch den Nachteil einer "verzerrten" Sichtweise, die keine gute Grundlage für einen soliden objektorientierten Entwurf liefert.

Im Rahmen der möglichen Einführungsstrategien werden wir noch diskutieren, inwieweit bestehendes Methodenwissen in Entwicklerorganisationen genutzt werden kann und mit welchen Konsequenzen Abstriche an der hier vorgestellten objektorientierten Methode möglich sind.

Insgesamt erscheinen uns aber die Meinungsunterschiede über die Wege zur Objektorientierung zwangsläufig (vgl. auch [104]), wenn wir die von Monarchi und Puhr [73] aufgezeigten Defizite der verglichenen objektorientierten Methoden betrachten. Als Hauptpunkt wird von ihnen das Fehlen einer klare Definition der verschiedenen "Schichten" und Sichtweisen für den Entwurf und die Darstellung eines Systems herausgestellt. In der Folge fehlt entsprechend auch eine Entwicklungsstrategie, wie unterschiedliche Systemsichten miteinander zu verknüpfen und aufeinander abzustimmen sind. Wir hoffen, mit der hier skizzierten Entwurfsmetapher von Werkzeug und Material sowie den im folgenden vorgestellten Techniken zur Dokumentation und Steuerung des Entwicklungsprozesses zumindest einen Schritt in die richtige Richtung vorzustellen.

5.2 Merkmale einer objektorientierten Entwicklungsstrategie

Die objektorientierte Methode wird häufig nur auf die Konstruktion des DV-Systems bezogen, das als Ergebnis eines Projekts angestrebt wird. Es mag scheinen, daß diese Konstruktion eines Produktes weitgehend unabhängig ist von der Art und Weise, wie das Projekt selbst organisiert, durchgeführt und kontrolliert wird. Dies sehen wir, wie in der Einleitung dieses Buches bereits festgestellt, im Sinne von Floyd [34] anders. Für uns stellt sich die Frage, welche Merkmale der Entwicklungsprozeß unter der Annahme des objektorientierten Paradigmas zeigen sollte.

Aufgrund der bisherigen Ausführungen lassen sich einige Merkmale bereits jetzt absehen. Wir haben gesagt, daß das Verständnis der Arbeitszusammenhänge eines Anwendungsbereiches im Mittelpunkt des objektorientierten Entwicklungsprozesses stehen muß. Hindernisse müssen dabei sowohl Entwickler als auch Anwender überwinden:

- Die Entwickler haben meist nur einen sehr beschränkten Einblick in Arbeitsaufgaben und -abläufe eines Anwendungsbereiches. Dies gilt mit gewissen Einschränkungen auch für solche Entwickler, die im Rahmen ihrer Ausbildung den Anwendungsbereich kennen. Die zeitliche und räumliche Distanz von einer Anwendungssituation läßt die Vertrautheit mit der alltäglichen Arbeit "vor Ort" rasch verblassen.

- Die Fachleute einer Anwendung müssen das Hindernis überwinden, zu nah an der alltäglichen Arbeit zu sein. Im Wortsinne "selbstverständliche" Umgangsformen, das im Laufe der Zeit angesammelte implizite Erfahrungswissen und die Handfertigkeiten bei der Erledigung von Arbeitsaufgaben sind Dinge, die sich nur sehr schwer explizit machen lassen.

Dies führt uns zu einem zentralen Dilemma der Systementwicklung: Softwareenwickler haben immer nur eine begrenzte Fachkenntnis desjenigen Anwendungsbereichs, den sie gerade modellieren. Durch distanzierte "beobachtende" Analyse oder durch Auswertung von Vorschriften und Arbeitsplatzbeschreibungen lassen sich die tatsächlichen Arbeitsformen und die Details einer Betriebswirklichkeit nicht erkennen. Andererseits erledigen Fachleute ihre täglichen Aufgaben so routiniert, daß sie darüber auf Anforderung nicht einfach und systematisch Auskunft geben können. In dieser Situation, die durch eine Kluft zwischen der Welt der Entwickler und der der Anwender gekennzeichnet ist, kann u.E. die enge Verzahnung von *objektorientiertem Entwurf* und *evolutionärer Systementwicklung* weiterführen. Im Mittelpunkt stehen dabei die *zyklische Verbindung von analysierenden, entwerfenden und bewertenden Tätigkeiten* und die explizite Berücksichtigung von Kommunikations- und Lernprozessen (vgl. auch [82]).

Schließlich ist es mehr als ein Wortspiel, wenn hier betont wird, daß die objektorientierte Methode nicht zu einem "objektiven", sondern zu einem "intersubjektiv" vermittelten Modell eines Anwendungsbereiches führt. Das bedeutet zum einen, daß objektorientierte Entwicklung von vornherein unterschiedliche Sichtweisen, verschiedene Interessen und widersprüchliche Interpretationen als unumgängliche Randbedingungen eines Entwicklungsprozesses akzeptiert und berücksichtigt. Das bedeutet aber auch, daß es die eine objektiv richtige Lösung eines Anwendungsproblems nicht gibt. Diese Klarstellung ist aus unserer Sicht deshalb notwendig, weil es darüber immer wieder fundamental andere Ansichten, wir würden sagen - Mißverständnisse gibt. Wenn Meyer in [69,S.55] etwa schreibt: *"Deshalb verbringen objektorientierte Entwerfer normalerweise ihre Zeit nicht mit akademischen Diskussionen über Methoden, wie Objekte zu finden sind: In der physikalischen oder abstrakten Wirklichkeit sind die Objekte modelliert und warten darauf, aufgelesen zu werden"*, dann zeugt das schon fast von großer Naivität. Die Suche nach dem eindeutig richtigen Modell der Wirklichkeit klingt hier ebenso an wie sie in der Arbeit von Falckenberg et al. [81] als wesentliche Forschungsaufgabe im Bereich der Modellierung von Informationssystemen gesehen wird.

Was ist die Konsequenz? Man braucht sich nicht auf die Positionen des Konstruktivismus einzulassen, nachdem jeder seine eigene Wirklichkeit selbst erschafft. Es reicht festzuhalten, daß wir offenbar nicht in der Lage sind, allgemeinverbindlich, personenunabhängig und dauerhaft unsere soziale Umwelt zu erkennen und zu beschreiben, und daß wir dieses Unvermögen in der Entwicklung unserer technischen Systeme berücksichtigen müssen. Der hier vertretene Ansatz, der evolutionären Systementwicklung in der Kombination mit einer objektorientierten Methodik, die eine maximale Änderbarkeit zu möglichst geringen Kosten verspricht, sollte vor dem Hintergrund dieser Überlegungen gesehen werden.

5.3   Kommunikationsstruktur in objektorientierten Projekten

Das traditionelle Software Engineering hat für die Softwareentwicklung eine Minimierung der Kommunikationsbeziehungen zwischen den beteiligten Gruppen angestrebt. Eine Ausprägung war etwa das Konzept des Chief-Programmer-Teams, bei dem die Programmierer möglichst nur mit dem Chefprogrammierer und nicht untereinander kommunizieren sollten. Ähnliche Gedanken stehen auch hinter Entwicklungen im CASE-Bereich, wo Kommunikation als unnötiger "Overhead" betrachtet wird (vgl. [36]).

Ein Kennzeichen für diese Haltung sind Vorgehensmodelle, die die Kommunikation auf bestimmte Phasen und bestimmte Beteiligte beschränken. Dies gilt für die Kontakte und Absprachen innerhalb der Entwicklerorganisation; dies gilt verstärkt für die Beziehungen zwischen Auftraggeber und Auftragnehmer, d.h. in den Gesprächen mit der Anwenderorganisation. Da wir an anderer Stelle [11] ausführlich auf die Problematik dieser sog. Wasserfallmodelle eingegangen sind, wollen wir hier nur einige grundsätzliche Kommunikationsprobleme herausstellen, die u.E. in den meisten Diskussionen um Vorgehensweisen unberücksichtigt geblieben sind. Da ist zunächst die indirekte Kommunikation zwischen Entwicklern und Anwendern. Für die Gespräche mit der Anwenderorganisation, etwa zur Klärung der Anforderungen an ein System, gibt es in vielen Entwicklerorganisationen institutionalisierte Abteilungen, die Vertrieb oder Kundenbetreuung heißen. Oft werden von Mitarbeitern dieser Abteilung nicht die Sachbearbeiter, also die späteren Benutzer des eines DV-Systems, sondern nur die DV-Organisatoren der Anwenderorganisation angesprochen (vgl. Abb. 5.2). Als Folge entsteht sowohl bei den Benutzern, als auch bei den Entwicklern immer ein vermitteltes Bild, über das, was die andere Seite sagt und möchte. Oft findet dieser Austausch so statt, daß Vertriebsmitarbeiter den Entwicklern die Anforderungen der Benutzer bereits auf der Ebene von erwünschten Systemmerkmalen ("Wir brauchen da noch einen neuen Menüeintrag") "übersetzen", so daß diese wenig über die Arbeit und die Aufgaben der Benutzer erfahren.

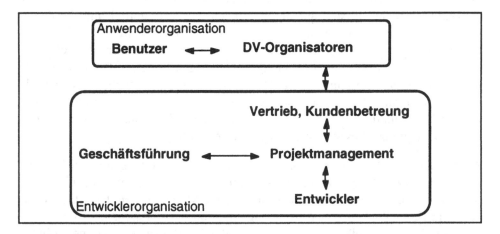

Abbildung 5.2:   *Kommunikationsbeziehungen bei traditioneller Projektorganisation*

Dies mag vielen Lesern überholt oder überzeichnet erscheinen. Wir gehen aber jetzt auf ein fundamentales Kommunikationsproblem ein, das auch in solchen Projektsituationen auftritt, in der die Kommunikation mit den Anwendern und Benutzern als wesentlich erkannt worden ist. Wir kennen zahlreiche Projekte, in denen zu Beginn große Bemühungen unternommen wurden, die fachlichen Anforderungen an ein Anwendungssystem zu erheben. Dabei gleichen sich die Bilder: Potentielle Benutzer werden interviewt, die sog. fachlichen Elemente anhand der vorkommenden Dokumente oder der bestehenden Anfragen an ein Informationssystem erhoben und die DV-Organisatoren der Fachabteilungen nach ihren Vorstellungen befragt. Diese Form der Analyse und die unmittelbar dabei verwendeten Dokumente wie ein Anforderungskatalog oder eine Aufgabenabgrenzung bewegen sich noch in der Sprachwelt der Anwendung. Die Ergebnisse dieser Analyse aber, d.h. die ersten Modelle über Ist- und Sollvorstellungen, werden in Darstellungsformen repräsentiert, die der Sprachwelt der Entwickler entstammen. Ob dies Diagramme des Entity-Relationship-Modells, von Structured Analysis oder Jackson System Development sind, immer wird eine Darstellungstechnik gewählt, die eine Übersetzung der Begriffe und Zusammenhänge der Anwendung in die Sprachwelt der Entwickler erfordert. Sollen nun die Anwender Entwicklungsdokumente bewerten, die bei der Anwendung einer solchen Methode entstehen, müssen sie sich auf entsprechende Darstellungsformen und die damit verbundenen Denkweisen einlassen. Dadurch wird der mögliche Gestaltungsspielraum eingeschränkt und es entsteht ein Ungleichgewicht in der Kommunikation, das als *"Modellmonopol"* (vgl. [6]) bezeichnet wird: Die Anwender müssen sich in einer Sprach- und Denkwelt bewegen, die nicht ihre eigene ist, in der aber die Entwickler zu Hause sind. Anwender sind bereits bei ihrem Versuch, solche Ausdrucksmittel zu verstehen, von den Entwicklern abhängig. Je mehr sie sich auf diese fremden Ausdrucksmittel und die damit verbundenen Denkweisen einlassen, desto stärker wird die Einflußmöglichkeit der Entwickler. Entsprechend werden die Chancen der Anwender, ihre eigenen Vorstellungen zur Systementwicklung einzubringen, durch softwaretechnisch motivierte Methoden[1] minimiert. In diesem Lichte sind auch die sicherlich gutgemeinten Ansätze zu sehen, die Benutzer durch Schulungen "rasch" mit den Ausdrucksmitteln der Entwickler vertraut zu machen, damit sie hinterher z.B. ein Datenflußdiagramm "lesen" können (vgl. dazu etwa [81]).

Aber es fällt den Anwendern nicht nur schwer, ihre Vorstellungen in der Diskussion über Entwicklungsdokumente und über die Art des zu entwickelnden DV-Systems durchzusetzen. Sie haben zudem weniger Möglichkeiten, fehlerhafte oder verzerrte Darstellungen von Anwendungssituationen zu erkennen. Erschwerend kommt in konventionellen Projekten das für alle Beteiligten gemeinsame Problem hinzu, nur sehr vorläufige Aussagen über die Gestalt des zukünftigen Systems machen zu können.

Dies bedeutet in der Konsequenz, daß das Konzept der minimierten Kommunikation für die objektorientierte Systementwicklung aufgegeben werden muß. Mit der Erkenntnis, daß die wechselseitigen Lern- und Diskussionsprozesse für die objektorientierte Entwicklung von zentraler Bedeutung sind, sollte auch ein eher dialogorientiertes Konzept der Kommunikation einhergehen. Vor allem müssen wir die Anwender als die eigentlichen Fachleute eines Anwendungsgebiets betrachten. Denn sie beherrschen nicht nur die Fachsprache am besten, sie kennen auch die Details der täglichen Aufgabenerledigung aus erster Hand. Dies bedeutet nun nicht, daß die Anwender dann besser ihre Softwaresysteme selbst entwickeln sollen (eine Position, die gerne im Zusammenhang mit sog. Sprachen der 4. Generation vertreten wird), sondern daß sie zu gleichberechtigten Partnern in einem Softwareprojekt werden.

In solchen wirklich evolutionären Projekten findet die Kommunikation unter allen Beteiligten kontinuierlich während des gesamten Projekts statt. Die jeweilige

---

[1] Der hier verwendete Methodenbegriff basiert auf Mathiassen [68]: Methoden verkörpern eine Sicht der Softwareentwicklung, beziehen sich auf einen Anwendungsbereich und geben Richtlinien in Form von Techniken, Werkzeugen und Organisationsformen (vgl. dazu auch Floyd [35]).

Zusammensetzung der Gruppen orientiert sich an der Situation und Fragestellung (vgl. Abb. 5.3). Besonders ist hier zu beachten, daß Entwickler und Benutzer direkt miteinander kommunizieren können. Auf die Rolle der in der Abbildung schon aufgeführten Architekturgruppe werden wir in Kapitel 7 über objektorientierte Organisation noch gesondert eingehen.

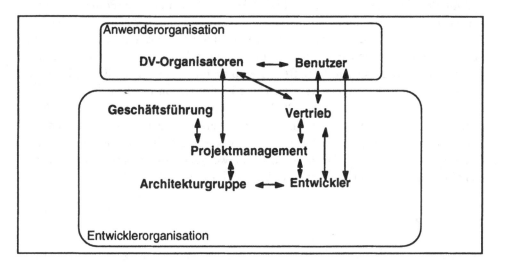

Abbildung 5.3:   Kommunikationsbeziehungen in objektorientierten Projekten

Die Probleme des Modellmonopols und des mangelnden Vorstellungsvermögens bei der Systementwicklung werden von zwei wesentlichen Elementen unseres evolutionären, objektorientierten Ansatzes angesprochen:

-     wir orientieren unsere Entwicklungsdokumente an der Fachsprache der Anwendung;
-     wir entwickeln ein Anwendungssystem schrittweise unter Verwendung von Prototypen.

Dadurch wollen wir erreichen, daß sich eine gemeinsame Projektsprache aller Beteiligten entwickelt, die von der Fachsprache der Anwendung ausgeht. Alle Dokumente, die für die Kommunikation zwischen den beteiligten Gruppen gedacht sind, verwenden Darstellungsformen des Anwendungsbereichs. Im evolutionären Prozeß ermöglichen wir Lernprozesse, etwa durch Prototyping.

Die hier vorgeschlagene, objektorientierte Methode bietet kontinuierlich verständliche und, bezogen auf den angestrebten Lernprozeß, sinnvolle Diskussionsgegenstände an: Prototypen, Szenarios, Glossare und Systemvisionen stellen eine solche Diskussionsgrundlage dar, über die sich auch Anwender und Benutzer fachlich fundiert unterhalten können.

5.4   Dokumente im Entwicklungsprozeß

Im Mittelpunkt unserer objektorientierten Methode steht also die Förderung eines wachsenden Verständnisses für die jeweilige Anwendung. Wir haben die Identifizierung der für ein Anwendungssystem relevanten Gegenstände als denjenigen kreativen Prozeß herausgestellt, der eine wichtige Basis für den Entwurf eines geeigneten Softwaresystems schafft. Deshalb ist die Wahl verständlicher Darstellungsformen hier besonders wichtig. Coad und Yourdon machen die Verständlichkeit zum ausschlaggebenden Qualitätsmerkmal einer Entwurfsmethode überhaupt (vgl. [17]). Wir schlagen im Folgenden einen Satz von unterschiedlichen Dokumenttypen zur Unterstützung dieses Prozesses vor. In der Darstellung werden wir dabei sowohl auf die Merkmale des jeweiligen Dokumenttyps als auch auf den Umgang mit den Dokumenten im Entwicklungsprozeß eingehen.

5.4.1   Szenarios

Eine wichtige Rolle im Analyse- und Entwurfsprozeß spielen *Szenarios*. Der Begriff taucht in der Literatur zur objektorientierten Methode häufig, aber mit unterschiedlicher Bedeutung auf. So sprechen Rubin und Goldberg [86] von Benutzungsszenarios, die die verschiedenen Wege durch das zukünftige System aus Benutzersicht aufzeigen sollen, und Rumbaugh et. al. [87] sprechen von Szenarios, wenn sie über Interaktionssequenzen zwischen Mensch und Maschine reden. Unser Szenariobegriff geht auf das Theater der italienischen Commedia dell' Arte zurück, wo sie Beschreibungen typischer Szenenfolgen waren, die den Akteuren als Improvisationsvorlagen dienten (vgl. [53]).

In unseren Szenarios beschreiben Entwickler in der Fachsprache der Anwendung die aktuellen Arbeitsaufgaben und Situationen, die ihnen Anwender und Benutzer berichten. Das können im Sinne einer Ist-Analyse typische Arbeitsabläufe, aber auch Handlungsstudien und Beschreibungen des Kontextes sein, in denen die Gegenstände im jeweiligen Verwendungszusammenhang dargestellt werden. Die Vorstellungen von einem zukünftigen System werden hierbei noch nicht beachtet. Als Grundlage dazu dienen strukturierte Interviews, die in der Regel vor Ort, d.h. am Arbeitsplatz der Mitarbeiter von Anwenderorganisationen, durchgeführt werden. Anhand von Protokollnotizen und einschlägigen Arbeitsunterlagen werden die weitgehend informellen und episodischen Szenarios erstellt. Diese werden dann wieder von Gesprächspartnern und anderen Mitarbeitern aus den Fachabteilungen überprüft.

Wir schlagen diese bewährte Vorgehensweise zum einen vor, damit sich die Entwickler stärker in die Fachsprache der Anwendung einarbeiten und ihnen bei der Bewertung der Szenarios Rückkopplung darüber gegeben wird, wieweit sie eine Anwendungssituation verstanden haben. Die Mitglieder der Fachabteilungen sollen zum anderen bei der Diskussion über Szenarios ihre alltägliche Arbeit aus einer anderen, nicht-alltäglichen Perspektive sehen, um sich selbstverständliche und dadurch unauffällige Dinge und Situationen wieder ins Bewußtsein zu rufen. Abbildung 5.4 zeigt einen Ausschnitt aus einem Szenario.

« Der Berater holt dann seinen *Beratungsordner, sucht* das *Produkt* über ein *Register* und *öffnet* den Ordner an der *entsprechenden Stelle.* Zum Beratungsordner gibt es noch einen *Formularordner,* in dem *Standardformulare* (z.B. *Vertrag zugunsten Dritter*) *abgelegt* sind und einen *Musterordner,* in dem *Ausfüllhilfen* für Verträge und *Schlüsselblätter* *abgelegt* sind . »

Abbildung 5.4: Ausschnitt aus einem Szenario

Szenarios sind daher nicht ein weiterer Versuch, eine Anwendungssituation vollständig zu spezifizieren, sondern sie helfen den Entwicklern und künftigen Anwendern, einen Lern- und Modellierungsprozeß voranzutreiben. Ihre Aufgabe in einer frühen Phase des Entwicklungsprozesses ist auch, die im Anwendungsfeld vorhandene Variationsbreite zu verdeutlichen. So ist es sinnvoll, verschiedene Szenarios über unterschiedliche Arbeitsweisen und "Problemlösungsstrategien" bei der Erledigung der gleichen Aufgabenstellung anzufertigen.

Wichtig bleibt hier anzumerken, daß erst der Blick über einzelne Szenarios hinaus ein *Bild* der Anwendungssituation ergibt. Auch wenn die Beschreibung einer Anwendungssituation, wie gesagt, keinen Anspruch auf Vollständigkeit oder Widerspruchsfreiheit erheben soll, ergibt sich aus der zusammenfassenden Beurteilung der Szenarios ein Ausgangspunkt für die weitere Entwicklung, insbesondere für die Entwicklung von *Systemvisionen* (s.u.).

Strukturelle Bestandteile von Szenarios sind:
- eine Auflistung der verwendeten Arbeitsmittel und Arbeitsgegenstände, d.h. der Werkzeuge und Materialien in einem Arbeitsvorgang;
- eine Kurzbeschreibung, aus der für die Fachabteilung der Kontext des Szenarios hervorgeht;

- eine Beschreibung des Arbeitsvorganges; für die Beschreibung kann neben der natürlichen Sprache auch ein adäquates formatiertes Beschreibungsmittel eingesetzt werden und

- Verweise auf andere im Entwicklungsprozeß erzeugte Dokumente, wie das Glossar oder Systemvisionen, um im Verlauf eines Projekts Zusammenhänge zwischen den Dokumenten herstellen zu können.

Noch ein Wort zur scheinbar mangelnden Formalisierung der Szenarios – gerade das sehen wir als eine besondere Stärke dieses Dokumenttyps. Da die Einsicht in Anwendungssituationen im Vordergrund steht, können wir in Szenarios das "epische Moment" von Schriftsprache nutzen, d.h. die Fähigkeit eines gut geschriebenen Textes, in uns lebendige Szenen und Vorstellungen auszulösen. Unklarheiten, Widersprüchlichkeiten, aber auch die Zusammenhänge einer geschilderten Handlung können uns in einem Prosatext sehr viel plastischer werden als etwa in einer Entscheidungstabelle.

5.4.2 Glossar

In Ergänzung zu den Szenarios werden Glossare entwickelt. Während Szenarios zur Analyse der Dynamik der bisherigen Umgangsformen dienen, dokumentieren *Glossare* die Bedeutung und den Zusammenhang von Begriffen (also die statischen Aspekte eines Anwendungsbereichs). Abbildung 5.5 zeigt beispielhaft vereinfachte Einträge aus einem Glossar. Glossare gehören in unterschiedlicher Form heute schon fast zu den klassischen Dokumenten objektorientierten Entwurfs (vgl. [86]). Um ein tragfähiges Begriffsgerüst zu entwickeln, läuft ein ähnlicher Prozeß ab, wie wir ihn für die Szenarioerstellung beschrieben haben. Auch die Glossare werden auf der Basis der Interviews im Abgleich mit Szenarios von Entwicklern erstellt und mit den beteiligten Gruppen diskutiert. So erhalten die Mitarbeiter der Fachabteilungen die Möglichkeit, zusammen mit den Entwicklern die Bedeutung von Begriffen ihrer Umgangs- und Fachsprache zu reflektieren. In Glossaren werden auch Definitionen solcher Begriffe festgehalten, die wie "Mausklick" oder "Fenster" erst im Laufe eines Projekts von Bedeutung werden.

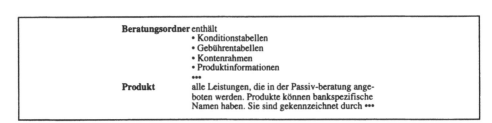

Abbildung 5.5 :   Beispieleinträge eines Glossars

Es ist wichtig, daß alle Begriffe kooperativ abgestimmt werden. Allerdings zeigt sich oft, daß eine abteilungsübergreifende oder organisationsweit eindeutige Begriffsbildung sehr mühsam, unter Umständen sogar unmöglich ist. Begriffsbildung hängt von den beteiligten Personen und ihren Aufgaben und Einstellungen ab. Objektorientierte Entwicklung berücksichtigt Situationen, in denen bei den verschiedenen Anwendergruppen unterschiedliche Konzepte mit dem gleichen Gegenstand verbunden werden. Die Problematik der Annahme, Begriffe ließen sich unternehmensweit eindeutig und widerspruchsfrei festlegen, wird von Klein und Lyytinen [58] herausgearbeitet. Weitaus häufiger sind aber die Fälle, wo die Unterschiede in den Begriffen auf einen Mangel an Reflexion und Kommunikation zurückgehen. In diesen Situationen leisten Glossare gute Dienste. Durch Glossareinträge werden oft auch Unklarheiten im Verständnis der Entwickler deutlich, was dann Anlaß zu neuen Szenarios ist. Wir müssen an dieser Stelle ein fundamentales Problem festhalten: Indem wir als Entwickler eine Organisation analysieren und mit den Anwendern über ihre Arbeit diskutieren, beginnen wir, die Sprache und die Arbeitsformen im Anwendungsbereich zu verändern. Dieses Dilemma, daß sich die Gegenstände unserer Analyse und Modellierung im Prozeß der Modellierung selbst verändern, ist nicht aufhebbar. Wir dürfen es nur nicht ignorieren, sondern müssen ihm durch eine geeignete Gestaltung des Entwicklungsprozesses Rechnung tragen.

Mit Szenarios und Glossar haben wir Dokumenttypen beschrieben, die während der Analyse eine große Bedeutung haben. Sie ergänzen sich zur statischen und dynamischen Beschreibung eines Anwendungsbereichs. Aber bereits in den Anmerkungen zum Glossar fällt auf, daß nicht nur Begriffe der Ist-Situation, sondern auch die im Entwicklungsprozeß neu hinzukommenden Begriffe dokumentiert werden. Dies deutet auf eine Tendenz: Wir wollen die hier beschriebenen Dokumenttypen nicht einer bestimmten Phase eines Entwicklungsprojekts zuordnen. Sie sollen vielmehr ein Anwendungssystem vom Entwurf über die Konstruktion bis in den Einsatz begleiten. Dabei kommt ihnen ein wechselnder Stellenwert zu, aber sie werden nie bedeutungslos. Wir werden noch sehen, daß Szenarios auch für die Weiterentwicklung eines bereits eingesetzten Systems wichtig sind.

5.4.3 Systemvisionen

Haben wir bisher Dokumenttypen für die Modellierung einer bestehenden Anwendungssituation vorgestellt, so gehen wir jetzt zu den Entwurfsdokumenten im engeren Sinne über. Eine zeitliche relativ unaufwendige Möglichkeit, das dokumentierte Verständnis einer Anwendungssituation in einen Entwurf des zukünftigen Systems umzusetzen, bieten *Systemvisionen*. Man könnte sie als "imaginäre"

Szenarios bezeichnen. In Systemvisionen werden ausgewählte Arbeitssituationen so beschrieben, wie sich die Entwickler dies nach Einführung des Anwendungssystems vorstellen. Hierbei werden sowohl neue Arbeitshandlungen als auch Objekte des Systems dargestellt. In der Anfangsphase eines Softwareprojekts beziehen sich Visionen meist auf Arbeitssituationen, die in Szenarios beschrieben sind, nur daß jetzt der Einsatz des zukünftigen Anwendungssystems antizipiert wird. Abbildung 5.6 zeigt einen Ausschnitt aus einer Systemvision, die sich als reiner Text an einem Szenario orientiert.

> Der Berater öffnet dann seinen *Beratungsordner* mit einem *Doppelklick, wählt* zunächst das *Produkt* über das sichtbare *Inhaltsverzeichnis,* wählt anschließend in einem zweiten Verzeichnis die gewünschte *Variante* mit einem Doppelklick und läßt sich dadurch gleich die zugehörige *Verkaufshilfe* anzeigen. >

Abbildung 5.6:   Systemvision

Die Bedeutung der Systemvisionen gegenüber den Szenarios besteht zunächst darin, daß wir als Entwickler in der Lage sind, die Möglichkeiten einer Computerunterstützung für die in Szenarios modellierten Arbeitsabläufe abzuschätzen. Szenarios können daher auf ein potentielles Zusammenspiel von Werkzeugen und Materialien untersucht werden. Die Betrachtung von mehreren Szenarios erlaubt uns, solche Zusammenhänge zwischen verschiedenen Arbeitsabläufen zu entdecken, die sinnvollerweise im späteren System mit einem Software-Werkzeug bearbeitet werden können.

Deshalb ist es wichtig, den Zusammenhang von Szenarios und Systemvisionen festzuhalten, sowie die Entwurfsentscheidungen zu dokumentieren. Dies ist nicht nur nützlich, um die verschiedenen Entwürfe in den Diskussionen mit späteren Anwendern motivieren zu können. Diese Art der Dokumentation ist auch sehr hilfreich bei der Umsetzung von Visionen in Prototypen. Aus gut geschriebenen Visionen können die Entwickler ableiten, welche Werkzeuge mit welchem Operationsumfang konstruiert werden sollen.

Die Anzahl von Systemvisionen wird primär durch die in den Szenarios beschriebenen Arbeitsabläufe bestimmt. Diese sollten vollständig durch Systemvisionen abgedeckt werden. Neu hinzukommende Arbeitsabläufe, etwa die Möglichkeit zur Übernahme oder Übergabe von Daten zwischen verschiedenen Arbeitsvorgängen, werden ebenfalls beschrieben. Daraus ergibt sich, daß im weiteren Projektverlauf verstärkt solche Systemvisionen geschrieben werden, die die Gestaltung neuer Werkzeuge oder Materialien für einen bereits existierenden Prototyp oder sogar für eine ausgelieferte Systemversion unterstützen. Diese Visionen zeigen neben dem Text bereits detaillierte Layouts der Oberfläche und die konzipierte Funktionalität.

Entsprechend sind Bestandteile einer Systemvision :

* Die für die Modellierung herangezogenen Szenarios. Eine Begründung, warum diese Szenarios ausgewählt worden sind. Etwa: Verwendung des gleichen Materials.

* Eine Beschreibung der Operationen der Software-Werkzeuge im antizipierten Arbeitszusammenhang, die in dieser Systemvision verwendet werden.

* Verweise auf "benachbarte" Systemvisionen oder Werkzeuge, die im Zusammenhang mit den hier beschriebenen Arbeitsabläufen verwendet werden können.

* Eine Skizze des Bildschirms, aus dem die Elemente eines dreiteiligen Werkzeugkonzepts (Operationen, Materialsicht, Einstellungen) hervorgehen.

* Eine Beschreibung der neuen Arbeitsabläufe unter Verwendung des Werkzeugs.

* Eine Beschreibung bereits vorhandener Algorithmen oder Verfahrensvorschriften (oder ein Verweis), die als Teil der Funktionalität eines Werkzeugs implementiert werden soll.

Die Bedeutung von Systemvisionen ergibt sich aus ihrer Stellung zwischen Analyse und Konstruktion. Primär sollen sie unter den Entwicklern ein Einverständnis über das zu entwickelnde System - eine Vision - herstellen. Nur auf der Basis eines solchen Einverständnisses ist es möglich, arbeitsteilig große, aber homogen wirkende Anwendungssysteme zu entwickeln.

Je detaillierter Systemvisionen Werkzeuge und Materialien skizzieren, desto mehr werden sie zu Spezifikationsdokumenten. Dann ist wichtig, daß die modellierten Werkzeuge und Materialien in ihrem Operationsumfang und technischen Zusammenspiel aus den in Szenarios und Systemvisionen beschriebenen Arbeitsabläufen ableitbar sind. Diese Variante von Systemvisionen sollte auf einem Entwurfshandbuch (Style Guide) basieren, in dem das Verhalten von Interaktionstypen wie Mausknöpfen oder Auswahllisten beschrieben ist. Ergänzend sollte das Standardverhalten von Werkzeugen verbindlich beschrieben sein, um Mehrdeutigkeiten zu vermeiden. Dies betrifft vor allem Werkzeugoperationen wie "OK", "Beenden" oder "Widerrufen", die jedes Werkzeug anbietet.

5.4.4 Prototypen

Während sich Szenarios, Glossar und Systemvisionen als Spezifikationsdokumente verstehen lassen, gehören die daraus abgeleiteten *Prototypen* zur konstruktiven Umsetzung von Analyse und Entwurf in die sich entwickelnde Systemlösung. Hier schließt sich der Kreis von objektorientiertem Entwurf und Prototyping. Szenarios, Glossar, Systemvisionen sind die für alle beteiligten Gruppen diskutierbaren Entwicklungsdokumente. Diese werden um softwaretechnische Dokumente wie Klassenbeschreibungen und Klassenbibliotheken ergänzt und daraus werden Prototypen entwickelt, die dann die weitere Diskussion unterstützen. Mit Blick auf die hier beschriebene Vorgehensweise kommt dem Bau von Prototypen und der Arbeit mit ihnen eine besondere Bedeutung zu. Prototypen sind das wirkungsvollste Mittel, um die Dynamik eines Entwurfs darzustellen und für alle beteiligten Gruppen diskutierbar zu machen.

Obwohl Prototyping seit Anfang der 80er Jahre auch in industriellen Software-projekten eine zunehmende Rolle spielt (vgl. [106]), werden die Konzepte und die praktische Bedeutung des Prototyping auch für die objektorientierte Methode noch vielfach falsch eingeschätzt. Im Folgenden fassen wir daher die wesentlichen Konzepte und Begriffe im Sinne von Budde et. al. [11] zusammen und stellen sie in den Kontext unseres Themas.

Zunächst ist es wichtig, den *Prototyping*-Prozeß und die unterschiedlichen *Prototypen* innerhalb dieses Prozesses auseinanderzuhalten.

Prototyping ist der Teilprozeß innerhalb der objektorientierten Systementwick-lung, bei dem Prototypen entworfen, konstruiert und revidiert werden. *Ziele des Prototyping* sind:

*   eine *Kommunikationsbasis* für alle beteiligten Gruppen, insbesondere zwischen Benutzern und Entwicklern zu schaffen, um zu einer gemeinsamen Projektsprache zu gelangen;
*   durch Experimente und praktischen Umgang *Erfahrungswissen* über die Konstruktion und den möglichen Einsatz des Softwaresystems zu schaffen;
*   eine *dynamische Beschreibung* des angestrebten Systems zu erhalten und den sich ändernden Bedürfnissen und Einsichten anzupassen.

Um diese Ziele zu erreichen, werden in einem zyklischen Prozeß nicht nur die einzelnen Prototypen, sondern alle darauf bezogenen Dokumente modelliert und bewertet (vgl. Abb.5.7).

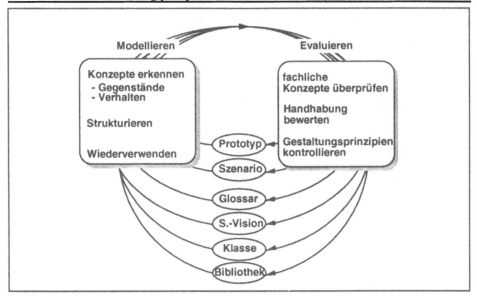

Abbildung 5.7:   Der Prototyping-Prozeß

Ein objektorientierter *Prototyp* ist damit eine spezielle Ausprägung eines ablauffähigen Softwaresystems. Er realisiert auf der Grundlage von Szenarios, Glossar und Systemvisionen spezifizierte Aspekte des zukünftigen Anwendungssystems. Das bedeutet:

* Ein Prototyp ist immer *ablauffähig*, d.h. daß reine Bildschirmmasken zwar eine Systemvision ergänzen können, aber nicht als Prototyp bezeichnet werden.

* Die im Prototyp realisierten *Aspekte des Zielsystems* werden sich insbesondere bei den hier betrachteten Anwendungen auch auf die Oberfläche des Systems, d.h. auf die Darstellung und Handhabung von Werkzeugen und Materialien beziehen. Ergänzend werden aber auch die technischen Komponenten wie Datenbankautomaten bei weitgehender Reduktion der Oberflächendarstellung modelliert.

* Prototypen repräsentieren *vorab* ausgewählte Aspekte. Dies ist insofern wichtig, als daß die Auswahl bestimmt, welche Fragen mit Hilfe eines Prototyps beantwortet werden können und welche nicht sinnvoll an ihn zu richten sind.

Abbildung 5.8 zeigt die Oberfläche eines einfachen Prototyps, der als Grundlage für Diskussionen mit künftigen Anwendern eingesetzt werden kann.

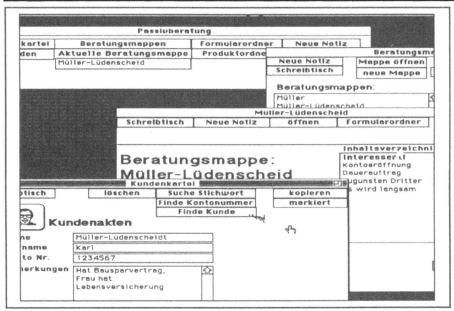

Abbildung 5.8:   Ausschnitt aus der Oberfläche eines Prototyps

Zur Klärung der möglichen Aspekte und Fragen, die an einen Prototyp gestellt werden können, ist es sinnvoll, kurz unterschiedliche Prototyparten zu unterscheiden:

*   Ein *Demonstrationsprototyp* zeigt nur die prinzipiellen Einsatzmöglichkeiten und die Handhabung von Werkzeugen und Materialien. Sie dienen der Entscheidungsvorbereitung und der Projektakquisition. In unserem Kontext eignen sich spezielle Prototyping-Systeme wie HyperCard oder BasicVision für diese prototypischen "Wegwerfprodukte", die schnell und einfach gebaut werden müssen. Ihre fachliche Detailtreue oder ihr softwaretechnischer Standard ist nachrangig.

*   *Prototypen im engeren Sinne* realisieren ausgewählte Werkzeuge, Automaten und Materialien sowohl in der Handhabung als auch in der Funktionalität. Sie sind entlang einer Oberfläche und in die "Tiefe" konstruiert. Als Benutzungsoberfläche bezeichnen wir die angebotenen Interaktionsmöglichkeiten und die Darstellungen der fachlichen Komponenten; die vertikale Dimension bezieht sich auf die "Tiefe" der Implementation, ausgehend von der Interaktionskomponente eines Werkzeugs bis zur Realisierung von Materialien und die Anbindung des objektorientierten Systems an die Systemplattform.

- Ein *Labormuster* modelliert für das Entwicklerteam einen softwaretechnischen Aspekt des Anwendungssystems. Labormuster dienen als Experimentalsystem und Machbarkeitsstudie.

- Ein *Pilotsystem* ist ein Prototyp von solcher Ausbaustufe und "Reife", daß er im Anwendungsbereich und nicht nur unter Laborbedingungen eingesetzt werden kann. Er realisiert innerhalb eines Entwicklungsrahmens einen abgeschlossenen Teil des Zielsystems und wird schrittweise ausgebaut. Seine komfortable und sichere Bedienbarkeit und ein Mindestmaß an Benutzerdokumentation unterscheiden ihn qualitativ von anderen Prototypen.

Prototyping und Objektorientierung sind keine orthogonalen Ansätze. Die objektorientierte Analyse liefert zunächst die gemeinsame Fachsprache, in der sich die beteiligten Gruppen unterhalten können. Das objektorientierte Systemmodell, das auf den Begriffshierarchien dieser Fachsprache basiert, ermöglicht bei der Diskussion von Prototypen die unmittelbare Abbildung von fachlichen Anforderungen auf die notwendige Veränderung technischer Komponenten. Prototyping ist schließlich der zentrale Bestandteil einer evolutionären Entwicklungsstrategie, in der die beteiligten Gruppen sich ein gemeinsames Verständnis über den Anwendungsbereich und das dazu passende Arbeitsplatzsystem erarbeiten können.

5.4.5 Bibliotheken und weitere technische Dokumente

Zu Szenarios, Glossar, Systemvisionen und Prototypen, die diskutierbare Entwicklungsdokumente für alle beteiligten Gruppen sind, kommen noch weitere softwaretechnische Dokumente hinzu, die von den Entwicklern beim technischen Entwurf und der konstruktiven Umsetzung in Klassenbeschreibungen und Bibliotheken benötigt werden. Die Detaillierung dieser Dokumenttypen führt über den Rahmen dieses Buches hinaus. Da der Aufbau und die Weiterentwicklung einer anwendungsbezogenen Klassenbibliothek für eine Entwicklerorganisation aber eine wesentliche Grundlage der objektorientierten Systementwicklung ist, gehen wir auf dieses Thema noch ein.

Auf ein mögliches Organisationsmodell für Klassenbibliotheken, das sog. Cluster-Modell, weist Meyer in [71] hin. Wiederverwendbare Komponenten sind nach diesem Modell sowohl einzelne Klassen als auch die sog. Cluster. Ein Cluster ist eine Gruppe von Klassen, die zur Erledigung einer Aufgabe zusammengefaßt werden, z.B. Klassen zur Abstraktion vom verwendeten Dateiverwaltungssystem oder zur Abstraktion von einem Fenstersystem. Meyer schlägt eine Unterteilung in Basis- und anwendungsnahe Cluster vor. Dies scheint problematisch, da es den Aufbau eines Softwaresystems in unterschiedliche "Schichten" suggeriert, was aber nicht den objektorientierten Architekturprinzipien entspricht. Diese Einteilung wird auch in anderen Arbeiten der Eiffel-Gruppe (vgl. [76]) nicht mehr aufrechterhalten. Einen weiteren Schritt in diese Richtung geht das Konzept des Subsystems von Wirfs-Brock und Johnson [104]. Hier werden Gruppen von Klassen, aber auch weitere Subsysteme zusammengefaßt mit dem Ziel, eine wohldefinierte Menge von Dienstleistungen anzubieten. Von außen betrachtet, repräsentiert ein Subsystem eine ebensolche konzeptionelle Einheit wie eine Klasse - nur auf einer "höheren Ebene". Im Inneren zeichnen sich die Komponenten eines Subsystems durch eine intensive Zusammenarbeit aus. Neben diesen allgemeinen Prinzipien der Modularisierung sind in jüngster Zeit Vorschläge für den inneren Aufbau solcher Klassensubsysteme unter dem bereits genannten Stichwort Architekturmuster oder Design Patterns gemacht worden (z.B. [18]). Eine Vorreiterrolle spielt hier die Arbeit der ET++ -Gruppe, so wie sie von Gamma [37] beschrieben worden ist. Wir gehen davon aus, daß die Identifikation und Ausarbeitung einer systematischen Sammlung solcher Architekturmuster von großer Bedeutung für die objektorientierte Methodik sein werden.

Mit Blick auf die Organisation von Klassen in Bibliotheken und Sammlungen schlagen wir folgende Einteilung vor:

• Bausteinsammlungen, die eine wohldefinierte Zusammenstellung von vorgefertigten Dienstleistungen anbieten. Die Bausteinklassen können direkt und ohne weitere Spezialisierung verwendet werden. Beispiele sind Behälterklassen wie Listen, Keller und Schlangen in ihren unterschiedlichen Ausprägungen, aber auch ganze Fenstersystembibliotheken, wie CommonView oder OSF/Motif. Diese Bausteine sind jeweils in Clustern oder Subsystemen organisiert.

• Rahmenwerke (Frameworks) sind nach Gamma Strukturen oder abstrahierte Entwürfe für die Lösung einer bestimmten Problemstellung durch eine Menge von Klassen. Uns interessieren hier speziell ihre Ausprägung als anwendungsspezifische Rahmenwerke, in denen Cluster oder Subsysteme mit Blick auf eine anwendungsbezogene Funktionalität zusammengefaßt werden. Sie realisieren die grundlegenden Verwaltungsfunktionen einer Anwendung, ohne daß bereits konkrete Anwendungsfunktionalität enthalten wäre (vgl. Abb. 5.9).

Damit kommt den Clustern oder Subsystemen die Rolle von höheren Bausteinen in beiden Arten von Klassenbibliotheken zu.

Die Unterscheidung zwischen Bausteinsammlung, Rahmenwerk und Anwendungssystemen läßt sich mit dem bereits genannten Ziel der objektorientierten Vorgehensweise begründen: der Herstellung von unterschiedlichen Arten wiederverwendbarer Produkte. Während ein Anwendungssystem ein konkretes, ablauffähiges Softwaresystem zur Unterstützung der Arbeit eines Anwendungsbereichs ist, dem traditionell etwas Einmaliges anhaftet, sind Bibliotheken auf Wiederverwendung ihrer Komponenten ausgerichtet. Sind diese Komponenten für die unmittelbare Verwendung gedacht, handelt es sich um Bausteinsammlungen, so wie wir sie auch bei traditionellen Unterprogrammbibliotheken finden. Rahmenwerke sind daher in der Regel nicht direkt einsetzbar. Zunächst muß der Entwickler die allgemeinen Schnittstellen durch die Implementation einiger ausgewiesener Operationen um das notwendige Anwendungswissen konkretisieren. Zusammenfassend kann man sagen, daß die traditionellen Vorgehensmodelle als Gegenstand ein *Softwareprojekt* und als Ergebnis ein Anwendungssystem hatten, während unser Modell auf Rahmenwerke und damit auf *Produkte* abzielt, die in verschiedenen Anwendungssystemen wiederverwendet werden können.

Damit das wichtige Prinzip von (anwendungsspezifischen) Rahmenwerken klarer wird, hier das Beispiel von Abbildung 5.9. Wir sehen ein Begriffs- und Klassengerüst Papier, das ein Rahmenwerk für die Büroarbeit in einer Bank darstellt. Von diesem Rahmenwerk lassen sich dann Anwendungssysteme im Anlage- und Kreditwesen ableiten.

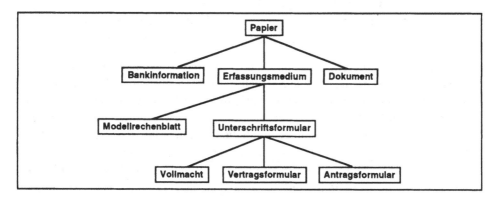

Abbildung 5.9:   Beispiel eines Rahmenwerkausschnitts

Für Klassenbibliotheken gilt, daß die Entwicklung auf zwei Ebenen inkrementell erfolgt. Ausgangspunkt wird stets eine konkrete Anwendung sein. Denn die primäre Voraussetzung für die *Wieder-Verwendbarkeit* von Klassen sollte ihre nachgewiesene *Verwendbarkeit* sein. Bei der Entwicklung dieses Anwendungssystems werden Klassen bereits zu Clustern oder Subsystemen zusammengefaßt. Es ist vorteilhaft, wenn die verwendete Programmiersprache ein entsprechendes Ausdrucksmittel zur Identifikation von Clustern hat. Hat sich die konkrete Anwendung stabilisiert, kann untersucht werden, welche Klassen und Cluster in eine Bausteinsammlung eingehen und welche ein abstrakteres Rahmenwerk darstellen. Ein Rahmenwerk wird meist eine Zusammenstellung von anwendungsnahen Klassen und bereits vorhandenen softwaretechnischen Bausteinsammlungen sein, das dann in weiteren Projekten mit ähnlichem Gegenstandsbereich erprobt und modifiziert wird. Dabei sollte sich mit der Zeit die Entwicklung von speziellen Anwendungssystemen auf die Komposition und die notwendige Spezialisierung eines anwendungsspezifischen Rahmenwerks und die Gestaltung der spezifischen Oberfläche anhand von Bausteinen aus einer Sammlung reduzieren. Im Sinne der inkrementellen Erweiterung werden die Erfahrungen aus neuen Projekten immer wieder auch Rückwirkungen auf existierende Rahmenwerke und Bausteinsammlungen haben.

Für ein Softwareprojekt bedeutet das Konzept von Rahmenwerken und Bausteinsammlungen, daß die Entwickler die vorhandenen Bibliotheksklassen kennen und verwenden müssen. Als Voraussetzung dazu sind bereits einige Kriterien genannt. Bibliotheksklassen müssen:

- bekannte softwaretechnische und anwendungsnahe Konzepte in verständlichen Hierarchien repräsentieren;
- unter Verwendung von Zusicherungen sicher einsetzbar sein und so das Vertrauen der Entwickler genießen;
- auf der Ebene ihrer Cluster bereits klare Konzepte repräsentieren;
- als Rahmenwerke im konkreten Fall leicht spezialisierbar sein.

Damit ein Softwareprojekt aber nicht nur vorhandene Rahmenwerke und Bausteinsammlungen verwendet, sondern auch die neu entwickelten Klassen für den Ausbau der Bibliotheken bereitstellen kann, muß die Entwicklung neuer Klassen transparent gemacht werden. Dies bedeutet, daß die Verwendungszusammenhänge neuer Klassen mit Hilfe der unterschiedlichen Dokumente, d.h. Szenarios, Systemvisionen und dem Glossar erläutert werden müssen, da diese in der Regel nicht selbstverständlich sind. Die Weiterentwicklung einer Klassenbibliothek sollte jedoch nicht, wie von Meyer vorgeschlagen, ausschließlich nach Ablauf eines Projekts durch eine gesonderte Gruppe erfolgen. Durch diese zeitliche und personelle Trennung geht unverzichtbares Erfahrungswissen verloren, das nur teilweise und mit hohem Aufwand nachträglich von anderen Personen erworben werden kann. Im Kapitel 7 über die objektorientierte Organisation schlagen wir vor, den Ausbau und die Pflege von Klassenbibliotheken in die laufende Projektarbeit zu integrieren.

Das Cluster-Konzept von Programmbibliotheken kann technisch gesehen z.B. als Dynamic Link Library (DLL) realisiert werden. Die Verwendung von DLLs führt auch zu einer deutlichen Verringerung der Größe eines ausführbaren Programms.

5.5 Steuerung des Entwicklungsprozesses

Auf die prinzipiellen Probleme der Ausrichtung eines Entwicklungsprozesses an Phasen und ihnen zugeordneten Dokumenttypen sind wir an anderer Stelle [11] ausführlich eingegangen. Im weiteren zeigen wir, daß eine Abkehr vom Phasenmodell nicht die Beliebigkeit und Unkontrollierbarkeit eines Softwareprojekts zur Folge hat, sondern sogar bessere Voraussetzungen zur Projektsteuerung und -kontrolle bietet. In einer modifizierten Form der schrittweisen Projektplanung und -kontrolle, die sich am Projektstand und den deutlicheren Vorstellungen und Lösungen orientiert, liegen neue Chancen für das Management von Softwareprojekten. Dadurch werden bereits zu frühen Zeitpunkten im Projektverlauf bessere Entscheidungsgrundlagen für die Projektsteuerung an die Hand gegeben. Im ungünstigsten Fall läßt sich ein Projekt, das nicht die gewünschte Richtung nimmt, mit vertretbarem Aufwand abbrechen.

In traditionellen Entwicklungsmethoden soll die Koordination von Aktivitäten und die Fortschrittskontrolle des Entwicklungsprozesses über Meilensteine erreicht werden. Diese über die Zeit definierten Koordinierungspunkte reichen zur Abstimmung in einem komplexen Entwicklungsprojekt nicht aus. Charakteristisch für derartige "Life-Cycle"-Modelle ist zudem, daß diese zeitlichen Meilensteine durchgängig mit sog. Meilensteindokumenten verknüpft sind, die das Ergebnis einer nur auf die Erstellung dieses Dokuments bezogenen Phase sind.

Objektorientierter Entwurf bedeutet den engen Zusammenhang von fachlicher und DV-technischer Modellierung auf der Basis der Fachsprache der Anwendung. Wenn man dies auf den Entwicklungsprozeß überträgt, dann muß zunächst die strikte Trennung zwischen Anforderungsanalyse und Systemspezifikation aufgehoben werden. Weiterhin ist die phasenweise Trennung von Spezifikation und Konstruktion eines Systems nicht sinnvoll (vgl. auch [17]). Nimmt man hinzu, daß die Kommunikation mit Anwendern und Benutzern von den "Randphasen" auf den gesamten Projektablauf ausgedehnt wird, dann hat dies weitreichende Folgen.

Ein Vorgehensmodell, daß diese Randbedingungen berücksichtigt, muß auf die phasenweise Zuordnung einer isolierten Tätigkeit zu einem angestrebten Ergebnisdokument verzichten. Betrachtet man als Projektergebnis die Menge aller im Prozeß erarbeiteten Dokumente, dann muß es im Projektablauf prinzipiell möglich sein, zu jedem Zeitpunkt jedes Dokument zu bearbeiten und Erkenntnisse, die sich aus der Bearbeitung eines Dokuments ergeben, in die damit verbundenen Dokumente zu übertragen. Die Übergänge von fachlichen zu technisch orientierten Dokumenttypen vollziehen sich nicht in einer festen zeitlichen Reihenfolge. Vielmehr existieren zwischen den einzelnen Dokumenttypen logische Verbindungen, die während des gesamten Software-Entwicklungsprozesses beachtet werden müssen. Wie dies in einen geordneten und kontrollierbaren Prozeß überführt werden kann, zeigen die nächsten Abschnitte.

5.5.1 Referenzlinien zur Qualitätssicherung

Statt der sequentiellen Erarbeitung von Meilensteindokumenten werden in dem von uns vorgeschlagenen Modell für jede der oben skizzierten Dokumenttypen bei Projektbeginn und in den darauf folgenden Projektstadien spezifische Qualitätsmerkmale vereinbart. Qualitätsmerkmale betreffen sowohl den inneren Aufbau der Dokumente als auch die zwischen den Dokumenten bestehenden Abhängigkeiten. In diesem Zusammenhang spricht man von Referenzlinien. Reisin [84] schreibt:

> "Eine Referenzlinie ist ein Projektzustand, den die Entwickler und Benutzer aus dem Entwicklungsprozeß heraus zur Synchronisation ihrer jeweils unterschiedlichen und gemeinsamen Arbeitsprozesse vereinbaren".

Eine Referenzlinie definiert den angestrebten Zustand von Dokumenten sowie Bewertungskriterien und -verfahren, die für die Abnahme im vorhinein bestimmt werden. Eine Referenzlinie nennt keine fixierten Termine. Die Einordnung von Referenzlinien in ein Zeitschema ist eine eigene Aktivität, beispielsweise bei der Planung von Projektstadien.

Referenzlinien ermöglichen zunächst eine qualitative Projektsteuerung. Dies bedeutet, daß im Projektteam und für das Projektmanagement transparent die inhaltlichen Abhängigkeiten der einzelnen Projektaktivitäten, die verantwortlichen Personen sowie das erwartete Ergebnis festgelegt werden. Für die Konstruktion heißt das, daß für ein System vorab festgelegt wird, welche Qualitätsmerkmale umgesetzt werden sollen. Referenzlinien sind integraler Bestandteil einer konstruktiven Qualitätssicherung. Sie stellen die Qualität der einzelnen Dokumente und die logischen Beziehungen zwischen diesen in den Vordergrund, machen aber selbst keine Vorgaben über die Sequentialisierung von Arbeitsabläufen. Abbildung 5.10 zeigt beispielhaft Referenzlinien.

Name	Dokumentzustand	Verantwortlich
Szenarios 3	von Benutzern akzeptierte Version der Szenarios	Prototyping-Gruppe
Systemvision 1	Systemvisionen zeigen erste Skizzen der Oberfläche	Werkzeug-Entwickler
Prototyp 2	Demonstrationsprototyp lauffähig	Werkzeug-Entwickler
Glossar 2	Glossar stimmt mit Szenarios überein	Prototyping-Gruppe
Klassen 2	Materialklassen fehlerfrei übersetzbar	Material-Entwickler
Bibliotheken 1	Behälterklassen verwendet	Architektur-Gruppe

Abbildung 5.10:   Referenzlinien zur qualitativen Kontrolle

5.5.2   Projektstadien zur Fortschrittskontrolle

Neben der qualitativen Kontrolle von Dokumenten durch Referenzlinien ist es in jedem Projekt notwendig, auch zeitliche Vorgaben zu machen, um das Projekt als Prozeß planen, kontrollieren und vor allem an äußere Notwendigkeiten anpassen zu können. Der Entwicklungsprozeß läßt sich in zeitliche Abschnitte einteilen, die jeweils durch Ereignisse abgeschlossen werden. Solche für den Projektfortgang relevanten Abschnitte werden Projektstadien genannt. Die Festlegung konkreter Stadien wird jeweils von der Art des Entwicklungsprojekts abhängen. Doch lassen sich in der Anfangsphase eines Projekts meist Vorgaben über die angestrebten Stadien machen, da im Projektablauf oftmals Ereignisse an feste Termine (Messen, Vorstandssitzungen, etc.) gebunden sind.

Innerhalb eines Stadiums wird die Arbeit an den unterschiedlichen Dokumenten unter einer bestimmten Zielsetzung durchgeführt. Am Ende eines Stadiums kann geprüft werden, ob die angestrebten Referenzlinien erreicht worden sind. Referenzlinien koordinieren damit Arbeitsprozesse bezogen auf Projektstadien. Stellt sich am Ende eines Stadiums heraus, daß bestimmte Vorgaben nicht eingehalten werden konnten, dann hat dies Auswirkungen auf die detailliertere Planung der Folgestadien. Abbildung 5.11 zeigt den Zusammenhang von Referenzlinien und Projektstadien.

01.91 Akzeptanz durch das Management

Zustand: Demonstrationsprototyp für ausgewählte Interaktionen mit
Behältern und Formularen.

Referenzlinien: Protoyp 3, Systemvision 1

Zielgruppe: Entwicklerteam und DV-Management

04.91 Demonstration vor Anwendern

Zustand: lauffähiger Prototyp zur Präsentation der Konzepte eines
benutzergetriebenen Beratungssystems.

Referenzlinien: Prototyp 4, Szenarios 3, Glossar 2

Zielgruppe: Manager, DV-Organisatoren und Benutzer potentieller Kunden.

09.91 technische Revision des Entwurfs

Zustand: lauffähiger Prototyp mit überarbeitetem Klassenschema und
revidierten Implementationen

Referenzlinien: Klassen2, Bibliotheken 1

Zielgruppe: Entwicklerteam und DV-Management

03.92 Rückkopplung zu Benutzern

Zustand: neuer Protoyp mit erweiterter Funktionalität und überarbeiteter
Präsentation

Referenzlinien: Prototyp 5, Szenarios 4, Glossar 3, Systemvision 2

Zielgruppe: bereits angesprochene Benutzer und DV-Organisatoren

---

Abbildung 5.11: Projektstadien

Die Verknüpfung von Projektstadien und Referenzlinien erlaubt eine Vorgehensweise, die sich an den Qualitätsmerkmalen der zu erstellenden Produkte orientiert, ohne dabei die in einer Unternehmung notwendigen zeitlichen Randbedingungen außer acht zu lassen. Die Mächtigkeit des Konzeptes wird besonders im
Zusammenhang mit dem objektorientierten Entwurf deutlich, da hier durch die
enge Verbindung von fachlichen und technischen Modellen ein ständiges Iterieren
über die unterschiedlichen Dokumenttypen die "natürliche" Vorgehensweise ist.
Anstelle der ausschließlichen Konzentration auf eine Phasenaktivität (z.B.
Modulentwurf), die zu einem Dokument führt, lassen sich im Projektablauf
Aktivitätsschwerpunkte, bezogen auf einzelne der hier beschriebenen Dokument-
typen, feststellen (z.B. Entwicklung eines ersten Oberflächenprototyp), ohne daß
dadurch Rückwirkungen und Weiterentwicklungen anderer Dokumenttypen (z.B.
Klassenbeschreibungen, Szenarios) ausgeklammert wären.

Die Betonung der Eignung des Vorgehensmodells für die objektorientierte Entwicklung soll nicht bedeuten, daß sich dieses Modell nicht für andere technische
Entwurfsmethoden, wie etwa dem modulorientierten Entwurf, sinnvoll adaptieren

läßt. Damit wird also ein Vorgehensmodell vorgeschlagen, daß die Integration von objektorientierter Methodik und konventionellen Methoden ermöglicht.

5.6 Erfahrungen zum objektorientierten Entwicklungsprozeß

Obwohl erst wenig Erfahrungen über den Einsatz der objektorientierten Methoden in einem evolutionären Entwicklungsprozeß vorliegen, haben wir uns bemüht, die Analyse von Umfragen und Fallstudien mit unseren Erfahrungen in Verbindung zu setzen.

Den Zusammenhang von Prototyping und evolutionärer Systementwicklung können wir anhand der in Kieback et. al. [54] untersuchten Projekte zeigen. Die Projekte wurden so analysiert, daß sich die Ergebnisse auf den hier diskutierten Zusammenhang beziehen lassen. Die Ergebnisse sind hier in Themengruppen zusammengefaßt und werden auf die in Gryczan und Züllighoven [45] und Bürkle et. al. [15] aufbereiteten Erfahrungen bezogen.

5.6.1 Die beteiligten Gruppen

Das größte Problem bei der Einführung der objektorientierten Methode scheint zu sein, das DV-Management von der grundsätzlichen Notwendigkeit der evolutionären Vorgehensweise zu überzeugen. Leicht kommt dort das Gefühl auf, daß dabei nur experimentiert und revidiert, aber nicht ernsthaft entwickelt wird. Auch der Stellenwert von Arbeitskreisen mit Benutzern und Interviews vor Ort ist oft unklar. Gelegentlich scheint es dem DV-Management sinnvoller, auf das Fachwissen in den eigenen Reihen zurückzugreifen und sich mehr den "eigentlichen" Entwicklungsarbeiten zu widmen. Die Idee, daß anwendungsnah arbeitende Entwickler genug von der Anwendung verstehen und daß ein Anwendungssystem, das läuft, mit der Zeit dann doch irgendwie eingesetzt wird, scheint sich hartnäckig zu halten.

Aber auch die Auftraggeber und Kunden müssen darüber informiert werden, welchen Nutzen evolutionäre objektorientierte Entwicklungsprozesse bringen können, und wo die Grenzen dieser Vorgehensweise liegen. Als grundlegendes Problem dabei erweist sich, daß vor allem die Auftraggeber nur sehr wenig über den Nutzen und die Leistungen von Prototypen wissen. Die Erwartungen, die sich an einen ersten Prototyp mit reinem Demonstrationscharakter knüpfen, sind oft überhöht. Insbesondere, wenn der Prototyp die Benutzungsschnittstelle zusammen mit einer rudimentären Funktionalität zeigt, kann der Eindruck entstehen, daß bereits der größte Teil der Arbeit geschafft ist. Wenn die Leistung des Prototyps nicht von vornherein festgelegt wird, bleibt häufig unklar, welche Aspekte an einem Prototyp jeweils bewertet werden können. So muß den Anwendern und Benutzern verdeutlicht werden, daß es nicht sinnvoll ist, über die Effizienz eines Prototyps zu reden, der nur den Dialogablauf in seiner Struktur modellieren soll. Ein häufiges Problem dieser Art ist die Bewertung eines reinen Oberflächen-Prototyps. Da keine Arbeitshandlungen im eigentlichen Sinne erprobt werden können, sind Aussagen über die Verwendbarkeit des Anwendungssystems nur begrenzt möglich. Neben den Problemen beim Prototyping kann beim Anwendermanagement eine ähnliche Fehleinschätzung über die Bedeutung der Mitarbeit von Benutzern in Softwareprojekten bestehen wie beim Entwicklermanagement. Dabei spielen neben der Erfahrung, daß in konventionellen Entwicklungsprojekten die Mitarbeit von Benutzern wenig bringt, auch kurzfristige ökonomische Einschätzungen eine Rolle. Viele Manager wollen ihre hochbezahlten Mitarbeiter nicht in Softwareprojekten "unproduktiv" einsetzen.

Die Sinnhaftigkeit einer evolutionären Vorgehensweise muß schließlich besonders denjenigen Mitgliedern und Leitern eines Softwareteams verdeutlicht werden, die bereits lange nach konventionellen Methoden entwickelt haben. Oft haben diese Personen ein selbststabilisierendes Bild ihrer Arbeit und deren Akzeptanz, das nur schwer für andere Erfahrungen und Einsichten offen ist. Somit wird das Umdenken in der Softwareentwicklung (vgl. [34]) zu einer primären Aufgabe für die Umstellung auf die evolutionäre, objektorientierte Methode.

5.6.2 Gestaltung des Entwicklungsprozesses

Entwickler müssen über ausreichende Kenntnisse im Anwendungsgebiet und in der Einsatzumgebung verfügen. Nur, wenn ein grundlegendes Vorverständnis der fachlichen Zusammenhänge vorhanden ist, können Entwickler sinnvolle Fragen in den Gesprächen mit Anwendern stellen und die erhaltenen Informationen richtig einordnen. Wie Erfahrungen zeigen, kann auch nur durch ausreichendes Anwendungswissen verhindert werden, daß die ersten Systementwürfe und Prototypen nicht soweit von den Zielvorstellungen der Anwender und Auftraggeber entfernt sind, daß die Fortführung des Projekts gefährdet ist. Daher ist eine sorgfältige Analyse des Anwendungsbereichs unumgänglich. Dabei stellt sich oft die Frage, wie ein solches Projekt begonnen werden soll.

In einigen objektorientierten Entwicklungsprojekten, die als Auftragsprojekte liefen, mußten sich die Entwickler ausschließlich auf der Basis vorliegender Dokumente und schriftlicher Anforderungen an ein Softwaresystem einarbeiten. Diese

Vorgehensweise wird leider in einigen Büchern über Objektorientierung empfohlen und geht auf einen Vorschlag von Abbott zurück, der von Booch (vgl. [5, p.143]) allgemein bekannt gemacht wurde. Danach werden Objekte und zugeordnete Operationen aus Beschreibungen des Anwendungsgebiets dadurch identifiziert, daß in diesen Texten Substantive und Verben unterstrichen werden. Bei der allgemein noch sehr geringen Aufmerksamkeit für die objektorientierte Analyse wundert es uns wenig, daß diese sehr simple Hilfstechnik vielfach Eigenständigkeit gewonnen hat und als *die* Analysemethode empfohlen wird.

Der aus dem Gesagten resultierende fehlende Kontakt zu den Benutzern führt häufig zu einem ungenauen Bild der Anwendungssituation, aus dem grundlegend falsche Designentscheidungen resultieren. Dazu kommt noch das Problem, daß die Begriffsbildung und die Lösungsvorstellungen implizit eingeschränkt werden. Denn "extern" erstellte Dokumente enthalten bereits eine Vorauswahl der Terminologie und geben oft eine Richtung für die technische Realisierung vor. Gelegentlich gehen diese Vorgaben soweit, daß konkrete Entscheidungen für die Auswahl von Hardware und Software oder die zu verwendende Software-Architektur bereits vor dem eigentlichen Projektbeginn gefallen sind. So verständlich dies aus Sicht der Auftraggeber oder des DV-Managements sein mag, so problematisch erweist sich diese Fixierung meist mit Blick auf die technischen Anforderungen, die erst im Entwicklungsprozeß deutlich werden.

Neben der unbestreitbar wichtigen Einarbeitung in die vorhandenen Dokumente eines Anwendungsbereichs ist die richtige Einbeziehung der Benutzer und Anwender von entscheidender Bedeutung. Dies zeigen bereits die Erfahrungen des "konventionellen" Prototyping im Rahmen einer evolutionären Vorgehensweise. Darüber hinaus zeigen die Erfahrungen aus evolutionären Projekten, daß Anwender und Benutzer, wenn sie einbezogen werden, sehr engagiert im Projektverlauf mitarbeiten und auch in der Lage sind, konstruktiv das System zu beeinflussen. Die DV-Organisatoren sind motiviert, mehr Zeit als sonst üblich in evolutionäre Softwareprojekte zu investieren, weil sie das Zielsystem mitgestalten und ihre Erfahrungen aus der Praxis einbringen können. Die Benutzer sind eher in der Lage, den Entwicklungsprozeß zu verstehen und über Entwürfe mitzureden, weil die verwendeten Begriffe aus ihrer Welt stammen. Anhand der Prototypen können sie sich vorstellen, was die Anwendung leisten wird. Sie sehen ihren Einfluß und die Möglichkeit, genau die Dinge, die sie bisher in ihrer Arbeit als störend empfunden hatten, durch das System abzudecken.

Benutzerbeteiligung setzt die Einsicht beim Management voraus, daß evolutionäre, objektorientierte Systementwicklung nicht nur ein besonders geschicktes Mittel ist, um den Benutzern brauchbare "Daten" zu entlocken. Viele Projektmanager oder Auftraggeber scheuen sich generell, die tatsächlichen Endbenutzer eines Anwendungssystems in die Diskussion um Arbeitsaufgaben, fachliche Begriffsbildung und Gestaltungsalternativen von Prototypen mit einzubeziehen. Dies läßt sich oft auf zwei Gründe zurückführen:

Häufig ist das implizite (d.h. vom Anwendermanagement nicht ausgesprochene) Ziel eines Entwicklungsprojekts die Reduktion von Arbeitsplätzen durch Rationalisierung. Um entsprechende Informationen darüber so lange wie möglich von den Betroffenen fernzuhalten, werden sie erst gar nicht in den Entwicklungsprozeß einbezogen. Mit Blick auf die mittelfristige Mitarbeitermotivation und die Effizienz eines Entwicklungsprozesses erscheint es sinnvoller, die personalpolitischen und organisatorischen Rahmenbedingungen eines Entwicklungsvorhabens im Vorfeld zu klären.

Unabhängig davon herrscht bei Vertretern des mittleren Anwendermangements, wie bereits gesagt, die traditionelle Entwicklereinstellung "Wir wissen, was die Benutzer eigentlich wollen". Diese Position kann sich als nachhaltiges Problem vor allem beim objektorientierten Entwurf erweisen, da die Begriffsbildung und in der Konsequenz die Systemarchitektur auf den falschen Prämissen beruhen können.

Die von uns empfohlene evolutionäre Vorgehensweise ist die wesentliche Grundlage beim Aufbau einer gemeinsamen Projektkultur, in der Benutzer und Entwickler zu gleichberechtigten Partnern werden. Diese neuen Formen der Zusammenarbeit führen zu einer veränderten Rollenverteilung, bei der die Benutzer zu den eigentlichen Fachleuten im Anwendungsbereich werden. Dies stellt für Entwickler immer wieder eine mentale Hürde dar. Zu tief sitzt die traditionelle Einstellung, daß in Softwareprojekten die Entwickler am besten wissen, was für die Benutzer gut ist. Die hier vorgestellte objektorientierte Analysetechnik bietet eine gute Grundlage, um den Entwicklern Einblick in ein Anwendungsgebiet zu geben und eine einheitliche Terminologie für Entwickler und Anwender zu schaffen. Damit sind aber die mentalen Hürden noch nicht überwunden. Zudem müssen die meisten Entwickler erst in entsprechenden kommunikativen Techniken geschult werden, damit sie z.B. strukturierte Interviews oder Arbeitskreise zur Bewertung von Prototypen sinnvoll mit den Anwendern gestalten können. Wir werden auf diese Punkte noch eingehen.

5.6.3 Kooperation im Entwicklungsprozeß

Viele Entwickler haben zu hohe Erwartungen an die Kreativität und die innovativen Ideen der Benutzer, was die technische Gestaltung eines interaktiven objektorientierten Anwendungssystems betrifft. Dies gilt vor allem für solche Systeme, die auf einer neuen Systemplattform oder nach einem neuen Gestaltungsprinzip (z.B. "reaktive Systeme") entworfen werden. Wir haben bereits darauf hingewiesen, daß von den Benutzern wesentliche Hinweise über die relevanten Materialien, aber wenig Entwurfsanregungen für geeignete Software-Werkzeuge zu erwarten sind. Hier ist die Kreativität der Entwickler und ihr fundiertes Wissen um die Möglichkeiten moderner Arbeitsplatzsysteme gefordert. Darüber hinaus hat es sich als sinnvoll erwiesen, Arbeitspsychologen und Software-Ergonomen in die Entwicklung einzubeziehen. Der Beitrag eines professionellen Grafikdesigners sollte für die Gestaltung einer guten Benutzungsoberfläche ebenfalls nicht unterschätzt werden.

Auf die generelle Bedeutung der Rückkopplungszyklen im evolutionären Entwicklungsprozeß haben wir besonders hingewiesen. Szenarios, Glossar und vor allem Prototypen sollen zunächst unter "Laborbedingungen" durch die Benutzer bewertet werden. Aber die Grenzen dieser Beurteilungen müssen ebenfalls gesehen werden. Da den Benutzern die tägliche Erfahrung im Umgang mit dem System noch fehlt, sind sie selten in der Lage, Vorschläge für die Gestaltung noch nicht vorhandener technischer Aspekte zu machen oder in den Texten alle Inkonsistenzen und Ungenauigkeiten zu entdecken. Während fachlich falsche Darstellungen in Dokumenten meist entdeckt werden, beziehen sich Anregungen bei der Beurteilung der ersten Prototypen in der Regel auf eine Kritik der im Prototyp bereits realisierten Merkmale. Dies ändert sich meist, wenn ein Pilotsystem am Arbeitsplatz eingesetzt wird. Dann werden neben störenden und funktionsuntüchtigen Merkmalen eines Prototyps auch solche Aspekte auffällig, die zur Erledigung einer Arbeitsaufgabe fehlen. Mit fortschreitendem Projektverlauf sind die Benutzer vermehrt in der Lage, eigene konstruktive Anregungen für die Gestaltung von Werkzeugen oft anhand von einfachen Systemvisionen zu machen.

Was den Umfang der Einbeziehung der Anwender und Benutzer anbetrifft, so ist oft aufgrund der Größe des Anwenderkreises klar, daß nicht alle Institutionen oder gar Mitarbeiter in den Entwicklungsprozeß integriert werden können. Unter den Anwendern eine repräsentative Auswahl zu treffen ist eine Sache von "Fingerspitzengefühl". Darüber hinaus wird es nicht sinnvoll sein, immer alle Probleme mit dem gesamten Kreis der Beteiligten zu diskutieren. Deshalb hat sich eine themenbezogene Aufteilung in Arbeitsgruppen bewährt. Dies deckt sich mit einer allgemeinen Tendenz, objektorientierte Softwareprojekte in kleinen teilselbständigen Projektgruppen durchzuführen. Oft erweist es sich als gut, auch solche Anwender zu beteiligen, die eher kritisch und reserviert gegenüber dem Einsatz von Informationstechnik eingestellt sind. Ein solcher Advocatus Diaboli hilft solange durch kritische Anmerkungen, wie die grundsätzliche Bereitschaft besteht, an einem positiven Ausgang des Entwicklungsprojekts mitzuarbeiten. Wir haben in diesem Buch Mechanismen und Organisationskonzepte für die Durchführung evolutionärer, objektorientierter Projekte beschrieben. Dabei sind wir auf die unterschiedlichen Dimensionen der Benutzerbeteiligung nur am Rande eingegangen. Eine umfangreiche Diskussion findet sich in [65].

Dieses allmähliche Herausbilden eines Softwareteams von unterschiedlichen beteiligten Gruppen braucht Zeit. Daher sollten die Entwickler nicht in den Fehler verfallen, die Benutzer bei den Gesprächen über Szenarios und Glossar und bei der Bewertung eines ersten Prototyps zur Formulierung beliebiger Wunschvorstellungen zu ermuntern, so daß alle nur irgendwie vorstellbaren Funktionen oder Oberflächenelemente als Anforderungen aufgenommen werden. Auch kommt es gelegentlich vor, daß Benutzer aufgrund von Grundkenntnissen der Programmierung dazu neigen, sich als Software-Experten einzuschätzen und den Entwicklern Vorschläge zur Systemimplementierung zu machen. Dies ist so wenig sinnvoll wie die verbreitete Entwicklerhaltung, den Benutzern ihre "eigentlichen" Anforderungen klarmachen zu wollen.

5.6.4 Steuerung des Entwicklungsprozesses

Erste Ergebnisse deuten darauf hin, daß objektorientierte, evolutionäre Systementwicklung die Planbarkeit eines Projekts gegenüber traditionellen Vorgehensweisen merklich erhöht. Dies gilt auch in Bereichen, die durch den innovativen Charakter des angestrebten Anwendungssystems allgemein als sehr schwer abschätzbar gelten. Einzelne gegenläufige Erfahrungen dürfen nicht ignoriert werden. Allerdings sollte man genauer hinsehen. Oft sind Preise und Termine in Softwareprojekten eher unternehmensstrategisch kalkuliert, da Anschlußprojekte oder die Position gegenüber Konkurrenten das Kalkül beeinflußt haben. Unbestreitbar bleiben aber die Fälle, in denen die Verwendung einer objektorientierten Programmiersprache im Rahmen einer traditionellen Vorgehensweise schon als objektorientierte Methode betrachtet werden. Klassenhierarchien, die nach altem Schema auf der Basis von Datenmodellen und Funktionsbäumen zusammengesetzt werden, sind aber oft genauso unverständlich, wie die daraus resultierenden Anwendungssysteme. Leider trägt bisweilen die kommerzielle Methodenberatung einiges zu solchen Mißverständnissen bei.

Die Kombination unserer Vorgehensweise mit konventionellen Steuerungsmechanismen führt zu weiteren Problemen. Eine durchgängig evolutionäre Vorgehensweise und eine Orientierung an Referenzlinien harmoniert schlecht mit den Meilensteindokumenten eines klassischen Phasenkonzepts. Eine Planung und Projektsteuerung entlang der von Meilensteindokumenten, die sich im wesentlichen an das Management richten, erweist sich auch in diesem Zusammenhang als hinderlich. Das Zusammenspiel der vorgeschlagenen Dokumenttypen und die engen Entwurfs-, Konstruktions- und Bewertungszyklen sperren sich gegen eine phasenweise Erarbeitung genau eines Ergebnisdokumentes, das dann als Eingangsdokument der nächsten Phase gilt.

Noch einige Anmerkungen zur konventionellen Dokumentationstechnik. Viele Entwicklerorganisationen fordern die Einbindung der gesamten Projekt- und Produktdokumentation in bestehende Standards und ggf. vorhandene Data Dictionaries. Während der erste Fall von einer mangelnden softwaretechnischen "Reife" der Organisation zeugt, bringt der zweite Fall oft ebenfalls Probleme. Viele Data Dictionaries erzwingen eine "datenzentrierte" Systembeschreibung, die unverträglich mit der tatsächlich gewählten Software-Architektur eines objektorientierten Anwendungssystems sein kann. Auch sind die vorgegebenen Schemata der meisten Data Dictionaries zu starr und nicht einfach auf Objektorientierung erweiterbar.

Die höhere Benutzerbeteiligung bei evolutionären Projekten ermöglicht gelegentlich, daß die Benutzungshandbücher von den Benutzern selbst oder unter ihrer Federführung erstellt werden. Dies wird im Ergebnis von allen Beteiligten positiv bewertet. Hier liegt auch ein Aufgabenbereich, der von solchen Benutzervertretern gut bearbeitet werden kann, die einem Entwicklerteam fest zugeordnet sind. Es sei aber nochmals darauf hingewiesen, daß Szenarios und Glossareinträge nicht von den Benutzern selbst geschrieben werden sollen, weil sonst der gewünschte "Distanzierungseffekt" ausbleibt.

6. Objektorientierung und Software-qualität

Mit Kapitel 5 haben wir unseren Ansatz einer objektorientierten Methode vorgestellt. Wir haben die Grundbegriffe definiert, ihr Zusammenspiel in einem objektorientierten Modell aufgezeigt und uns dann der Umsetzung dieses Modells im Softwareentwicklungsprozeß gewidmet. Jetzt betrachten wir die vorgestellten Konzepte unter einer neuen Fragestellung – nämlich, welchen Beitrag liefert die Objektorientierung zur Erstellung qualitativ hochwertiger Software. Dies ist die Kernfrage, die sich bei der Einführung der objektorientierten Methode in der Praxis stellt. Natürlich werden oft kurzfristigere Nutzen-Kosten Überlegungen angestellt. Etwa: Wie hoch ist der Aufwand für die Einführung der Objektorientierung und wieviel schneller können danach Softwareprojekte durchgeführt werden? Auf Fragen dieser Art gehen wir in Kapitel 8 und 9 ein. Hier geht es uns darum, die Aspekte der Objektorientierung herauszuarbeiten, die einen wesentlichen Beitrag zur Lösung des elementaren Problems der Softwareentwicklung liefern – dem Streben nach mehr Softwarequalität. Knuth hat dieses Problem in den Mittelpunkt seiner Arbeit gestellt (vgl. [59]); er diskutiert Qualität bezogen auf sein Verständnis von Fehlern. Wir betrachten das Thema von einer anderen Seite: Es geht uns weniger darum zu fragen, wie vermeiden wir Fehler bei der Softwareentwicklung, als vielmehr die Aufmerksamkeit auf die konstruktive Sicherung relevanter Qualitätsmerkmale zu richten.

Wir diskutieren deshalb das bisher vorgestellte Repertoire der objektorientierten Softwarekonstruktion unter dem Aspekt der Qualität von Softwarebausteinen. Dazu greifen wir Qualitätskriterien auf, die immer wieder im Zusammenhang mit Objektorientierung genannt werden und stellen dar, welche Eigenschaften objektorientierter Systeme einen Beitrag zu diesen Kriterien leisten. Erst im letzten Abschnitt kommen wir auf die traditionelle Methodik der Qualitätssicherung zurück – Testen. Dieses Thema ist für die Objektorientierung bei weitem noch nicht abschließend behandelt. Wir skizzieren hier den Zusammenhang zwischen bewährten Testkonzepten und unserer Idee von der konstruktiven Qualitätssicherung.

6.1   Wiederverwendbarkeit

Wiederverwendbarkeit von Softwarekomponenten für neue Anwendungen ist in konventionellen Softwareprojekten ein Ziel, dem wenig an Realisierungsmöglichkeiten gegenübersteht. Notorisch begegnet uns dieses Problem bei Datenbankanwendungen. Selbst wenn dort ein zentrales Data Dictionary geführt wird, ist der Grad an Wiederverwendung gering und bezieht sich zudem nur auf elementare fachliche Werte und Wertegruppen und nicht auf die Funktionen. Zugriffsfunktionen werden eher selten wiederverwendet, außer in Randbereichen wie allgemein bekannte Prüfroutinen oder Systemfunktionen. Dies liegt an der mangelnden Übersichtlichkeit der zahlreichen Zugriffsfunktionen, deren Sinn und Zweck von Außenstehenden selten erkannt wird.

Mangelnde Wiederverwendbarkeit ist aber nicht nur im Bereich von Datenbankanwendungen bekannt, es betrifft konventionelle Software allgemein. Zu den wenigen exemplarischen Ausnahmen gehören mathematisch-numerische Unterprogrammbibliotheken wie NAG oder IMSL, die in einem funktional gut gegliederten Anwendungsbereich angesiedelt sind. Ansätze zur Klassifikation von Unterprogrammsammlungen (vgl. [105]) scheitern konzeptionell meist daran, daß die jeweiligen Implementationen bereits so detaillierte Annahmen über Typ und Art der Parameterwerte machen, daß eine Übertragung in andere Verwendungskontexte nur sehr eingeschränkt möglich ist. An diesem Problem kranken auch die nicht-objektorientierten Oberflächenwerkzeuge, die den Aufbau einer graphischen Bildschirmoberfläche aus vorgefertigten Programmbausteinen ermöglichen. Obwohl hier der Anwendungsbereich genau umschrieben und die Anzahl der möglichen Variationen gering ist, lassen sich mit derartigen Systemen ohne eigenen Programmieraufwand nur eng begrenzte Standardsituationen befriedigend abdecken.

Neben diesen methodischen Schwierigkeiten bei der Wiederverwendung konventioneller Softwarebausteine steht dem auch noch die vorherrschende Sicht des Entwicklungsprozesses im Wege. Konventionelle Softwareentwicklung ist *projektorientiert* (vgl. [70]). Sie stellt das einzelne Projekt in den Mittelpunkt. Im Projektverlauf wird geringer Wert auf die Wiederverwendung von Ergebnissen vorausgegangener Projekte gelegt. Kein Projektmitarbeiter wird gerne die einzelnen Bausteine sichten, die als eine Ansammlung von fachlichen Datentypen oder Zugriffsfunktionen "flach" nebeneinander in Verzeichnissen oder Katalogen angeordnet sind. Abstraktionen existieren nicht. Mit dem Ende eines Projekts erfolgt generell ein personeller und konzeptioneller Einschnitt, so daß etwaige Nachfolgeprojekte ohne festgelegte Beziehung zu ihren Vorgängern durchgeführt werden. Der oft beklagte inkonsistente Zustand von Projektdokumentation verhindert zusätzlich die Übernahme von vorhandenen Ergebnissen.

Demgegenüber spielt Wiederverwendung beim objektorientierten Entwurf eine besondere Rolle. Die Konstruktion von Klassen als eine Ansammlung von fachlich motivierten abstrakten Datentypen orientiert sich an der Wiederverwendung bereits vorhandener Klassen. Durch die Verwendung der Vererbung zur Begriffsbildung wird das Verständnis vorhandener Bausteine gefördert, da diese nicht mehr unverbunden nebeneinander liegen, sondern in Abstraktionshierarchien angeordnet sind. Aber Vererbung ermöglicht auch, über die reine Wiederverwendung von Programmcode hinauszugehen, denn Vererbung kann auch zur Wiederverwendung von Konzepten eingesetzt werden. In diesem Fall werden nicht Implementationen, sondern Spezifikationen von Bausteinen geerbt. Ein Beispiel stellt Abbildung 6.1 dar: Die grau hinterlegten Klassen sollen ausimplementierte Unterklassen darstellen, die aus den Konzeptklassen abgeleitet worden sind.

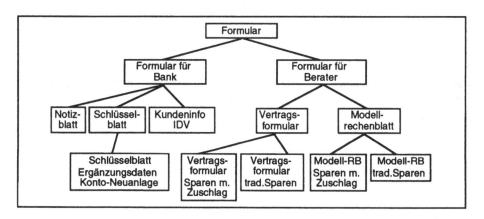

Abbildung 6.1:   Spezialisierung von Konzepten

Diese Vorgehensweise führt in der Tendenz zu dem, was Meyer [70] eine produktorientierte Sicht nennt, was wir aber eher *bausteinorientiert* nennen würden. In dieser Sicht konzentriert sich Softwareentwicklung nicht mehr auf das einzelne, neugeschaffene Anwendungssystem als Ziel eines Projekts, sondern auf Konstruktion, Weiterentwicklung und Einsatz von Softwarekomponenten oder Bausteinen in einem mehr oder minder kontinuierlichen Prozeß.

Auf diese Weise entstehen objektorientierte Klassenbibliotheken, die einerseits fertige Bausteinsammlungen, andererseits in Rahmenwerken Konzepte von Bausteinen als Spezifikationsklassen enthalten. Heute werden mit objektorientierten Sprachen vorrangig Bibliotheken von elementaren Datentypen wie Listen oder

Keller und umfangreiche Fensterverwaltungen ausgeliefert. Anwendungsspezifische Bibliotheken werden derzeit nicht auf dem Markt angeboten.

Ansätze sind aber vorhanden. So fördert die EG im Rahmen von ESPRIT II seit
Ende 1991 ein 3-Jahres-Projekt unter dem Titel BUSINESS CLASS. Das Ergebnis werden Eiffel-basierte, objektorientierte CASE-Tools sein, die den Bedürfnissen kommerzieller Anwendungen gerecht werden sollen, u.a. durch die
Bereitstellung von Schnittstellen zu COBOL und Datenbanksystemen (vgl. [96]).
Ein beträchtlicher Teil des Projektaufwands soll auf die Entwicklung kommerzieller Pilotanwendungen und spezialisierter Bibliotheken z.B. für das
Finanzwesen und die Buchhaltung verwendet werden. Dies ändert aber nichts an
der Feststellung, daß gegenwärtig noch keine Bibliotheken etwa für Banken oder
die Versicherungswirtschaft angeboten werden.

Das verwundert nicht, da hierzu einerseits die Entwicklungszeiträume noch zu
kurz sind, andererseits in diesen Bibliotheken ein viel höheres Anwendungswissen
der jeweiligen Organisation dokumentiert ist, als in herkömmlichen Unterprogrammsammlungen. Gibbs et. al. [38] erwarten tendenziell die Herausbildung einer eigenen Software-"Kultur". Die Entwicklung von anwendungsspezifischen
Klassenbibliotheken ist aus Sicht vieler Autoren eine vorrangige Aufgabe einer
anwendungsnah arbeitenden Entwicklerorganisation, die damit einen entscheidenden Schritt zur vollen Ausnutzung des Potentials der objektorientierten Methode
machen kann.

6.2   Erweiterbarkeit

Erweiterbarkeit ist im Sinne von Meyer die "Leichtigkeit, mit der Softwarepro-
dukte an Spezifikationsänderungen angepaßt werden können." (vgl. [69, S.4]).

Auf Zentralrechnern implementierte Anwendungen sind in der Regel nur in geringem Maße an veränderte Anforderungen ihrer Umgebung anpaßbar. Dies betrifft sowohl die innere Struktur als auch die äußere Darstellung der Systeme.
Der Hauptgrund für die fehlende Erweiterbarkeit der inneren Struktur liegt in
einer unzureichenden Modularisierung. Trotz aller Richtlinien der strukturierten
Programmierung werden häufig in konventionellen Anwendungsprogrammen
verschiedene Funktionalitäten in wenigen großen Blöcken zusammengefaßt. Ähnliches gilt für die fehlende Erweiterbarkeit der Oberflächen. Wenn die Systemarchitektur nicht klar zwischen der Implementierung von interaktiven und funktionalen Komponenten trennt, sind die Möglichkeiten für eine flexible Anpassung
der Oberfläche gering.

Objektorientierter Entwurf und objektorientierte Programmierung unterstützen
die Forderungen nach Erweiterbarkeit von technischen Bausteinen durch konsequente Anwendung bewährter Techniken des Software Engineering. Kernpunkt
ist dabei eine Modularisierung der Systeme orientiert an abstrakten Datentypen,
sowie die Kapselung von Dienstleistungen nach dem Geheimnisprinzip (vgl. Abschnitt 3.3.1). Die Trennung von Spezifikation und Implementation nach dem Geheimnisprinzip ist vorrangig auf die lokale Änderbarkeit von Modulen ausgerichtet. Die systemweite Änderbarkeit wird durch den Verzicht auf Annahmen über
die Umgebung der Module und durch die klare Aufgabentrennung etwa zwischen
Funktionskomponenten und Interaktionskomponenten gewährleistet. Objektorientierte Programmierung ergänzt diese bekannten Techniken der Modularisierung
um die Vererbung. Vererbung ermöglicht die inkrementelle Erweiterung und
Anpassung von Bausteinen. Abbildung 6.2 zeigt beispielsweise, daß die Klassen
Druckbar und Drucker unabhängig sind von der Weiterentwicklung der Materialien Formular, Brief und Notiz. Bei Bedarf können auch noch nach
Auslieferung des Systems neue spezialisierte Klassen wie Banknotiz und Beraternotiz als Unterklassen der Klasse Notiz hinzugefügt werden.

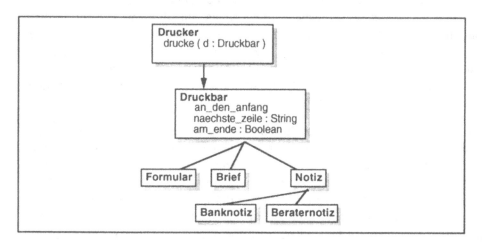

Abbildung 6.2:   *Erweiterbarkeit von Klassen*

Die Erweiterbarkeit von vorhandenen Bausteinen aufgrund veränderter Anforde-
rungen wird auch durch die mögliche Redefinition der aus Oberklassen geerbten
Implementationen gefördert. Im Beispiel 6.2 erben die Klassen Banknotiz und
Beraternotiz die in der Klasse Druckbar spezifizierten und in der Klasse
Notiz implementierten Operationen. Diese Operationen und die von der Klasse
Notiz selbst definierten können in den Unterklassen von Notiz den jeweiligen
Bedürfnissen entsprechend anpaßt werden.

6.3   Handhabbarkeit

Eine wesentliche Forderung für die DV-technische Unterstützung von Büroar-
beitsplätzen ist die flexible Handhabbarkeit des Systems, insbesondere dann, wenn
sich kein einheitliches Schema eines Bearbeitungsvorganges festlegen läßt. Handhabbarkeit ist als Qualitätsmerkmal in der Literatur kaum genannt. Eher finden
wir Benutzer- oder auch Bedienerfreundlichkeit, was aber u.E. einen unguten
Klang hat. Denn es geht uns nicht darum, daß sich ein Anwendungssystem "gefäl-
lig" gegenüber seinen Benutzern zeigt, sondern daß es wie ein gutes Werkzeug
leicht, flexibel und sicher zu handhaben ist.

Diese scheinbar selbstverständliche Forderung führt in vielen konventionellen
Projekten zu unüberwindlichen Schwierigkeiten. Grund für die mangelhafte Flexibilität von Zentralrechneranwendungen ist die prozedurale Festlegung der Interaktion durch das Programm: Benutzereingaben sind bereits - z.B. nach dem
Prinzip eines endlichen Automaten - in ein festes Ablaufschema gepreßt. In diesem Sinne kann von aktiven Systemen gesprochen werden, d.h. von Systemen, die
den Benutzer aktiv in Abhängigkeit ihres internen Programmzustandes steuern.
Wird eine Dialogsequenz geändert - und sei es lediglich auf der Ebene der Darstellung an der Benutzungsoberfläche - sind deshalb in der Regel weitreichende
Programmänderungen notwendig.

Derartige "aktive" Systeme legen den einzelnen Benutzer in seinen Arbeitsformen
durch sog. modale Dialoge fest. Modale Dialoge erwarten nach einer Ausgabe
(Prompt) eine Benutzereingabe in einem Fenster oder Eingabefeld und lassen
keine andere Benutzerreaktion zu. Eine Folge von Bildschirmmasken mit definierten Ausfüllreihenfolgen ist ein typisches Beispiel für diese Dialogform, deren
Entstehung auf das Verlangen von Softwareentwicklern nach geordneter, d.h. se-
quentieller Eingabe von Parametern zurückgeführt werden kann. Für derartige
Systeme hat die benutzungsgerechte Gestaltung der Oberfläche nachrangige Bedeutung und der wahlfreie Wechsel zwischen parallel verfügbaren Arbeitskontexten kann gar nicht realisiert werden.

Objektorientierte Oberflächengestaltung unterstützt die Forderung nach benut-
zungsgerechter, flexibler Handhabung. Benutzungsgerecht bedeutet hier, daß die
Systeme reaktiv gestaltet werden (vgl. Kap. 2.2.1). Derartige Systeme werden
durch Ereignisse gesteuert, die von außen, d.h. vom Benutzer, ins System kommen und dort an die zuständigen Objekte verteilt werden. Ein solches Objekt
interpretiert das Ereignis als Botschaft und stellt als Antwort eine Leistung zur

Verfügung. Damit geht die Initiative immer vom Benutzer aus. Prägendes Gestaltungsmerkmal ist der jeweilige Arbeitszusammenhang, den ein solches System unterstützen soll. In den Entwurf der Benutzungsoberfläche gehen ausschließlich Anforderungen ein, die sich aus solchen Arbeitszusammenhängen herleiten lassen. Üblicherweise präsentieren reaktive Systeme ihre Komponenten, d.h. ihre Oberflächenelemente, als Angebote an die Benutzer, die je nach Arbeitssituation diese Komponenten einzeln oder in Kombination verwenden.

Mit der Entwurfsmetapher von Werkzeug und Material haben wir eine Orientierung für die Gestaltung dieser Komponenten vorgegeben (vgl. Kap. 2.2). Daraus resultieren Oberflächen, die etwa im Banken- und Versicherungsbereich einen "elektronischen Schreibtisch" vorstellen, auf dem die unterschiedlichen Büromaterialien für die Sachbearbeitung angeordnet sind. Welche Materialien im einzelnen dort in welcher Anordnung bereitliegen und wie die dafür geeigneten Werkzeuge aussehen, wird von der Art der Aufgaben an den einzelnen Arbeitsplätzen bestimmt. Der Sachbearbeiter wählt, je nach Aufgabe, die Dinge, die ihm zur Erledigung der Arbeit nützlich sind. Situationsabhängig läßt er angefangene Arbeiten liegen, um sie zu einem späteren Zeitpunkt wieder aufzunehmen. Innerhalb dieses Prinzips der parallelen, situationsbedingten Handlungsstränge ergeben sich verschiedene logische Abhängigkeiten für Bearbeitungszustände und Bearbeitungsmöglichkeiten. Nur in wenigen Situationen müssen feste zeitliche Reihenfolgen bei der Handhabung des Systems festgelegt werden. Entsprechend sind reaktive Systeme so entworfen, daß möglichst wenig Handhabungssequenzen, etwa in Form modaler Dialoge, im Programm festgeschrieben werden.

Die parallele Arbeit mit mehreren - möglicherweise abhängigen - Werkzeugen und Materialien auf einer nach der Leitbild vom Schreibtisch gestalteten Oberfläche ist ein Merkmal objektorientierter Anwendungssysteme, das mit den Techniken zur Realisierung maskenorientierter Oberflächen kaum nachzuvollziehen ist. Eine vollständige Implementierung aller möglichen Dialogabläufe würde zu einer explosionsartigen Vermehrung von Fallunterscheidungen im Programm führen. Neben dieser programmtechnischen Schwierigkeit zeigt sich, daß die notwendige fachliche Analyse der jeweiligen Anwendungssituationen in ihrer Vielfalt praktisch nicht geleistet werden kann.

6.4 Verständlichkeit

Verständlichkeit eines Softwareprodukts und seiner Komponenten für alle, die damit in irgendeiner Weise umgehen müssen, ist für uns eine so zentrale und offensichtliche Forderung, daß wir uns wundern, etwa bei Meyer nur Anmerkungen zur "Lesbarkeit" von Modulen zu finden. Wir fassen als Verständlichkeit die Lesbarkeit der ersten Entwurfsdokumente für Anwender und Entwickler, die intellektuelle Faßbarkeit von Klassenentwürfen und den selbstverständlichen Umgang mit dem System im Einsatz. Ohne diese Verständlichkeit ist, so zeigen konventionelle Projekte, eine kontinuierliche Einbeziehung aller beteiligten Gruppen nicht möglich. Wir haben z.B. darauf hingewiesen, daß konventionelle Entwicklungsdokumente für Anwender wenig verständlich sind, und daß die Entwickler den Bezug ihrer Entwürfe zur Anwendung oft nicht herstellen können.

Ein prinzipielles Problem bei der Entwicklung konventioneller Systeme besteht darin, daß Verständlichkeit beim Entwurf eine nachrangige Rolle spielt. Normalisierte Datenmodelle verlieren ihren Bezug zu den Begriffen des Anwendungsgebiets und der Zusammenhang zwischen den fachlichen Funktionen und den Namen der sie implementierenden Module ist im Regelfall beliebig. Das Auseinanderfallen von fachlichen und DV-technischen Modellen hat auch hier entscheidende Auswirkungen. Gehen für die Benutzer in den Sequenzen von Bildschirmmasken Arbeitszusammenhänge und fachliche Konzepte verloren, so ist für die Entwickler der Zusammenhang zwischen den Konzepten des Anwendungsmodells und den Strukturkomponenten der Softwarearchitektur nicht nachzuvollziehen.

Unser Verständnis des objektorientierten Entwurfs geht auch deshalb von den Begriffen und Konzepten eines Anwendungsgebiets aus. Die Begriffe bilden den Kern der Entwürfe von Programmklassen und die alltäglichen Arbeitshandlungen der Benutzer bilden den Ausgangspunkt zur Modellierung der Zugriffsoperationen dieser Klassen. Schon die Konstruktion mit abstrakten Datentypen ist als Mittel zur Formulierung anwendungsnaher Konzepte verstanden worden (vgl. [62]). Beim objektorientierten Entwurf wird durch den disziplinierten Einsatz der Vererbungsbeziehung zur Begriffsklassifikation im Zusammenhang mit einer Entwurfsmetapher für die Systementwicklung, wie Werkzeug und Material, die Verständlichkeit von Systemen in den Vordergrund gestellt. Der Bruch zwischen dem fachlichen Modell der Anwendungswelt und der technischen Konstruktion des Softwaresystems soll minimiert werden.

Verständlichkeit ist aber nicht nur eine Frage, die die Zusammenarbeit von Entwicklern und Anwendern betrifft. Bei der technischen Konstruktion ist die Verständlichkeit von Dokumenten eine wesentliche Forderung zur Verbesserung der Softwarequalität. In objektorientierten Programmen decken sich Module als Entwicklungseinheiten mit Klassen als konzeptionelle Einheiten. Damit ist ein wesentlicher Zusammenhang zwischen Programmarchitektur und fachlichem Verständnis hergestellt.

Als weiterer Beitrag zum erhöhten Verständnis von technischen Dokumenten ist die gemeinsame Beschreibung von Daten und Operationen in dem semantischen Kontext einer Klasse anzusehen. Was bei der Trennung von Daten- und Funktionsmodellierung künstlich erst wieder zusammengebracht werden muß, wird hier durch das Konstruktionsprinzip vorgegeben: Daten und ihre Verwendung in Operationen sind an einer Stelle beschrieben. Zusicherungen geben Auskunft über den Verwendungskontext.

Das Verständnis objektorientierter Systeme wird schließlich durch die Wahl einer geeigneten Programmiersprache zusätzlich gefördert. Eine syntaktisch klare und mit wenigen Konstrukten arbeitende Sprache wie Eiffel kann da als Vorbild dienen. Durch geeignete Namenskonventionen (soweit dies vom Compiler oder vom Betriebssystem gestützt wird) lassen sich zumindest die Spezifikationsdateien (Header Files) eines C++-Programms lesbar gestalten. Es läßt sich feststellen, daß bei konsequenter Anwendung der hier vertretenen Entwurfsmethodik der Zusammenhang von Fachsprache und DV-Modell bis auf die Ebene von Bezeichnern und Operationsnamen aufrechterhalten werden kann.

6.5 Offenheit und Geschlossenheit

Ein fundamentales Problem bei der Softwareentwicklung ist der Widerspruch zwischen den Forderungen nach Offenheit und gleichzeitiger Geschlossenheit des entwickelten Systems. *Offenheit* bedeutet hier im Sinne von Meyer [69], daß die Module des Systems offen für Erweiterungen der Datenstrukturen und Operationen sind. Diese Offenheit ist notwendig, da, wie schon mehrfach betont, die Vollständigkeit einer Spezifikation als Grundlage der Entwicklung im allgemeinen nicht erreicht werden kann. Deshalb muß die Weiterentwickelbarkeit eines Systems über die Phase seiner "Erstimplementation" hinaus gesichert werden. Die Forderung nach Offenheit steht aber bei konventionellen Systemen im Widerspruch zu seiner notwendigen Geschlossenheit, die Voraussetzung für die sichere Verwendung der einzelnen Module ist.

Unter *Geschlossenheit* versteht Meyer, daß ein Modul für die Verwendung durch andere Module bereitsteht, was bedingt, daß die Schnittstelle des Moduls im Sinne des Geheimnisprinzips wohldefiniert und stabil ist. Programmtechnisch geschlossene Module werden gewöhnlich kompiliert in eine Bibliothek eingebracht und dann für den allgemeinen Gebrauch freigegeben. In jedem konventionellen Softwareprojekt besteht die Forderung, Module so früh wie möglich zu schließen, um sie für die weitere Verwendung in anderen Systemteilen bereitzustellen. Dies führt oft zu einer Situation, in der Module vorzeitig geschlossen und für die Benutzung freigegeben werden. Im Projektverlauf ergeben sich oft Änderungen an der Schnittstelle, so daß diese Module wieder geöffnet werden und in der Konsequenz alle davon abhängigen Module zumindest auf mögliche Folgewirkungen untersucht werden müssen.

Soweit dieser Prozeß der "Wiedereröffnung" eines Moduls sich in der Entwicklerorganisation abspielt, kann durch eine entsprechende Konfigurationsverwaltung zumindest sichergestellt werden, daß alle betroffenen Module automatisch identifiziert werden. Meyer weist mit Recht darauf hin, daß dies zwar das Auffinden von betroffenen Modulen ermöglicht, nicht jedoch die automatische Änderung dieser Module.

Härter trifft die Geschlossenheit Anwenderorganisationen, die entweder Anpassungen bei kompilierten Bibliotheken von externen Herstellern wünschen oder geänderte Bibliotheken geliefert bekommen. Da der Quelltext selten ausgeliefert wird, sind im ersten Fall Änderungen nur auf dem Weg über den Hersteller der Bibliothek möglich - ein zeitaufwendiger oder kostspieliger Prozeß. Im zweiten Fall ergibt sich die notorische Situation, daß durch Veränderungen an den Bibliotheksschnittstellen andere Anwendungssysteme betroffen sind. So kommt es in vielen Anwenderorganisationen dazu, daß etwa unterschiedliche Versionen einer Fensterbibliothek parallel installiert sind, nur um verschiedene Anwendungssysteme lauffähig zu erhalten.

Im objektorientierten Modell läßt sich der konventionelle Widerspruch zwischen Offenheit und Geschlossenheit von Systemkomponenten überbrücken. Meyer nennt dies das "Offen-Geschlossen-Prinzip". Vererbung ist der Schlüssel zur Lösung des klassischen Widerspruchs. Meyer argumentiert so:
- Eine Klasse ist geschlossen, da sie kompiliert und in einer Klassenbibliothek zur allgemeinen Verfügung gestellt werden kann.
- Eine Klasse ist offen, da sie innerhalb des Vererbungskonzepts als Oberklasse einer entsprechend spezialisierten Unterklasse dienen kann. Auf diese Weise können sowohl neue Operationen und Attribute hinzugefügt, als auch bestehende redefiniert werden.

Obwohl die Argumentation in die richtige Richtung deutet, greift sie zu kurz. Denn erst in Verbindung mit der hier vorgestellten methodischen Orientierung an den Konzepten der Anwendung kann sichergestellt werden, daß Klassenhierarchien fachlich und softwaretechnisch sinnvolle Abstraktionen darstellen. Erst dann ist zu erwarten, daß sich eine Klassenhierarchie als stabil herausstellt. Sonst können notwendige Modifikationen zwar über den Vererbungsmechanismus mehr oder minder elegant in den Vererbungsbaum eingebracht werden, aber mit zunehmenden Änderungen verliert diese Hierarchie an Verständlichkeit und fachlicher Klarheit. Davon abgesehen sind in "schlecht geschnittenen" Klassenhierarchien mit wahlloser Verwendung der Mehrfachvererbung die Abhängigkeiten über die Benutzt-Beziehung so hoch, daß eine leichte lokale Änderung von Klassen nicht mehr möglich ist.

6.6 Verträglichkeit

Dieser Begriff sagt, wieder in Anlehnung an Meyer, wie leicht Softwarekomponenten mit anderen verbunden werden können, wenn diese Komponenten nach einer anderen Methodik, einem anderen Paradigma oder auf einer anderen Systemplattform realisiert worden sind. Auch wenn wir hier die Durchgängigkeit der gewählten objektorientierten Entwicklungsmethode in den Vordergrund stellen, müssen wir gewährleisten, daß bereits existierende konventionelle Anwendungssysteme so umgestaltet werden, daß eine Kopplung mit objektorientierten Systemen möglich wird. Dies führt zu allgemeinen Überlegungen, wie konventionelle ablauf- oder transformationsorientierte Systeme mit reaktiven kombiniert werden können (vgl. Kap. 3.2).

Hier erweisen sich vor allem die Großrechneranwendungen als sperrig. Zunächst muß bei den Host-Programmen die Interaktion von der Funktionalität getrennt werden. Ziel ist es dabei, die Funktionalität von Host-Programmen für Leistungsabnehmer verfügbar zu machen, ohne daß seitens der Host-Programme Annahmen über den Einsatzkontext gemacht werden. Die Restrukturierung bestehender Programme muß im Rahmen einer umfassenderen Umstrukturierung der Anwendungssysteme gesehen werden.

Hauptmotiv für eine Neuorientierung bei der Systementwicklung ist, die Komplexität von Softwaresystemen beherrschbar zu machen. Steigende Anforderungen an Softwaresysteme gehen einher mit einer steigenden Komplexität. Moderne Softwarearchitekturen werden deshalb nach dem in Kap. 3.2 beschriebenen Dienstleistungsprinzip strukturiert. Mit dieser Technik wird eine Verringerung der Komplexität von einzelnen (Software-) Bausteinen eines Softwaresystems erreicht. Jeder Baustein realisiert eine definierte Dienstleistung. Diese Dienstleistung wird durch eine Schnittstelle der Umgebung bekanntgemacht. Zur Realisierung der Dienstleistung können bereits vorhandene Bausteine verwendet werden. In objektorientierten Systemen werden Bausteine als Klassen realisiert. Umfassendere, in einem inneren Zusammenhang stehende Dienstleistungen werden in Clustern als Bausteinsammlungen und Rahmenwerke (vgl. Abschnitt 5.4.5) zu sammengefaßt. Im Idealfall besteht die Konstruktion einer neuen Anwendung aus der Spezialisierung und Kombination von existierenden Bausteinen. Innerhalb dieses Konzepts lassen sich bestehende Systeme, auch wenn sie nicht objektorientiert konstruiert wurden, einbinden.

Die Integration dieser meist auf Großrechnern vorhandenen Anwendungen in Client/Server-Architekturen besteht in der Definition ihrer Leistungen in Form einer Schnittstellenbeschreibung. Das Dienstleistungsangebot dieser Großrechnerprogramme soll von verschiedenen Systemplattformen aus genutzt werden können. Generell wird eine maximale Lokalität angestrebt. Dies bedeutet für den Arbeitsplatz eines Sachbearbeiters, daß er auch technisch möglichst unabhängig von anderen arbeiten können muß. Die Übertragung des Dienstleistungsprinzips bedeutet hierbei, daß die eigentlichen Anwendungen auf Arbeitsplatzrechnern ablaufen. Diese sind Leistungsabnehmer innerhalb einer unternehmensweiten informationstechnischen Infrastruktur. Im Bedarfsfall, etwa beim Zugriff auf operative oder strategische Unternehmensdaten, werden Schnittstellenoperationen zu den als Leistungsanbietern gekapselten Großrechnersystemen, etwa einer Datenbankmaschine, aufgerufen. Tendenziell werden diese Großrechnersysteme so eingebunden, daß sie ihre Dienstleistungen ebenso wie leistungsfähige Arbeitsplatzrechner anbieten.

Einen Schritt weiter bezogen auf Flexibilität geht der Ansatz von Nierstrasz et. al. [77]. Bei diesem Ansatz wird die Zusammensetzung eines Systems aus Komponenten dynamisch mit Hilfe einer eigenen Sprache in Skripten erreicht. Die einzelnen austauschbaren Komponenten müssen dabei nur standardisierten Schnittstellen genügen. Auf diese Weise können zur Laufzeit geeignete Leistungsanbieter ausgewählt und auch ausgetauscht werden.

6.7 Testen und Qualitätssicherung

Testen kann immer nur die Anwesenheit von Fehlern, aber nicht ihre Abwesenheit zeigen. Dieses geflügelte Wort greift die grundsätzliche methodische Schwäche des herkömmlichen Testens auf. Sie kann nur bedingt durch immer ausgereiftere Testverfahren behoben werden. Ohne damit zu behaupten, daß Testen bedeutungslos ist, verfolgen wir eine Strategie, bei der die Qualität von Software nicht *nach*, sondern *während* der Herstellung überprüft wird. Wir detaillieren hier das Konzept der konstruktiven Qualitätssicherung, das bereits bei der Erstellung eines Programms auf seine softwaretechnische Qualität, d.h. auch auf Fehlerfreiheit abhebt.

Am klassischen Phasenmodell orientierte Vorgehensweisen (z.B. AD/Cycle) sehen eine eigene Phase für den Test der implementierten Komponenten eines Programmsystems vor. Diese Komponenten sind in der Regel Module, die im arbeitsteiligen Entwicklungsprozeß unabhängig voneinander auf der Basis von Spezifikationen entwickelt werden. Ein Modul ist definiert durch eine Menge von Schnittstellenroutinen, welche die Dienstleistung des Moduls festlegen.

Im Testprozeß werden nach festgelegten Eingaben die tatsächlichen Ausgaben mit den erwarteten verglichen. Getestet werden sowohl die Funktionalität der einzelnen Routinen als auch das Zusammenwirken der exportierten Routinen eines Moduls. Beim sog. Black-Box-Test werden Eingaben und Ausgaben ohne Wissen über die Implementation getestet. Komplementär wird im sog. White-Box-Test die Implementation von Routinen explizit berücksichtigt. Dabei werden z.B. alle Programmpfade einer Routine durchlaufen.

Auf die methodischen Grenzen des Testens ist wiederholt hingewiesen worden (vgl. [74]). Auch durch systematische Konzepte für die Auswahl von Testfällen wird dieses Problem nicht behoben. Zum einen muß aus der möglicherweise unendlich großen Menge von Eingabefällen eine sinnvolle Auswahl getroffen werden, zum anderen müssen Routinen in ihrer Wechselwirkung abhängig von der Aufrufreihenfolge gegeneinander getestet werden. Ein wirklich vollständiger Test, in dem alle möglichen Aufrufreihenfolgen mit allen möglichen Eingabedaten getestet werden, ist für die meisten praxisrelevanten Programme nicht durchführbar. Da ein Test also nie alle möglichen Programmzustände abdeckt, kann ein Test nur mögliche Fehler in den gewählten Testfällen aufdecken, aber nicht die Fehlerfreiheit eines Programms nachweisen. Myers formuliert es positiv: "Testen ist der Prozeß, ein Programm mit der Absicht auszuführen, Fehler zu finden." Als Ziel eines - notwendigerweise selektiven - Testprozesses wird deshalb gelegentlich angegeben, das Vertrauen des Programmierers in eine getestete Programmkomponente zu erhöhen.

Die objektorientierte Methode bietet einige wesentliche Merkmale, um durch eine Kombination von Konstruktionsmethodik und Test nicht nur das Vertrauen in eine getestete Programmkomponente zu erhöhen, sondern das kontrollierte Verhalten einer Komponente innerhalb weiter Grenzen sicherzustellen. Zu diesen "vertrauensbildenden Maßnahmen" gehören:

- eine Zusicherungssprache, die verschiedene Sichtweisen (wie Parameterprüfung und Berücksichtigung des Objektzustandes) auf eine Routine ermöglicht;

- Invarianten zur Spezifikation des Verhaltens von Objekten einer Klasse (vgl. [10]);

- Code Reviews und Walkthroughs;

- Erhöhung der Lesbarkeit von Programmtexten (vgl. [40]).

Die Maßnahmen zur konstruktiven Qualitätssicherung binden somit eine Kombination von Test, Spezifikation, Debugging und Laufzeitüberprüfung in den Entwicklungsprozeß ein. Da eine objektorientierte Vorgehensweise die Aufteilung des Entwicklungsprozesses in starre, an Meilensteindokumenten orientierte Phasen ohnehin aufgibt, wird aus der Testphase ein Prozeß, der sich über die Dauer eines Projekts hinaus ausweitet. Eine Qualitätssicherung in dieser Form findet parallel zur Entwicklungsarbeit an Modulen und während ihres späteren Einsatzes statt.

Generell können die aus der imperativen Sprachwelt bekannten Techniken zum Test von Modulen auf objektorientierte Programme übertragen werden. Da in fast allen objektorientierten Sprachen eine Klasse mit einem Programm-Modul gleichgesetzt wird, ist mit dem Klassenbegriff auch die Testeinheit eines objektorientierten Programms gegeben.

Ein konstituierendes Merkmal objektorientierter Systeme ist die Verwendung der Vererbungsbeziehung zur Konstruktion abgeleiteter Klassen. Für den Testprozeß bedeutet dies, daß in abgeleiteten Klassen zunächst diejenigen Prozeduren und Funktionen getestet werden müssen, die neu hinzugekommen sind oder die geerbte Routinen aus der Oberklasse verändern. Darüber hinaus müssen auch alle geerbten Routinen getestet werden, da sie in einer abgeleiteten Klasse in einem neuen Verwendungszusammenhang stehen. Hierbei können die Testfälle der Oberklasse wiederverwendet werden. Sie lassen sich also an entsprechende Test-Unterklassen vererben und werden dort durch weitere ggf. schärfer gefaßte Testroutinen ergänzt. Da beim objektorientierten Entwurf der Grad der wiederverwendeten Modulen (d.h. Klassen) deutlich höher ist als bei imperativen Programmiersprachen, kann auch der Anteil der wiederverwendbaren Testroutinen erhöht werden.

Der Ablauf einer Routine besteht aus dem Aufruf von lokalen Routinen und von exportierten Operationen benutzter Klassen. In typisierten, imperativen Sprachen wird ein Testrahmen für ein Modul so konzipiert, daß aufgerufene Module simuliert werden (Dummy-Module). Die Simulation umfaßt vor allem die Rückgabeparameter von Prozeduren und die Resultatswerte von Funktionen. Der Typ der zurückgegebenen Werte läßt sich statisch aus dem Programmtext des zu testenden Moduls ableiten. Beim Testen objektorientierter Programme muß ein weiteres Spezifikum beachtet werden. Da die Laufzeitsysteme objektorientierter Programmiersprachen eine dynamische Bindung vornehmen (polymorphe Typbindung), muß für den Testrahmen einer Klasse auch die Möglichkeit vorgesehen werden, Subtypen von statisch deklarierten Typen zu behandeln. Hierzu muß man zum einen Subtypen als Argumente in Routinen einsetzen, um diese zu testen und zum anderen die Möglichkeit einrechnen, daß Rückgabewerte von Funktionen als Subtypen geliefert werden.

Zur Verringerung der Komplexität einer Klasse (und damit auch der Testfälle) wird empfohlen, die Zahl der verwendeten Typen gering zu halten. Dazu schlagen Wirfs-Brock et. al. [103] die Minimierung der Abhängigkeiten zwischen Klassen und die Bildung von Subsystemen vor. Wir haben diesen Vorschlag bei der Diskussion über objektorientierte Dokumente aufgegriffen. Generell läßt sich feststellen, daß in Clustern gekapselte Basisfunktionalität von einem Test ausgenommen werden kann.

Vorteilhaft wirkt sich für den Test auch aus, daß Klassen nach dem Prinzip der abstrakten Datentypen entwickelt werden. Der Spezifikation von Zusicherungen in Form von Vor- und Nachbedingungen von Routinen, sowie Invarianten auf der Ebene von Klassen kommt dabei eine zentrale Bedeutung für den Qualitätssicherungsprozeß zu. Anhand von Vorbedingungen für Funktionen und Prozeduren wird die Menge und die Eigenschaften von zulässigen Parametern bestimmt. Gleichzeitig können mit der Spezifikation von Vorbedingungen auch evtl. vorhandene Reihenfolgebedingungen für den Aufruf von Routinen einer Klasse ausgedrückt werden.

Mit der Spezifikation von Nachbedingungen wird für den Testprozeß das Ausgabeverhalten von Prozeduren und Funktionen definiert. In Nachbedingungen werden z.B. Aussagen über Werte von Rückgabeparametern spezifiziert.

Damit erhöhen Zusicherungen bereits bei der Konstruktion das Vertrauen des Programmierers in ein Modul, da die berücksichtigten Randbedingungen explizit gemacht werden. Dies ist ein wichtiger Beitrag zur sog. "Theoriebildung" bei der Programmentwicklung (vgl. [75]). Zusicherungen geben auch eine gute Grundlage, um Testfälle auszuarbeiten, da sie sowohl die bereits identifizierten gültigen als auch die ungültigen Verwendungen kennzeichnen. Im Ablauf schließlich können Zusicherungen geprüft und zum Debugging verwendet werden. Die Bedeutung von Zusicherungen für die Qualitätssicherung von objektorientierten Programmen ist von Meyer [69] besonders betont worden. Entsprechend enthält die Sprache Eiffel auch eine eigene Zusicherungsteilsprache, die bei entsprechenden Compileroptionen und Laufzeittests eine gestaffelte Überprüfung von Zusicherungen ermöglicht. In Verbindung mit einem dazu passenden Konzept der Ausnahmebehandlung kann so zur Laufzeit das spezifizierte Verhalten eines Programms überprüft werden. Für die Version 3 von C++ ist ein ähnliches Konzept der Ausnahmebehandlung angekündigt worden. Aber auch ohne solche programmiersprachlichen Konstrukte lassen sich Zusicherungen programmtechnisch realisieren.

Innerhalb dieses Konzepts der konstruktiven Qualitätssicherung kommt dem objektorientierten Testen folgende Aufgaben zu:

*   Black-Box-Test: Der *Zustand der Umgebung* eines Objektes wird vor und nach dem Aufruf einer Routine geprüft.

*   White-Box-Test: Der *innere Zustand* eines Objektes wird vor und nach dem Aufruf einer Routine geprüft.

An dieser Stelle sei auf die Verbindung des hier vertretenen Konzepts der konstruktiven Qualitätssicherung mit dem Vertragsmodell hingewiesen. Es zeigt sich, daß das Vertragsmodell eine einheitliche Interpretation der Benutzt-Beziehung zwischen Klassen, ihrer formalen Beschreibung durch Zusicherungen und ihre dynamische Absicherung durch einen entsprechenden Ausnahmemechanismus ermöglicht.

7. Organisationsentwicklung aus objektorientierter Perspektive

Bisher haben wir den Kern der objektorientierten Methode dargestellt und erläutert, wie sich diese Methode in einem Softwareprojekt umsetzen läßt. Aber wir haben bereits in der Einleitung darauf hingewiesen, daß Objektorientierung als Sichtweise sich nicht auf das einzelne Projekt beschränken muß. Im folgenden zeigen wir, daß viele Überlegungen zur Organisationsentwicklung, d.h. zur gezielten Weiterentwicklung von Organisationen, durchaus verträglich sind mit den Grundannahmen der Objektorientierung. Wir untersuchen zunächst, in welcher Situation heute Unternehmen über die Einführung der objektorientierten Methode nachdenken. Unsere Ausgangsthese ist, daß heute Unternehmen nicht nur in einer technologischen oder ökonomischen Umbruchsituation sind, sondern, daß sie sich auch mit einer veränderten Sicht der Welt und unserer Gesellschaft auseinandersetzen müssen. Für Unternehmen heißt das vielfach, den Stellenwert qualifizierter menschlicher Arbeit neu zu bestimmen. Von diesen scheinbar allgemeinen Überlegungen spannen wir den Bogen zur Untersuchung der konkreten Auswirkungen, die die Einführung der Objektorientierung auf die einzelnen Bereiche eines Unternehmens hat.

Dies legt in der Konsequenz die Überlegung nahe, Objektorientierung auch als Sichtweise bei der Organisationsentwicklung anzuwenden (vgl. 58a). Die Überlegungen in dieser Richtung sind nicht neu. Erfahrungen mit objektorientierten Softwareprojekten zeigen, daß eine klassisch hierarchische Unternehmensorganisation mit ihrer starren Spartentrennung zu Friktionen im Entwicklungsprozeß führt, da sie die gruppenübergreifende Kooperation und Kommunikation behindert. In ähnliche Richtung gehen Analysen im Produktionsbereich, die aus Vergleichen deutscher und japanischer Firmen zu durchaus objektorientiert zu nennenden Entwicklungsmaßnahmen gelangen (vgl. [7]).

7.1 Gestaltung von Organisationen

Es ist nicht selbstverständlich, daß wir in einem Buch über die Entwicklung von Anwendungssystemen der Gestaltung von Organisationen ein ganzes Kapitel widmen. Da wir aber davon ausgehen, daß es zwischen den Strukturen der Organisation und der genutzten Anwendungssysteme gewisse Abhängigkeiten gibt, und daß sogar die Gestaltungsprinzipien übertragbar sind, wollen wir uns zunächst mit den organisatorischen Strukturen, deren Gestaltung und der Unterstützung durch Anwendungssysteme befassen.

7.1.1 Ausgangslage

Die Situation des bundesdeutschen Marktes, besonders unter dem Blickwinkel von Finanzdienstleistungen im Banken- und Versicherungsbereich, ist geprägt durch eine zunehmende Dynamik und Verunsicherung. Die Auslöser sind unterschiedlich.

Mit einem eher globalen Blick können wir feststellen, daß die Umgestaltung politischer Machtblöcke, wie z.B. die Auflösung der UdSSR und die Veränderungen in Osteuropa, die deutsche Wiedervereinigung oder die schrittweise Annäherung an ein vereintes Europa dabei von entscheidender Bedeutung sind. Dadurch eröffnen sich neue Märkte mit neuen Produkten und der Konkurrenzdruck nimmt zu.

In den einzelnen Branchen zeichnet sich die fortschreitende Konzentration von wirtschaftlicher Macht in Form von internationalen Großkonzernen mit einem weit diversifizierten Produktangebot ab. Die gegenwärtige Wirtschaftslage in den Industrieländern steht im Zeichen einer allgemeinen Rezession. Die aktuellen Prognosen für das Wachstum der bundesdeutschen Wirtschaft liegen deutlich unter den Steigerungsraten der letzten Jahre. Unser eigener "Fachbereich", die Softwaretechnik, ist dadurch in ein Dilemma geraten. Auf der einen Seite schrecken viele Unternehmensleitungen von Investitionen im Bereich informationstechnischer Infrastruktur und entsprechender Qualifikation ihrer Mitarbeiter zurück. Die aktuellen wirtschaftlichen Daten über den Absatz bei Hardwareherstellern, aber auch die Umsatzzahlen von Unternehmensberatungen im DV-Bereich, sind schon fast dramatisch zu nennen. Auf der anderen Seite stellen wir fest, daß viele Unternehmen mit ihrer überalterten DV-Infrastruktur an die Grenzen der Handhabbarkeit und Weiterentwicklung gestoßen sind. Da viele dieser Unternehmen existentiell auf ihre Datenverarbeitung angewiesen sind, benötigen sie dringend Konzepte, wie sie durch "Renovierungs- und Sanierungsmaßnahmen" aus dieser technologischen Sackgasse herauskommen können.

Ohne dieses globale Bild weiter ausmalen zu wollen, behaupten wir, daß Unternehmen, die in diesem Spannungsfeld auf Dauer erfolgreich bestehen wollen, eine Organisations- und Infrastruktur benötigen, die ein schnelles Reagieren auf veränderte Marktbedürfnisse gewährleistet. Soweit dies eine Umgestaltung der vorhandenen Struktur erfordert, muß auch dies ohne gravierende Brüche kurzfristig möglich sein. Kurz, die Fähigkeit zur Anpassung und das Beherrschen von Veränderungen ("Management of Change") ist einer der kritischen Erfolgsfaktoren für die Zukunft. Dies gilt sowohl für Aufbau- und Ablauforganisation, für die Gestaltung der Führungs- und Kompetenz-Strukturen, für die Produktpalette, als auch für die Ausgestaltung der gesamten Informationsverarbeitung bis hin zur Nutzung moderner Hardware- und Softwaretechnologien.

Um schnell und angemessen reagieren zu können, müssen Entscheidungen vor Ort getroffen und umgesetzt werden. Das erfordert eine Organisation in Form von schlagkräftigen, weitgehend autonomen Einheiten. Die derzeit hoch im Kurs stehenden Schlagwörter in Kombination mit "lean" wie "lean management" oder "lean organisation" machen den Bedarf nach einer "schlanken" Struktur deutlich, d.h. die Reduktion der Abhängigkeiten von Aktionseinheiten soll auf ein Mindestmaß gebracht werden. Dazu müssen vor allem die Handlungsmöglichkeiten der Aktionseinheiten vergrößert werden. Jede dieser Aktionseinheiten ist idealerweise wie ein Unternehmen im kleinen zu gestalten. Dies setzt sich fort bis zu den inneren Strukturen dieser Einheiten und fordert auch vom einzelnen Mitarbeiter ein hohes Maß an Eigeninitiative und Verantwortlichkeit. Diese Teilselbständigkeit im Strukturellen gepaart mit höherer Verantwortlichkeit und Handlungsfreiheit der Mitarbeiter läßt manche Autoren auch von "fraktalen" Organisationsstrukturen sprechen[1]. Wir meinen jedenfalls, daß tradierte, hierarchische Organisationen mit ihrem tayloristischen Gestaltungsprinzip sowie einer zentralistischen Entscheidungsstruktur den skizzierten Anforderungen nicht mehr gerecht werden.

Der Schlüssel für eine zukunftsweisende Organisationsentwicklung liegt in der spezifischen Bündelung von Unternehmensaktivitäten, wie sie zur Erreichung der jeweiligen Geschäftsziele vor Ort benötigt werden. Alle für die lokale Abwicklung der relevanten Geschäftsvorfälle erforderlichen Unternehmensressourcen sind bei dieser Bündelung den Aktionseinheiten zur Verfügung zu stellen. Kriterien dazu können bestimmte Kundengruppen, gewisse Marktsegmente oder der Vertrieb spezieller Produkte sein.

Dieses Prinzip, Aktivitäten zielorientiert zu Einheiten zu bündeln, findet sich in der Softwaretechnik in Form der Datenkapselung wieder, wo Daten mit den auf ihnen operierenden Funktionen zu einer Entwurfseinheit zusammengefaßt werden. Betrachten wir aber nicht nur einzelne Entwurfseinheiten, sondern fassen Gegenstände gleicher Art zu Klassen zusammen und erweitern diesen Ansatz noch um die Identifikation von Gemeinsamkeiten zwischen verschiedenen Klassen, so

---

[1] Siehe z.B. "Die fraktale Fabrik" von Hans-Jürgen Warnecke, Springer, 1992.

befinden wir uns auf dem direkten Weg zu einer "objektorientierten" Interpretation einer Unternehmensorganisation.

Der objektorientierte Ansatz bietet somit die Möglichkeit, die aus strukturellen Notwendigkeiten abgeleiteten Eigenschaften von Organisationseinheiten (software-) technisch unmittelbar nachzubilden. Flexibilität und Offenheit aus Entwurfssicht werden insbesondere durch das Abstraktions- oder Generalisierungsprinzip gewährleistet.

7.1.2 Beschreibung von Geschäftsvorfällen

Für die Beschreibung der unternehmensrelevanten Funktionen oder Prozesse werden unterschiedliche Techniken benutzt. Häufig finden wir noch die an den Hauptgeschäftsbereichen eines Unternehmens orientierte funktionale Gliederung, die dann bis auf die Ebene von Elementarfunktionen schrittweise verfeinert wird. Das Ergebnis ist eine rein statische Funktionshierarchie. Die Dynamik der Abwicklung von geschäftlichen Vorgängen muß zusätzlich beschrieben werden. Abgesehen davon, daß man auf diese Weise Daten und Funktionen weitgehend getrennt betrachtet und sie nur auf der untersten Elementebene wieder zusammenführen kann, ist die dynamische Sicht "quer" zu der rein statischen Betrachtung.

Eine fortschrittliche Betrachtung setzt das "Denken in Prozessen" voraus. Wollen wir das Ziel einer schnellen und flexiblen Reaktion ernsthaft unterstützen, so müssen sich unsere geschäftlichen Abläufe durch schnelle, einfache und beherrschbare Prozesse abbilden lassen. Für die Beschreibung dieser geschäftlichen Abläufe werden in der Literatur recht unterschiedliche Begriffe verwendet: z.B. Geschäftsvorfall, Geschäftsvorgang, Geschäftsprozeß (Business Process). Manchmal werden diese Begriffe synonym benutzt, manchmal auch nur für die Beschreibung von Unterteilungen. Auch die mit diesen Begriffen verbundenen Inhalte sind nicht unbedingt einheitlich. Für unserer Zwecke reicht folgende Charakterisierung:

- Einen für ein Unternehmen relevanten geschäftlichen Ablauf nennen wir *Geschäftsvorfall*.
- Ein *Geschäftsvorfall* ist eine eigenständige, unternehmerische Tätigkeit, die durch ein *Ereignis* ("Auslöser") angestoßen wird.
- Ein Geschäftsvorfall wird in Form von logisch verbundenen *Geschäftsprozessen* abgewickelt.
- Ein *Geschäftprozeß* ist ein nicht unterbrechbarer fachlicher Bearbeitungsschritt.

Die Bearbeitung eines Geschäftsvorfalls kann natürlich unterbrochen werden, die vollständige Abwicklung kann sich durchaus über einen längeren Zeitraum, manchmal über Monate, hinziehen. Typische Beispiele für einen Geschäftsvorfall sind:

*   das Bestellen eines Artikels in einem Versandhaus,
*   der Antrag auf den Abschluß einer Versicherung,
*   das Einlösen eines Schecks bei einer Bank.

Der Geschäftsvorfall Neuantrag bearbeiten (Abb. 7.1) läßt sich grob in folgende Komponenten zerlegen:

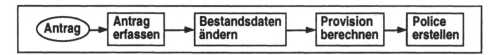

Abbildung 7.1:   *Geschäftsvorfall* Neuantrag bearbeiten

Die Komponente Antrag erfassen besteht aus einer ganzen Reihe einzelner Geschäftsprozesse, z.B. Partner-Beziehungen feststellen oder Bonität prüfen. Das Erfassen des Antrags muß unterbrochen werden können, z.B. bei Rückfragen. Die drei anderen Komponenten von Neuantrag bearbeiten sind Geschäftsprozesse, die ohne Unterbrechung ablaufen. Eine Unterbrechung während der Änderung der Bestandsdaten könnte inkonsistente Datenbestände zur Folge haben.

Bei der fachlichen Beschreibung von Geschäftsvorfällen wird festgelegt, welche fachlichen Schritte in welcher reihenfolge erforderlich sind, welche *aufbauorganisatorische* Einheit welche Operationen an den Geschäftsvorfällen ausführt, und wie diese Geschäftsvorfälle zwischen diesen Einheiten *ablauforganisatorisch* gesteuert werden.

Im Bereich der Fertigungsindustrie können wir uns als Beispiel für einen solchen Geschäftsvorfall ein Werkstück vorstellen, das zu den einzelnen Verarbeitungsstationen für die jeweilige Bearbeitung gesteuert wird. Für die Beschreibung der Steuerung und der Bearbeitung eines solchen Werkstückes gibt es zwei grundsätzlich verschiedene Möglichkeiten:

a)   Bei Eintritt des Werkstückes in das Verarbeitungssystem erhält das System alle nötigen Informationen über dieses Werkstück (Steuerung und Bearbeitung können daraus abgeleitet werden). Das System weiß alles über die Verarbeitung dieses Werkstückes und trägt die volle Verantwortung für den erfolgreichen Abschluß des gesamten Prozesses. Das Werkstück selbst weiß über sich und seine Verarbeitung im System nichts.

b)   Das Werkstück erhält eine Art Laufzettel, in dem alle Bearbeitungsanfor-
        derungen und deren Reihenfolge (das Was und Wann) festgelegt sind. Bei
        Eintritt in das Verarbeitungssystem entnimmt das System den ersten Be-
        arbeitungsschritt aus diesem Laufzettel. Das System steuert das Werk-
        stück zur ersten Verarbeitungsstation. Nach der ersten Bearbeitung liest
        das System die Information über den nächsten Bearbeitungsschritt aus
        dem Laufzettel des Werkstücks und so weiter.
        Das System kennt alle seine Verarbeitungsstationen (Wo) mit ihren
        prinzipiellen Bearbeitungsmöglichkeiten (passend zum Was). Es steuert
        das Werkstück der richtigen Verarbeitungsstation zur entsprechenden Be-
        arbeitung zu, hat aber keine Informationen über die Bearbeitung selbst
        (Wie). Das System weiß auch nichts über die Interna des spezifischen
        Werkstücks. Aus dem Laufzettel für das Werkstück gehen zwar die Bear-
        beitungsschritte und deren logische Reihenfolge hervor; Informationen
        über die konkreten Bearbeitungsstationen, ihre Bearbeitungsprozesse oder
        den Aufbau und Ablauf des Steuerungssystems sind dort nicht vermerkt.

Die Komplexität des in Variante a) beschriebenen Lösungsansatzes entsteht durch
die Orientierung auf die Gesamtsteuerung des Prozesses. Dadurch wird verhindert, daß neben der globalen Steuerungskomponenten weitere Komponenten mit
sinnhaften Abstraktionen gebildet werden. Diese Art der Modellierung ist typisch
für Ansätze, in denen Funktionen und Daten getrennt voneinander erhoben werden.

Variante b) zeigt eine für den objektorientierten Ansatz typische Darstellungs-
form. Die Beschreibung der Bearbeitung bezieht sich auf konkrete Werkstücke,
genauer: auf eine Werkstück-Klasse ("Kapselung" von Werkstückdaten und Bearbeitungsmöglichkeiten), ist aber völlig unabhängig von der spezifischen Ausprägung des Verarbeitungssystems und seiner einzelnen Verarbeitungsstationen. Für
die Werkstücke können je nach Materialeigenschaften und Bearbeitungsanforderungen geeignete Abstraktionen, d.h. Ober- oder Unterklassen, gebildet werden.
Analog kann auch bei der Beschreibung des Verarbeitungssystems verfahren
werden.

Durch diese Art der Modellierung wird ein hohes Maß an Flexibilität bei der Gestaltung von Steuerung und Verarbeitungsstationen ("Aufbau- und Ablauforganisation") erreicht.

In Kap. 2.2 haben wir unser Leitbild von *Werkzeug und Material* vorgestellt. Die
Materialien sind in unserem Beispiel die Werkstücke; die Verarbeitungsstationen
übernehmen die Rolle der Werkzeuge. Was mit den Werkstücken potentiell im
System geschehen kann, also die mögliche Umsetzung der auf dem Laufzettel no-

tierten Bearbeitungsanforderungen in einer konkreten Verarbeitungsstation, könnten wir als die *Aspektklasse* interpretieren. In unserem Konzept aus Werkzeugen und Materialien fehlt noch die Modellierung des Transport- und Verteilungssystems, mit dem die Materialien mit ihren Laufzetteln zu den einzelnen "Verarbeitungsstationen" gelangen. Dies wollen wir hier technisch nicht weiter ausarbeiten.

Wenn wir das Bild von den Werkstücken auf Dienstleistungsunternehmen übertragen, können wir uns analog die Abwicklung von Geschäftsvorfällen vorstellen, z.B. den Eingang eines Antrags für den Abschluß einer Versicherung. An der Schnittstelle des Versicherungssystems zum Kunden wird der Auftrag klassifiziert, in einem entsprechenden Antragsformular erfaßt, evtl. um weitere Informationsblätter über den Kunden ergänzt und gemäß den versicherungsfachlichen Verarbeitungsregeln in einer Mappe mit einem spezifischen "Laufzettel" versehen. Das System (d.h. die Geschäftsvorfall-Steuerung oder Workflow Manager) übernimmt nun die Steuerung und transportiert diese Mappe mit Antragsformular und Kundeninformationen in den Arbeitskorb des zuständigen (oder gerade verfügbaren) Sachbearbeiters für die erste Bearbeitung, z.B. zur Antragsprüfung. Das Terminsystem überwacht die fristgerechte Abwicklung, eine Berechtigungskomponente stellt die Zulässigkeit der Bearbeitung durch den jeweiligen Sachbearbeiter sicher. Der Sachbearbeiter füllt das Antragsformular aus und fügt der Mappe gegebenenfalls Notizen und weitere Vertragsdokumente hinzu. Dann hakt er die Arbeitsschritte, die er erledigt hat, auf dem Laufzettel ab und gibt die Mappe in den Postausgangskorb. Dabei ist es unerheblich, ob die Bearbeitung in der Außenstelle oder der Zentrale erfolgt, ob mehrere Verarbeitungsschritte von ein und demselben Sachbearbeiter vorgenommen werden, oder ob dies verschiedene Personen leisten; die fachlichen Anforderungen an die Antragsbearbeitung bleiben davon im Grundsatz unberührt. Ändert sich die Aufbauorganisation oder vielleicht das Berechtigungsprofil, so ist nur die Interpretation des Laufzettels durch das System entsprechend anzupassen. Ändern sich die Bearbeitungsschritte, so sind die Verarbeitungsmuster im Laufzettel neu zu formulieren.

Bei der Konstruktion des Laufzettels sind jedoch nicht nur zeitliche Abfolgen wichtig. Oft finden wir Situationen, in denen logische Abhängigkeiten zwischen Verarbeitungsschritten auftreten. Dabei kann es z.B. unerheblich sein, ob nach einem Verarbeitungsschritt A zuerst der Schritt B oder zuerst C vollzogen wird, bevor Schritt D ausgeführt wird. Hier wird der Wert des in Kap. 3.3 erläuterten Vertragsmodells noch einmal deutlich. Schon bei der Modellierung der Materialien können wir einen Großteil der logischen Abhängigkeiten in Klassen abbilden und damit für einen Laufzettel transparent machen.

Mit diesen recht einfachen Überlegungen kommen wir zu einem sehr flexiblen Verarbeitungssystem. Die Idee leitet sich wieder aus den Grundsätzen der Kapselung ab. Wir fassen die Antragstellung als Aufgabe auf, die durch Bearbeitung entsprechender Dokumente als den Arbeitsgegenständen zu erledigen ist. Die Identität des Geschäftsvorfalls `Neuantrag bearbeiten` findet sich in der Mappe mit ihrem Laufzettel wieder. In unserem Modell werden daraus Objekte mit spezifischen Daten und Operationen, angereichert um deren logische Randbedingungen. Damit lassen sich die Arbeitsgegenstände unabhängig von der konkreten Ausprägung der Bearbeitungsinstanzen beschreiben. Die ablauforganisatorische Steuerung (die Interpretation des Laufzettels und das Verteilungssystem) zwischen den aufbauorganisatorischen Einheiten ist nicht Bestandteil der Spezifikation eines Geschäftsvorfalls. Diese Aspekte werden in einem eigenständigen Objekt, z.B. einem Workflow Manager, beschrieben.

Für die konkrete Gestaltung der einzelnen Verarbeitungsschritte ("Geschäftsprozesse") gibt es verschiedene Formen. Noch weit verbreitet ist eine streng sequentielle Führung der Sachbearbeiter durch entsprechende Dialoge und Maskenfolgen. Diese zeitliche Prozeßsteuerung ist aber für viele menschliche Arbeitssituationen unangemessen, d.h. überspezifiziert und kann durch die skizzierten logischen Abhängigkeiten ersetzt werden. Moderne Fenstersysteme bieten die technischen Grundlagen für diese "Entsequentialisierung". Daraus resultieren die bereits in Kap. 2.3 beschriebenen reaktiven Systeme, bei denen die Initiative vom Benutzer ausgeht. Die Anwendungssteuerung kann darauf beschränkt werden, unzulässige Bearbeitungen zu verhindern und den Benutzer auf unerledigte oder noch nicht vollständig abgeschlossene Arbeitsaufträge hinzuweisen.

Die so erzielte Unabhängigkeit gestattet es einem Unternehmen, die gültigen Geschäftsziele bei der Gestaltung der Geschäftsvorfallbearbeitung zeitnah und mit vertretbarem Aufwand umzusetzen.

7.1.3   Die drei Architektursichten

Die bisher beschriebene Sicht eines Unternehmens und seiner Geschäftsaktivitäten ist nicht eindimensional. Um die dabei relevanten strukturellen Abhängigkeiten in einem Unternehmen als sozio-ökonomisches System deutlich zu machen, betrachten wir ein Unternehmen unter drei Gesichtspunkten:

a)   die fachlich-organisatorische Sicht,

b)   die Anwendungssicht,

c)   die Hardware- und Basissoftwaresicht (kurz: die Systemplattformsicht).

Diese Sichten werden im folgenden charakterisiert. Wir sind uns sehr wohl bewußt, daß wir durch die Beschränkung auf diese drei Betrachtungsebenen einzelne übergreifende Zusammenhänge nicht erfassen. Wir meinen aber, daß wir trotz dieser Einschränkung wesentliche Abhängigkeiten zwischen den Sichten aufzeigen können.

Zur Vereinfachung sind in der folgenden Graphik auf drei Ebenen nur die Komponenten dargestellt, die für eine grobe Beschreibung einer dezentralen Antragserfassung erforderlich sind.

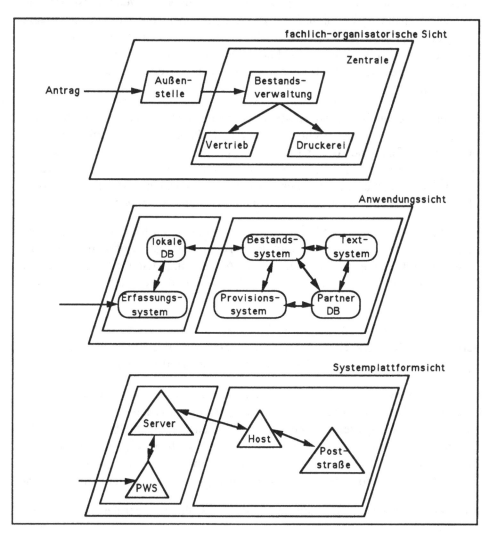

Abbildung 7.2:   *Drei-Sichten-Architektur*

In der *fachlich-organisatorischen Sicht* (vgl. Abb. 7.2) werden die aufbau-organi-
satorischen Einheiten (hier: Außenstelle, Bestandsverwaltung, etc.), ihr Anteil bei
der Bearbeitung von Geschäftsvorfällen und die ablauf-organisatorische Steuerung der Geschäftsvorfälle beschrieben. Diese Beschreibungen sind rein fachlicher Natur und sollen (möglichst) keine Details über eine DV-technische Umsetzung enthalten.

Bei der *Anwendungssicht* werden die Gestaltungsgrundsätze der Anwendungssysteme ("Anwendungsarchitektur"), ihre einzelnen Komponenten und ihr Zusammenspiel betrachtet. Die Gestaltung und Beschreibung der Anwendungssicht sollte
weitgehend unabhängig sein von den konkreten Elementen der organisatorischen
Sicht oder den "zugrundeliegenden" Elementen der Systemplattform. Bei einer
Modellierung nach der Werkzeug-Material Metapher werden hier Werkzeugsätze
so zusammengestellt, daß arbeitsplatzspezifische Systeme (Erfassungssystem,
Textsystem, etc.) entstehen.

Bestimmte strukturelle Grundeigenschaften eines Unternehmens müssen aber aus
fachlich-organisatorischer Sicht und aus Anwendungssicht kompatibel sein. So
muß z.B. die fachliche Ablaufsteuerung in der Beschreibung der Anwendungssteuerung abbildbar sein. Eine streng dezentrale Abwicklung von Geschäftsvorfällen kann von einem zentralen Großrechner-Anwendungssystem wegen des
fehlenden Gestaltungsspielraums nicht angemessen unterstützt werden.

In der *Systemplattformsicht* betrachten wir die konkreten Maschinen und Kom-
munikationsmittel der Hardware und der zugehörigen Systemsoftware. Die fachliche Ablaufsteuerung und die zugehörige Anwendungssteuerung werden durch
die entsprechenden Präsentations-Komponenten und die Netzwerksteuerung
unterstützt.

Zwischen den Elementen aus Anwendungssicht und aus Systemplattformsicht bestehen also Abhängigkeiten. So kann z.B. eine verteilte Anwendung ohne geeignete Leitungsnetze oder LANs nicht sinnvoll realisiert werden.

Um größtmögliche Flexibilität zu gewährleisten, müssen die Elemente der drei
betrachteten Sichten weitgehend unabhängig gestaltet werden. Andererseits müssen Struktureigenschaften aus jeder dieser Sichten gewahrt bleiben, da sonst die
Strukturbrüche beim Wechsel der Sichten nur mit großem Aufwand, wenn überhaupt, überwindbar sind. Dies betrifft z.B. die Abbildung der Anwendungssicht
auf die Systemplattformsicht. Die Leistungsmerkmale der Systemplattformsicht

haben einen direkten Einfluß auf den Gestaltungsspielraum bei der Modellierung
der Anwendungssicht.

Auch unter Aufwandsgesichtspunkten wird die Forderung, fachliche Vorgaben in einem beliebigen Zielsystem DV-technisch umsetzen zu können, relativiert. Das bedeutet insbesondere, daß Flexibilität über ein gewisses Maß hinaus vom Aufwand her nicht mehr vertretbar ist.

7.2 Organisationsarchitektur

Bei der Betrachtung der Ausgangslage wurde bereits deutlich, daß für die Strukturierung von Unternehmen andere Gestaltungsprinzipien erforderlich werden. Wie objektorientierte Ansätze zu der notwendigen Restrukturierung und Weiterentwicklung von Organisationen passen, wollen wir im folgenden erläutern.

7.2.1 Organisationsentwicklung

Der Umgestaltung eines Unternehmens gehen meist eine Reihe von strategischen Überlegungen voraus. Dabei werden die mittel- und langfristige Strategie, die "Kritischen Erfolgsfaktoren" und die daraus abgeleiteten Ziele festgeschrieben. Aus der Gesamtstrategie eines Unternehmens werden Teilstrategien für die einzelnen Geschäftsbereiche abgeleitet, so z.B. für den Vertrieb, das Produktmanagement, die Personalentwicklung, im besonderen auch für die Informationsverarbeitung. Hier wird gelegentlich mit der Methode der "Strategischen Informationsplanung" (SIP) gearbeitet, bei der die Abhängigkeiten der für das Unternehmen relevanten Daten und Funktionen und deren mögliche DV-technische Umsetzung dargestellt werden. Die Daten werden häufig in einem groben Unternehmensdatenmodell erfaßt, die Funktionen werden hierarchisch verfeinert, manchmal auch als Geschäftsprozesse der Geschäftsvorfälle gegliedert. Auch der Informationsbedarf der bestehenden Organisationseinheiten kann abgeleitet werden. Insgesamt erhält man ein hierarchisch geprägtes Unternehmensmodell, in dem bereits vom Ansatz her die tradierten Strukturen weitgehend strategisch fortgeschrieben werden. Eine Weiterentwicklung der Organisation wird so nicht erreicht.

Übertragen wir aber die Idee der Kapselung auf die relevanten Datenbereiche mit ihren zugehörigen Operationen und gruppieren diese nach den strategischen Zielsetzungen, z.B. nach den Kundenanforderungen oder auf bestimmte Produktgruppen ausgerichtet, so gelangen wir oft zu völlig neuen organisatorischen Einheiten und Prozessen.

Die klassische hierarchische Gliederung eines Unternehmens in einzelne Geschäftsbereiche oder Sparten mit einer zentralen Unternehmensleitung, unterstützt durch eine Reihe von Stäben, kann die Forderung nach autonomen Einheiten nicht erfüllen. Wie wir bei vielen Großunternehmen beobachten, bildet sich das Konzept einer Konzernholding mit mehr oder weniger lose assoziierten selbständigen Teilunternehmen aus. Der Holding obliegt die Steuerung des Gesamtunternehmens und die Bereitstellung einiger weniger zentraler Dienstleistungen wie z.B. ein zentrales Marketing oder ein zentrales Controlling. Die operativen Funktionen werden ausschließlich von den Teilunternehmen in eigener Verantwortung wahrgenommen. Diese Aufgabenteilung ist die wesentliche Voraussetzung für eine "schlanke" Organisation. Die operativen Prozesse werden einfacher, schneller und beherrschbar. Die operativen Entscheidungen können zeitnah in den Teilunternehmen vor Ort gefällt werden. Nur unter diesen Voraussetzungen kann die Verantwortung für den wirtschaftlichen Erfolg eines Teilunternehmens ("Profit Center") durch die jeweilige Geschäftsleitung getragen werden.

Die Geschäftsziele der Teilunternehmen werden mit den Zielen der Holding regelmäßig abgestimmt. Ansonsten agieren die Teilunternehmen im Rahmen ihres Geschäftsauftrages weitgehend autonom. Dazu benötigen sie alle für ihren Geschäftszweck und Standort erforderlichen Unternehmensfunktionen. Nicht ganz unproblematisch ist hierbei z.B. der Wunsch nach Nutzung von Synergieeffekten oder nach Preisvorteilen bei gemeinsamer (zentraler) Beschaffung. Je nach dem, wie unterschiedlich die Geschäftsfelder der einzelnen Teilunternehmen sind, ist auch eine gemeinsame Informationsverarbeitungsstrategie nur bedingt sinnvoll. In diesen Fällen ist der Nutzeffekt eines gemeinsamen, konzernweiten, vollattributierten Unternehmensdatenmodells äußerst fragwürdig. Die Autonomie der Teilunternehmen darf durch DV-technische Zwänge nicht unnötig eingeschränkt werden. Für die Belange der Konzernsteuerung sind meist nur wenige verdichtete Informationen erforderlich.

Eine Umstrukturierung auf Konzernebene hat primär die sinnhafte Segmentierung in Teilunternehmen zum Ziel. Organisatorische Veränderungen in den einzelnen Teilunternehmen können durchaus unterschiedliche Ziele verfolgen.

Kernziel einer Umgestaltung der Organisationsstruktur ist zumeist, auf Anforderungen der Kunden und auf Veränderungen des Marktes flexibel reagieren zu können. Daß Ansätze für eine schlanke Gestaltung der organisatorischen Strukturen und Abläufe gewisse Positionen oder Institutionen, manchmal ganze Teilbereiche ("Fürstentümer"), überflüssig machen oder zumindest wesentlich verändern, erschwert die Umsetzung erheblich. Deshalb bedarf es einer wohl durchdachten, behutsamen Einführungsstrategie (vgl. dazu auch Kap. 8).

Mehr *Kundennähe* bedeutet eine stärkere Verlagerung der Vertriebsaktivitäten in die Außenstellen und Intensivierung der unmittelbaren Kundenbetreuung (vgl.

[4a]). Kundennähe ist sowohl räumlich als auch im Sinne persönlichen Engagements zu verstehen. Damit verbunden ist ein dezentrales Angebot der Leistungen und Dienstleistungen. Für ein Versicherungsunternehmen heißt das z.B. Abwicklung von Vertrags-, Schaden- und Leistungsbearbeitung beim Kunden vor Ort. Die gesamte Aufbau- und Ablauforganisation wird sich also mit diesem Ziel im Vergleich zu einer zentralistischen Struktur grundsätzlich ändern.

Flexible Reaktion auf veränderte Marktanforderungen verlangt eine variable Produktpalette, die in möglichst kurzer Reaktionszeit auf neue Erlöspotentiale ausgerichtet werden kann. Organisatorisch bedeutet das eine enge Kopplung zwischen Entwicklung, Produktion und Vertrieb. Im Dienstleistungssektor erfordert das Teamstrukturen, die nicht starr hierachisch nach Abteilungen oder Bereichen gegliedert sind, sondern bei Bedarf auch kurzfristig für die Wahrnehmung neuer Aufgaben reorganisiert werden können.

7.2.2 Dezentrale Organisation und Kundenorientierung

Auch im Dienstleistungssektor nimmt der Wettbewerbsdruck zu. Die Kunden sind anspruchsvoller geworden und erwarten neben einem angemessenen Preis-Leistungsverhältnis besonders eine auf ihre spezifischen Wünsche und Probleme zugeschnittene Betreuung und Beratung.

Die Ziele *Kundennähe* und *flexible Reaktion* lassen sich, wie gesagt, nur durch eine Verlagerung von Aufgaben in die Außenstellen erreichen. Bei der Bearbeitung der einzelnen Geschäftsvorfälle läßt sich die Zuständigkeit zwischen Außenstelle und Zentrale klar abgrenzen: So kann eine Versicherung z.B. festlegen, bis zu welcher Schadenshöhe direkt vor Ort reguliert wird. Bei der fachlichen Beschreibung der Geschäftsvorfälle ist dies zu berücksichtigen. So kann es ein und denselben Geschäftsvorfall, abhängig von den konkreten Randbedingungen, in unterschiedlichen Ausprägungen geben. Bis zu einem bestimmten Wert kann der Geschäftsvorfall vollständig dezentral abgewickelt werden, oberhalb dieser Grenze aber nur in der Zentrale. Denkbar ist auch ein Geschäftsvorfall, der ab einer bestimmten Versicherungssumme, abgesehen von der reinen Datenerfassung, ausschließlich zentral bearbeitet werden darf.

Vor diesem Hintergrund werden Aktivitäten so zu einer Organisationseinheit gebündelt, daß alle Aktionen eines Unternehmens zur Betreuung von Kunden zusammengefaßt sind. Unter dem Schlagwort "Rundum-Sachbearbeitung" versteht man diese Bündelung, auch wenn sie traditionell unterschiedlichen Geschäftsbereichen ("Sparten" bei einem Versicherungsunternehmen) zugeordnet sind. Der einzelne Kunde erhält so für alle (Standard-) Probleme im Rahmen der gesamten Geschäftsbeziehung immer genau einen Ansprechpartner. Der Vorteil einer derartigen kundenorientierten Sachbearbeitung liegt aber nicht nur beim Kunden. Auch das Unternehmen profitiert davon, da Auswirkungen von Entscheidungen in Teilbereichen auf den Gesamtzusammenhang transparent werden. So wird z.B. das Problem deutlich, daß ein Kunde wegen Bagatellbeträgen aus einer Sparte gemahnt wird, obwohl er in einer anderen Sparte hohe Versicherungsbeiträge bezahlt. Die dadurch verstärkte langfristige Kundenbindung ist ein erwünschter zusätzlicher Vorteil.

Eine rein spartenbezogene Beschreibung von Geschäftsvorfällen ist für eine derartige Organisationsform unzureichend. Spartenübergreifende Abhängigkeiten sind bei der fachlichen Beschreibung zu berücksichtigen, ebenso geeignete Eskalationsprozesse, falls die Kompetenz des zuständigen Sachbearbeiters überschritten wird.

Kundenorientierung hat in den hier diskutierten Zusammenhängen mehrere Bedeutungen: flexible Reaktion auf Kundenwünsche, Bündelung von Dienstleistungen und das dezentrale Angebot von Dienstleistungen vor Ort. Eine flexible und gekapselte Beschreibung von Geschäftsvorfällen ermöglicht die technische Umsetzung dieser Aspekte von Kundenorientierung.

7.2.3 Führungsstrukturen

In den letzten Abschnitten haben wir gezeigt, wie sich Ideen des objektorientierten Ansatzes auf die Strukturierung der Aufbau- und Ablauforganisation eines Unternehmens übertragen lassen. Die Aufgabenteilung in Steuerung und operative Verantwortung ist dabei ein wesentlicher Ansatz. Naheliegend, aber bislang weniger gebräuchlich ist, diese Prinzipien auch auf die Gestaltung der Führungsstrukturen eines Unternehmens anzuwenden.

Die Grundsätze zeitgemäßen Personalmanagements sind mit dem Begriff Kapselung gut beschrieben. Unter dem Schlagwort "Management by Objectives" versteht man die eigenverantwortliche, weitgehend autonome, an gemeinsam abgestimmten Zielen orientierte Übernahme und Erfüllung von Arbeitsaufträgen. Diese Art der Führung und der Zusammenarbeit in Form von "Commitments" (Zusicherung oder Verpflichtung) läßt sich als Ausgangspunkt der in Kap. 3.3 unter "Vertragsmodell" genannten Konzepte des Zusammenspiels von Softwarekomponenten in formalisierter Weise wiederfinden. Bei aller Vorsicht, die eine Übertragung von technischen auf soziale Konzepte und umgekehrt erfordert, wollen wir doch den Augenmerk auf einige Aspekte lenken, die für die Koordination technischer Komponenten allgemein akzeptiert sind, deren Wert für die Kooperation von Menschen aber nicht allgemein geteilt wird.

Nehmen wir das Bild, daß ein Objekt nach dem Geheimnisprinzip auf seinen Daten operiert und auf Anforderung gewisse Leistungen erbringt und dabei Dienstleistungen anderer Objekte nach definierten Regeln in Anspruch nimmt. Dieses Muster läßt sich auf das Verhältnis zwischen Vorgesetzten und Mitarbeiter, und auf das Zusammenwirken gleichgestellter Personen oder ganzer Bereiche eines Unternehmens anwenden. Das Geheimnisprinzip wird dann zur Forderung nach einer konsequenten Delegation von Aufgaben und Verantwortung. Auf der Basis von klaren, eindeutigen Zielvereinbarungen können die Aufgaben und ihr Erfüllungsniveau zwischen Vorgesetzten und einzelnen Mitarbeitern oder einem Team festgelegt werden. Abgesehen von regelmäßigen Statusberichten oder Hilfestellung bei akuten Problemen nimmt der Vorgesetzte keinen Einfluß auf die konkrete Umsetzung. Der Mitarbeiter oder das Team erledigen eigenverantwortlich die übernommenen Aufgaben im Rahmen der vereinbarten Randbedingungen, z.B. Verbrauch von Ressourcen, zugesicherter Qualitätsstandard, Einhaltung von Terminen. Für ein Teammitglied gelten analoge Spielregeln. Die dem Team übertragenen Aufgaben werden auf die Mitglieder je nach Fähigkeiten und Verfügbarkeit verteilt. Jedes Teammitglied übernimmt im Rahmen seiner Aufgaben eine Mitverantwortung für das Gesamtergebnis. In letzter Konsequenz kann sich der Vorgesetzte darauf beschränken, nur noch in Ausnahmesituationen einzugreifen ("Management by Exception").

Die Übertragung von Verantwortung bewirkt bei den Arbeitsgruppen und den einzelnen Mitarbeitern ein besseres Verständnis für Zusammenhänge. Dieses Verständnis ist eine wesentliche Voraussetzung für die kontinuierliche Verbesserung der Arbeitsprozesse (japanisch: "Kaizen") auf Anregung durch die Betroffenen selbst.

Diese lokalen Verbesserungen führen auf Dauer zu unternehmensweit einfacheren und schnelleren Prozessen. Das Denken in Zusammenhängen und die eigenverantwortliche Gestaltung der Arbeitsprozesse sind ein wesentlicher Ansatz für eine interessantere und anspruchsvollere Arbeitsumgebung ("Job Enrichment"). Auch die Leistungsbeurteilung wird nun gerechter, da auf Basis der übernommenen Verantwortungsbereiche und der vereinbarten Erfüllungsniveaus der Beitrag zum Unternehmenserfolg eines jeden einzelnen deutlich wird (vgl. [7a]).

Bei der Darstellung unserer drei Architektursichten haben wir gesehen, daß die Strukturen auf den einzelnen Betrachtungsebenen kompatibel sein müssen. Nehmen wir die Ebene der Führung als eine mögliche vierte Sichtweise hinzu, so wird deutlich, daß sich die aufbau- und ablauforganisatorischen Gestaltungsmuster in der Führungs- und Kompetenzstruktur widerspiegeln müssen. Denn wie wäre eine weitgehend autonome Erledigung von Aufgaben ohne entsprechende Entscheidungs- und Gestaltungskompetenz möglich.

Daß diese Denk- und Verhaltensweisen bei allen Beteiligten und Betroffenen einen intensiven Lernprozeß voraussetzt, ist naheliegend. Die durchweg positiven Erfahrungsberichte über gestiegene Produktivität, Qualität und Zufriedenheit der Beteiligten ermutigen zu einem solchen Schritt.

7.3   Anwendungsarchitektur

Bei der Vorstellung unserer drei Architektursichten wurde bereits deutlich, daß die innere Struktur jeder dieser Sichten nicht willkürlich gewählt werden darf, wenn beim Übergang zwischen den Schichten die strukturellen Gemeinsamkeiten erhalten bleiben sollen. Um die Aufbau- und Ablauforganisation flexibel gestalten zu können, sind entsprechende fachliche und organisatorischen Vorkehrungen zu treffen.

7.3.1   Abbildung der organisatorischen Strukturen

Die organisatorischen Einheiten und Abläufe müssen durch geeignete Anwendungskomponenten unterstützt werden. Wird z.B. im Sinne der Kundenorientierung eine strenge Spartenstruktur auf der organisatorischen Ebene aufgegeben, so muß auch das eingesetzte Anwendungssystem eine spartenübergreifende Verarbeitung ermöglichen. Das bedeutet, daß die Anwendungssysteme selbst hochgradig modular aufgebaut sein müssen, um die organisatorischen Anforderungen oder Änderungen vollständig und in kurzer Anpassungszeit abdecken zu können.

Um diese Aspekte auch softwaretechnisch zu unterstützen, haben wir bereits einige Konzepte und Maßnahmen zur Umgestaltung und Integration von bestehenden Anwendungssystemen genannt. Dazu gehört die "Renovierung" der Altbestände[1], d.h. Bereinigung der alten Datenbestände, Entfernen von Redundanzen und Überführung in eine relationale oder objektorientierte Form, oder auch Restrukturierung und Modularisierung der Altsysteme, um sie mit neuen Anwendungen verknüpfen und auf anderen Zielsystemen verfügbar machen zu können. Eine andere Variante besteht darin, die noch weiter zu nutzenden Anwendungen unberührt zu lassen, sie aber in einer geeigneten Komponente einzukapseln ("Wrapper"-Technik). Diese umhüllende Komponente kann ein objektähnliches Verhalten der gekapselten Altanwendung emulieren. Auch Zwischenlösungen beider Varianten sind z.B. unter Performance-Gesichtspunkten denkbar.

---

[1] Die Sichtweise des "Renovieren statt Demolieren" ist auch von Budde und Züllighoven [8] ausgeführt.

Neue Anwendungskomponenten sollen so entwickelt werden, daß sie bereits die gewünschten Flexibilitätskriterien erfüllen, damit künftige, noch nicht bekannte Erweiterungen angepaßt werden können. Die weitverbreitete prinzipiell hierarchisch-deduktive Funktionsmodellierung kann diese Anforderungen nicht erfüllen.

Wir haben darauf hingewiesen, daß für bestehende Systeme geeignete Schnittstellen definiert werden müssen, auf deren Basis Neuentwicklungen stattfinden. So wird ein evolutionärer Übergang zu objektorientierten Systemen möglich. Auch mit Blick auf eine verteilte Verarbeitung ist eine stärkere Kapselung von Daten und Funktionen unerläßlich.

Vergleichen wir die in diesem Kapitel genannten Konzepte auf der Organisationsebene und die von uns vorgestellten Architekturmuster miteinander, dann ergibt sich eine generelle Übereinstimmung. Allerdings müssen wir noch verdeutlichen, wie die Werkzeug-Material Metapher mit dem hier genannten generellen Kapselungsprinzip zusammenpaßt.

Wir haben in Kap. 2.2 den einzelnen Arbeitsplatz als eine sinnvolle, d.h. aufgabenspezifische und mitarbeitergerechte Anordnung von Werkzeugen und Materialien in einer Arbeitsumgebung skizziert. Den traditionellen Geschäftsvorfall haben wir als eine explizite Aufgabenstellung integriert, der arbeitsteilig mit Hilfe von elektronischen Laufzetteln und Mappen in einem Verteilungssystem als offenem Steuerungssystem erledigt wird. Wenn wir jetzt schauen, was dies für das technische Rahmenwerk, die sog. Systemplattform, bedeutet, dann ergibt sich folgendes Bild:

Wir haben zunächst die Komponenten des fachlichen Anwendungskerns, in dem als Subkomponenten die Werkzeuge und Materialien einer Anwendung gekapselt sind. Im engen Zusammenspiel damit, aber wiederum in eigenen Komponenten (Cluster), stehen alle Aspekte der Kommunikation, d.h. die Interaktion mit dem Benutzer ("Oberfläche" oder "Präsentationsschicht"), der Informationsaustausch mit anderen Anwendungssystemen ("Kommunikation") und die Datenhaltung (vgl. Abb. 7.3). Die Organisationskomponente enthält die anwendungsbezogene Steuerung, z.B. das Verteilungssystem für die Arbeitsgegenstände bei kooperativen und verteilten Arbeitsformen. Präsentation und Anwendungskern werden jeweils Gebrauch machen von angepaßten Basisbibliotheken (auch im Sinne von Rahmenwerken). Bei der Präsentation handelt es sich um spezialisierte Interaktionstypen (vgl. Kap. 2.3) und beim Anwendungskern um fachliche Werte (vgl. Kap. 5.4.5). Nicht eingezeichnet haben wir die Basisbibliotheken, die als reine Bausteinsammlungen elementare Datentypen und Behälter enthalten und von allen anderen Komponenten verwendet werden.

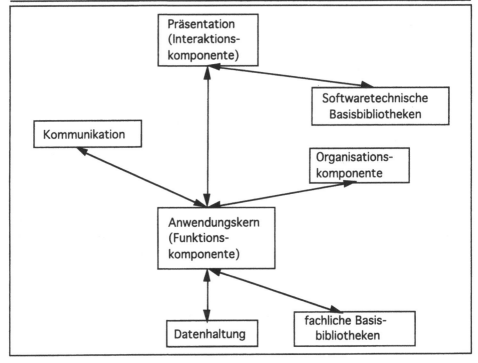

Abbildung 7.3:   Architekturmuster eines objektorientierten Anwendungssystems

Wir können also ein Anwendungssystem unter zwei Architekturgesichtspunkten betrachten: die Kompatibilität mit den fachlich-organisatorischen Strukturen sowie der darunterliegenden Systemplattform, und die Gliederung des Anwendungssystems selbst nach softwaretechnischen Richtlinien. Bei einem Anwendungssystem, dessen Schnittstellen zu seinem Umfeld nicht gekapselt sind, und das intern keinem einheitlichen Architekturmodell folgt, werden auch geringfügige organisatorische Veränderungen nur mit erheblichem Änderungsaufwand nachgebildet werden können.

7.3.2   Verteilte und zentrale Verarbeitung

In den zusammenfassenden Bemerkungen des letzten Abschnitts weisen wir bereits darauf hin, daß die Abkehr von einer zentralistischen und hierarchischen Arbeitsweise nicht bedeutet, daß die einzelnen Anwendungen dezentral verstreut und unverbunden nebeneinander bestehen. Wenn die Anforderungen an eine verteilte Verarbeitung aus fachlicher und organisatorischer Sicht definiert sind, müssen auch die Anwendungskomponenten entsprechend gebündelt werden. Diese Bündelung bereitet keine grundsätzlichen Schwierigkeiten, wenn die Komponenten bereits entsprechend gekapselt sind. Besonderer Augenmerk gilt der verteilten Haltung und Verarbeitung von Daten. Die fachlichen Anforderungen an Konsistenz, Redundanz, soweit gefordert, und Aktualität der Daten müssen auf der Anwendungsebene sichergestellt werden. Ebenso müssen die nötigen Verarbeitungsprozesse zentral wie dezentral effizient verfügbar sein.

Das in Kap. 3.2 beschriebene Dienstleistungsprinzip erfüllt auf der Ebene der Anwendungen alle diese Anforderungen. Hier soll nur darauf hingewiesen werden, daß sich Leistungsabnehmer und Anbieter wie gekapselte Anwendungsteilsysteme mit eigener Datenhaltung und spezifischer Funktionalität verhalten. Sie kommunizieren über eine schmale Schnittstelle und fordern oder erbringen geeignete Dienstleistungen.

7.3.3 Nutzung von Architekturkomponenten

In Kap. 7.1.2 haben wir am Beispiel der Verarbeitung eines Werkstückes gesehen, daß es verschiedene Möglichkeiten für die Beschreibung von Steuerung und Verarbeitung gibt. Steuerung und das Wissen über Verarbeitungsstationen sowie Bearbeitungsanforderungen und deren Reihenfolge konnten jeweils gekapselt werden.

Ähnlich verhält es sich bei der Strukturierung von Anwendungssystemen nach dem Dienstleistungsprinzip. Die fachliche Ablaufsteuerung als ein Transportsystem für Arbeitsgegenstände kann unabhängig von spezifischen Ausprägungen von Geschäftsvorfällen als wiederverwendbare Komponente eigenständig entworfen und realisiert werden.

Die Komponenten für Präsentation, Kommunikation und Datenhaltung haben wir auch gegen den jeweiligen Anwendungskern gekapselt. Sie werden als selbständige Komponenten für die Anwendungsentwicklung angeboten. Der Entwickler kann sich dann auf die eigentlichen Anwendungskomponenten konzentrieren und benötigt kein spezifisches Wissen über die Umsetzung von Oberflächen oder Datenhaltung auf den diversen Zielsystemen.

Dies erspart erheblich Aufwand für Mehrfachentwicklung und ist ein Schritt in Richtung Wiederverwendung. Als Nebeneffekt wird neben der Korrektheit auch das einheitliche Erscheinungsbild oder die Einhaltung von Standards, etwa bei Datenzugriffen, sichergestellt. Wir setzen dabei wieder voraus, daß die Strukturen aus Sicht der Anwendung und aus den anderen Sichten verträglich sind.

Gestaltung und Wiederverwendung verträglicher Architekturen bei der Realisierung der drei Sichten ist Voraussetzung für die Entwicklung von anwendungsunabhängigen "Basis"-Komponenten. Neben den bereits beschriebenen gibt es noch eine Reihe weitgehend fachneutraler Anwendungskomponenten, die als Bausteine oder als Rahmenwerke gekapselt werden können. Beispiele sind:

- ein Textverarbeitungssystem mit einer Textbausteinbibliothek und Anschluß an eine Poststraße sowie der Möglichkeit, auf einem beliebigen Drucker in einem verteilten System Ausgaben zu erzeugen,
- ein Berechtigungssystem, das die fachlich-organisatorischen Kompetenzregelungen abbildet und Zugriffe zur Ausführungszeit überwacht,
- ein in die Bearbeitung von Geschäftsvorfällen eingebettetes Nachrichtensystem,
- ein Archivsystem zur Bearbeitung von urschriftlich abgelegten Dokumenten ("Schriftgut-Management").

Derartige Softwarebausteine fallen aber nicht vom Himmel. Eine sinnvolle Einbindung in die Bearbeitung von Geschäftsvorfällen ist nur dann gewährleistet, wenn sich die Notwendigkeit und der fachliche Hintergrund aus den fachlichen Anforderungen für die Bearbeitung unmittelbar ableiten lassen. Es wäre auch nicht sonderlich wirtschaftlich, wenn jedes Projekt z.B. ein eigenes Berechtigungssystem neu entwickeln würde. Als Teil der vorgegebenen Anwendungsarchitektur sind diese Komponenten bereits bei der Beschreibung der fachlichen Anforderungen zu berücksichtigen.

Eine problemlose Integration solcher Bausteine in einem verteilten System setzt natürlich wieder voraus, daß die Bausteine selbst gegen Spezifika der Zielsysteme gekapselt sind.

Diese Überlegungen gelten für alle Cluster oder Bausteine, ob dies selbstentwickelte Komponenten oder gekaufte Standardsoftware ist, oder ob sich dies auf die anwendungsspezifischen oder die anwendungsneutralen Komponenten bezieht. Als Randbemerkung sei erlaubt, daß das leidige Thema der fachlich-organisatorischen und DV-technischen Einbindung von gekauften Softwarepaketen hinlänglich bekannt und wohl auf absehbare Zeit nicht befriedigend zu lösen ist.

Im Gegensatz dazu lassen sich für Eigenentwicklungen leichter konkrete Maßnahmen angeben, um Softwarebausteine auch langfristig einbinden zu können. Im folgenden Abschnitt machen wir einen entsprechenden Vorschlag.

7.4 Veränderung der Organisationsstruktur im Entwicklungsbereich

Mehrfach haben wir darauf hingewiesen, daß auch in objektorientierten Projekten der neue Produkttyp (ein objektorientiertes Anwendungssystem) nicht unabhängig von der Organisationsstruktur der Mitwirkenden entwickelt werden kann (vgl. 58a]). Die vorhandene Aufteilung in Geschäftsbereiche mit ihren jeweiligen Zuständigkeiten und die starke Hierarchisierung der fachlichen Entscheidungsfindung kann sich als sperrig erweisen. Statt dessen beobachten wir in objektorientierten Projekten die Tendenz, daß anwendungsnah arbeitende Systemanalytiker und DV-Berater viel stärker als vorher üblich in ein Entwicklungsprojekt integriert werden. Dies wirft dort Probleme auf, wo fachliche Verantwortung und personelle Zuständigkeit, bedingt durch die Organisationsstruktur, auseinanderfallen. Als Lösung empfehlen wir meist ein dem Matrixmanagement nachempfundene Organisationsform, bei der Mitarbeiter aus verschiedenen Abteilungen für den Ablauf eines Projektes fachlich einer Projektleitung unterstellt werden.

Eine weitere Forderung betrifft die höhere Eigenständigkeit objektorientierter Projekte, z.B. bei der Beschaffung und Bereitstellung der notwendigen DV-technischen Infrastruktur. Hier muß eine Balance gefunden werden zwischen der einheitlichen Gestaltung der Infrastruktur eines ganzen Unternehmens und den individuellen Erfordernissen, die aus der jeweiligen Projektarbeit heraus am besten beurteilt werden können. Allerdings kann dabei heute das Argument der prinzipiell notwendigen technischen Homogenität von Systemplattformen nicht mehr gelten (vgl. Kap. 3.2).

Soll objektorientierte Entwicklung nicht nur in einem einzelnen Projekt, sondern in zeitlich und thematisch parallelen Projekten erfolgen, dann erfordert das umfassende Werkzeugunterstützung und entsprechende personelle und organisatorische Voraussetzungen. Von herausragender Bedeutung für die mittelfristige Sicherung von Flexibilität, Wiederverwendbarkeit und Offenheit ist dabei die bereits genannte kontinuierliche Pflege und Weiterentwicklung der Bibliotheken und Rahmenwerke. Dies ist nicht nur eine Frage der technischen Verwaltung von Programmtexten, sondern erfordert einen kontinuierlichen Transfer von Wissen und Erfahrung. Auf der strategischen Ebene können wir wie andere immer nur darauf hinweisen, daß das Engagement des oberen Managements für die Durchsetzung einer neuen Methode von zentraler Bedeutung ist.

Die bisher genannten Randbedingungen und Forderungen müssen sich organisatorisch vor allem bezogen auf das Thema Bausteinsammlungen und Rahmenwerke konkretisieren. Dazu empfehlen wir die Einrichtung einer *Architekturgruppe*[1], die folgende Aufgaben hat:

- Projekte im Umgang mit Bausteinsammlungen und Rahmenwerke zu unterstützen, d.h. laufend Projekte sowohl bei Anfragen zu beraten, als auch selbständig Dokumentationsmaterial über Sammlungen und Rahmenwerke zu verbreiten;

- Projekte personell zu unterstützen, um zu verhindern, daß sich die Architekturgruppe soweit vom Tagesgeschäft entfernt, daß die Entwicklung der Bibliotheksklassen und Cluster nicht mehr den Anforderungen der Projekte entspricht. Zudem entstehen aus der Projektarbeit neue Anregungen für anwendungsspezifische Erweiterungen von bestehenden Bibliotheken und Rahmenwerken;

- strukturerhaltende Erweiterung von Bibliotheken und Rahmenwerken verantwortlich vorzunehmen. Darunter fällt die methodische Restrukturierung aufgrund von Anforderungen aus Projekten. Umgekehrt müssen die betroffenen Projekte von anstehenden Änderungen bei der Verwendung von Bibliotheksklassen rechtzeitig informiert werden:

- Schulung von Mitarbeitern in der verwendeten Entwicklungsmethodik zu übernehmen, um die Mitarbeiter so schrittweise mit Methoden und Techniken der objektorientierten Vorgehensweise vertraut zu machen;

- den Softwaremarkt nach geeigneten Hilfsmittel und Werkzeuge zur Unterstützung der Projektarbeit im Auge zu behalten;

- Treffen von Entscheidungsträgern zu organisieren und durchzuführen. Die Architekturgruppe ist für den Informationsaustausch zwischen Projekten und oberem Management verantwortlich. Dazu dient u.a. ein Arbeitskreis, in dem die Leitung der laufenden Projekte, Vertreter der Architekturgruppe, sowie Vertreter des Managements sich regelmäßig über den Stand der Projekte austauschen.

Die hier in ihren Aufgaben beschriebene Architekturgruppe kann selbst wieder als Beispiel für eine (teil-)autonome Gruppe angesehen werden.

---

[1] Die prinzipielle Notwendigkeit zur Einrichtung einer solchen Gruppe wird in letzter Zeit von vielen Autoren gesehen (vgl. [28], [52], [71], [88]).

8. Einführungsstrategie

Wer unter den Lesern dieses Buches die bisher vorgestellten Konzepte plausibel und für den eigenen Kontext relevant gefunden hat, wird sich die berechtigte Frage stellen, wie solche Konzepte in der Praxis umgesetzt werden können. Vergleichbare Erfahrungen im industriellen und Dienstleistungsbereich sind relativ rar, und selbst unter den Organisationen, die Ansätze der Objektorientierung verfolgen, ist ein übergreifendes methodisches Vorgehen während des gesamten Entwicklungsprozesses eher die Ausnahme. Erste Studien belegen u.E., daß Objektorientierung heute meist objektorientierte Programmierung bedeutet. Wir sind der Meinung, daß zur Lösung der in diesem Buch immer wieder angesprochenen Probleme eine sorgfältige Einführungsstrategie von zentraler Bedeutung ist. Erfahrungen zeigen, daß ohne eine solche Einführungsstrategie oft große Irritationen und Reibungsverluste entstehen, und daß die dann entwickelten Systeme von ihrem Aufwand und ihrer Qualität her nicht den Erwartungen entsprechen.

Wir sagen nichts Neues, wenn wir darauf hinweisen, daß die Einführung einer neuen Methodik Widerstände überwinden muß und daher im wesentlichen ein Lern- und Überzeugungsprozeß ist. Ebenso sollte deutlich sein, daß es unverantwortlich wäre, eine solche Vorgehensweise gleich in großem Stil im ganzen Unternehmen zu etablieren. Wir lassen uns auch bei der Einführungsstrategie von den Ideen der evolutionären Systementwicklung leiten.

In diesem Kapitel schlagen wir deshalb vor, ausgehend von einem Pilotprojekt in einem zyklischen Prozeß schrittweise Mitarbeiter und Gruppen in der neuen Methode auszubilden. Die Strategie ist auch insofern evolutionär angelegt, als für jede neu hinzukommende Gruppe konzeptionelle Schulung, Ausbildung in einem Pilotprojekt und praktische Projektarbeit aufeinander aufbauen.

Im folgenden Abschnitt beantworten wir zunächst die Frage nach den notwendigen technischen Voraussetzungen für die Systemplattform und die verwendeten Software-Tools. Dann beschreiben wir ein Pilotprojekt im Dienstleistungsbereich und skizzieren Projektthema, Vorgehensweise, Projektteam und den zu veranschlagenden Zeitaufwand. Einige Anmerkungen zu einem Schulungskonzept leiten über zu Bewertungskriterien, nach denen der Erfolg oder Mißerfolg eines Pilotprojektes bewertet werden kann. In diesem Zusammenhang gehören dann weitere Überlegungen, wie die bereits existierende Landschaft von DV-Systemen mit ob-

jektorientierten Programmen verbunden werden kann. Auch hier wird unsere
Leitlinie "Renovieren statt Demolieren" deutlich.

Wir schließen dieses Kapitel mit einem zusammenfassenden Bericht von vorliegenden Projekterfahrungen, um zu zeigen, daß unsere Vorschläge nicht nur auf
theoretischer Einsicht, sondern auch auf praktischen Erfahrungen begründet sind.

8.1   Voraussetzungen

Wenn wir die Literatur über Objektorientierung nach Vorschlägen zur praktischen Umsetzung durchforsten, dann können wir im Spektrum der vertretenen
Ansätze zwei extreme Positionen markieren: die erste Position möchten wir als
CASE-Tool-orientiert bezeichnen. Dort wird ein bestimmtes Hilfsmittel, meistens
ein spezialisierter Graphikeditor empfohlen, der Klassengraphen in Programm-
rümpfe oder -skelette einer objektorientierten Programmiersprache übersetzen
kann. Hier wird also technikzentriert ein bestimmtes Werkzeug und eine bestimmte Sprache als Voraussetzung für die erfolgreiche Umsetzung der objektorientierten Methode bezeichnet.

Die entgegengesetzte Position finden wir oft bei sog. *hybriden* Methodenansätzen,
d.h. dort, wo traditionelle Analyse- und Entwurfsmethoden und -verfahren mit
objektorientierten zusammengebracht werden. In diesem Fall werden keine speziellen Hilfsmittel und Sprachen als Voraussetzung genannt. Vielmehr wird herausgestellt, daß eigentlich jede Form von Unterstützungsmittel bei Analyse und
Entwurf und jede verfügbare Programmiersprache ausreichend sind, um Objektorientierung zu realisieren.

Beide Positionen sind in ihrer Absolutheit problematisch. Die CASE-Tool-orien-
tierte Position erweckt den Eindruck, daß noch ein neues Werkzeug oder noch
eine neue Programmiersprache die Lösung aller Probleme bringen wird. Durch
die Konzententration auf technische Hilfsmittel geht die für uns wesentliche Einsicht verloren, daß Objektorientierung vor allem eine neue *Sichtweise* und geänderte Einstellung zum Entwicklungsprozeß insgesamt erfordert. Zu diesem Mißverständnis kommt hinzu, daß viele der angebotenen CASE-Tools "Einbahn-
straßen" im Sinne einer zyklischen und evolutionären Vorgehensweise sind, da sie
nur den Weg von der Spezifikation zu Programmteilen, aber nicht den umgekehr-
ten Weg von Programmen zu den Klassengraphen mit vertretbarem Aufwand
unterstützen. Die hybride Position verzichtet auf diese Technikzentrierung, aber
auch sie geht am wesentlichen Punkt vorbei. Denn u.E. ist es nicht beliebig, mit
welchen Hilfsmitteln, Darstellungsformen und Verfahren Analyse und Entwurf

durchgeführt werden. Alle, an der klassischen Trennung von Daten und Funktionen orientierten Ansätze schränken den Blick auf ein Anwendungsgebiet in ihrer Weise ein. Diese Einschränkung führt zu Entwürfen, die, wie erste Studien zeigen [89], im Sinne der Objektorientierung nicht als hochwertig bezeichnet werden müssen. Dazu kommen beim Verzicht auf eine objektorientierte Programmiersprache noch erhebliche Restriktionen, was die Durchgängigkeit von Entwurf und Konstruktion anbetrifft.

Aus diesen Anmerkungen zu der CASE-Tool-orientierten und der hybriden Position sollte sich abzeichnen, wo unsere Vorschläge einzuordnen sind. Wir skizzieren im weiteren das Spektrum der technischen und organisatorischen Voraussetzungen, die u.E. für eine durchgängige objektorientierte Methode brauchbar sind und deuten an, wo Probleme bei der Einschränkung dieser Durchgängigkeit zu erwarten sind.

8.1.1 Systemplattform

Zur Erinnerung: Unter einer Systemplattform haben wir hier die Hard- und Softwarekomponenten verstanden, die die technische Infrastruktur für die Entwicklung und den Einsatz von Anwendungssoftware bilden. Betrachten wir die Situation in Forschungsabteilungen großer Firmen, aber auch in einigen fortgeschrittenen Entwicklungsabteilungen, dann lassen sich relativ zuverlässige Aussagen über die in wenigen Jahren zu erwartende Basisausstattung der Organisationen in dem von uns betrachteten Anwendungsbereich machen.

Im Banken- und Versicherungsbereich werden sich neben der Verwaltung großer Datenbestände auf Großrechnern, DV am Arbeitsplatz, überregionale Vernetzung, Multimediasysteme und die Integration der Bürokommunikation durchsetzen. DV-technisch werden Arbeitsplatzrechner in schnellen lokalen Netzen eine immer größere Rolle spielen. Farbige 19-Zoll Bildschirme mit einem Graphical User Interface, z.B. auf einer X Window Basis und Bibliotheken für Fenstersysteme wie dem derzeitigen de-facto Industriestandard OSF/Motif gehören bereits jetzt in einigen Unternehmen zur Grundausstattung am Arbeitsplatz. Diese werden ergänzt durch Notebooks und Laptops im mobilen Einsatz. Multimedia-Anwendungen werden vom Preis und Handhabungskomfort potentiell an jedem Arbeitsplatz verfügbar sein und dort die Probleme im Umgang mit unterschiedlichen Dokumenttypen beheben. Relativ offen stellt sich für uns die Frage nach dem Tempo der Einführung mobiler vernetzter Kleinstcomputer (im digitalen

Funknetz oder Telefonnetz[1]) und dem Niedergang der Großrechner auf breiter Front. Daß beides eine große Rolle in der Ausprägung der von uns hier skizzierten Entwicklung spielen wird, ist für uns keine Frage, offen ist, wie gesagt, nur die Zeitspanne. Dies ändert letztlich aber wenig an unseren Empfehlungen.

Generell scheint uns jedes offene und vernetzte System tragfähig, das die herstellerunabhängige Integration unterschiedlicher Hardware- und Softwarekomponenten in Zukunft ermöglicht. Ein derartig flexibles System läßt sich in absehbarer Zukunft sowohl auf einer Unix-Basis als auch unter OS/2 oder MS Windows realisieren, wobei die Herstellerunabhängigkeit in der PC-Welt ihre Grenzen hat. Zur Zeit sind die Zukunftsaussichten für OS/2 noch unklar. Wir gehen davon aus, daß Entscheidungen in den nächsten ein bis zwei Jahren hier Klarheit schaffen werden. Als technische Plattform sind alle drei Systeme ähnlich tragfähig. Da sie vergleichbare Dienstleistungen anbieten, sind sie bei entsprechender Architektur der Anwendungsprogramme auch relativ einfach austauschbar.

Mit Blick auf die Einbindung bestehender Anwendungen und vorhandener Großrechner bietet sich eine Client/Server-Architektur auf der Basis eines schnellen lokalen Netzes an. Dann können ein oder mehrere große Hintergrundrechner als Leistungsanbieter die Datenver- und -entsorgung technisch und organisatorisch sicherstellen. Die Dienstleistung eines Hintergrundrechners ist dabei meist oberhalb einer reinen Datenversorgung angesiedelt, d.h. es werden komplexe Dienstleistungen im Client/Services-Betrieb angeboten. Die eigentlichen Anwendungen können auf unterschiedlichen Arbeitsplatzrechnern oder Terminalclustern als den Leistungsabnehmern laufen. Eine solche Client/Server-Architektur könnte z.B. als LAN unter Tokenring oder Ethernet realisiert werden.

Alle Benutzer und Entwickler von objektorientierten Anwendungssystemen sollen ungehinderten Zugang zu vernetzten Arbeitsplatzrechnern haben. Die von uns in Kap. 3.2 vorgeschlagene Erweiterung des klassischen Client/Server-Modells auf das flexiblere Dienstleistungsmodell hat zur Folge, daß eine Aufteilung in reine Anbieter und Abnehmer nicht sinnvoll ist. Dies betrifft besonders die "unterwertige" Ausstattung der Leistungsabnehmer bezogen auf Rechenleistung und Speicherkapazität. Differenziert werden kann allerdings zwischen der Architektur für die Entwicklungsabteilungen und für die Fachabteilungen. Die zu erwartende Situation in den Fachabteilungen läßt Schlüsse zu, wie die Systemplattform für die Entwicklungsabteilungen aussehen sollte.

Wir unterscheiden in Entwicklungsabteilungen Rechner, die bei der Softwareentwicklung Dienstleistungen anbieten und abnehmen. Während *Abnehmer-*

---

[1] Dieser Nezttyp wird derzeit unter dem Stichwort Personal Communications Services (PCS) diskutiert. (siehe IEEE Spectrum, Juni 1993)

rechner als *Entwicklungsrechner* am Arbeitsplatz der Entwickler stehen, stellen die *Anbieterrechner* die notwendigen Leistungen *im Hintergrund* zur Verfügung - Projektbibliothek, Klassenbibliotheken, Dokumentationsverwaltung, Compilerleistung, elektronische Post, Testdatenbanken, etc.

Wesentliche Faktoren für die Auswahl der *Entwicklungsrechner* sind:

- *Integrierbarkeit in größere Netzwerke* Aus dieser Forderung ergibt sich, daß für jeden Rechner ein Ethernetanschluß oder ein Anschluß an ein vergleichbares Hochgeschwindigkeitsnetz vorzusehen ist. Durch diese Lösung wird eine einheitliche Wartung der Rechner außerordentlich erleichtert. Momentan sind durch den Einsatz von Ethernet hohe Leistungsgewinne gegenüber alternativen Lösungen sichergestellt. Dies betrifft insbesondere den effizienten Austausch von Programmen, Daten und Dokumenten zwischen Arbeitsplatzrechnern. Tendenziell sollte das Zusammenschalten von Netzen unterschiedlicher Hersteller und die Ankopplung an überregionale Netze (Wider Area Networks) ermöglicht werden.

- *Hohe lokale Rechenleistung* Die Entwicklung interaktiver Systeme erfordert Rechenleistungen, die nur durch moderne Hard- und Softwarearchitekturen ermöglicht werden. Für den "klassischen" PC-Bereich sind 486er Rechner unter OS/2 möglich. Als Alternative sollten dort nächste Versionen von MS Windows-NT im Auge behalten werden. Im expansiven Unix-Bereich kommen neben den derzeit dominanten SUN-Rechnern vergleichbare Modelle von HP und DEC in Frage. Als "hybride" Lösung können PCs mit AIX eingesetzt werden. Unix-Rechner zeichnen sich durch hohe Verbreitung vor allem im Forschungs- und Entwicklungsbereich und im technischen Bereich aus.[1] Aber auch im kommerziellen Bereich ist mit einer wachsenden Verbreitung von Unix zu rechnen.[2] Erfahrungsgemäß werden innovative Produkte im Unix-Bereich zunächst auf SUN Rechnern vertrieben. Allerdings kann, bei vergleichbarer Rechenleistung, auch die Konkurrenzsituation zwischen den einzelnen Anbietern von Unix-Rechnern ausgenutzt werden.

- *Verfügbarkeit von "Versionsrechnern"* Der Einsatz von verschiedenen Pilotsystemen vor Ort oder die Auslieferung unterschiedlicher Systemversionen macht ein Problem akut, für das es noch keine wirklich saubere technische Lösung gibt - die Versions- und Variantenführung bei großen

---

[1] Eine aktuelle Studie verzeichnet für 1990 einen Umsatz von 6,6 Milliarden $ für Unix-Arbeitsplatzrechner im technischen Bereich. Erwartet werden bis 1994 10,7 Milliarden $ (vgl. [93]).

[2] Die zitierte Studie nennt für 1990 einen Umsatz von 0,8 Milliarden $ für Unix-Arbeitsplatzrechner im kommerziellen Bereich. Erwartet werden bis 1994 4,6 Milliarden $.

Anwendungssystemen auf Arbeitsplatzrechnern. Viele Firmen gehen noch den Weg, auf Platten mit Hilfe von Systemen wie PVCS Versionen zu verwalten. Sehr schnell zeigt sich aber, daß wirklich lauffähige Versionen nur mit erheblichem Aufwand auf diese Weise gesichert werden können. Sehr oft verhindern bereits kleine Veränderungen an der Systemplattform (z.B. andere Compiler-, Fenstersystem- oder Binderversionen), daß eine lauffähige Version in ihrer ursprünglichen Umgebung wieder rekonstruiert werden kann. Eine radikale (und von großen Herstellern praktizierte) Lösung kann hier sein, jede ausgelieferte oder aufzubewahrende Systemversion auf einem eigenen Arbeitsplatzrechner bereitzustellen, der insgesamt "eingefroren" wird. In Anbetracht heutiger Hardwarepreise kann dies die kostengünstigste Variante sein, die zudem ermöglicht, unmittelbar, etwa bei Fehlermeldungen, auf eine gesicherte Version zuzugreifen.

- *Verfügbarkeit von lokalem Plattenplatz* Dadurch wird unökonomischer und netzintensiver Dateitransfer minimiert (siehe auch Kap. 3.1 Client/Server-Architekturen). Erfahrungen zeigen, daß bei intensiver Benutzung, die Arbeit mit plattenlosen Abnehmerrechnern über das Netz zu nicht akzeptablen Leistungseinbrüchen führt.

- *Verfügbarkeit von 19-Zoll-Monitoren* 19-Zoll-Monitore können im Bereich von Arbeitsplatzrechnern als Standard angesehen werden. Die Komplexität der zu unterstützenden Aufgaben erfordert Monitore in dieser Größenordnung. Vielfach wird die Größe des Bildschirms für die Förderung der Übersicht und des Verständnisses bei der Programmentwicklung noch unterschätzt. Dagegen ist die geeignete Unterstützung von Anwendungssystemen durch Farbe ein interessantes, aber noch nicht abgeschlossenes Entwicklungsthema. Absehbar werden Anwendungssysteme nicht nur bunt, sondern sinnvoll farbig sein. Daher sollten möglichst viele Arbeitsplätze mit Farbmonitoren ausgerüstet werden.

- *Verfügbarkeit von transportablen Rechnern:* Kundenberatung und Sachbearbeitung werden zunehmend mobil. Parallel dazu sind heute Rechner als Notebooks oder Laptops auf dem Markt, die zumindest in der Rechenleistung und Speicherkapazität den stationären Arbeitsplatzrechnern vergleichbar sind. Absehbar werden auch vergleichbare Bildschirme angeboten. Damit muß die Entwicklungsabteilung auch über diese Geräte verfügen. Dazu kommt, daß Notebooks und Laptops gute Dienste bei der Präsentation und Diskussion von Prototypen mit den Anwendern vor Ort leisten. Hochleistungsgeräte, wie das Macintosh Powerbook oder das Tadpole SparcBook, können zusätzlich als zugeschnittene Prototypingrechner eingesetzt werden, auf denen spezielle Entwicklungsumgebungen auch die

Überarbeitung eines Prototypen vor Ort ermöglichen. Wir haben bereits darauf hingewiesen, daß mit der Integration mobiler Kleinstrechner in ein digitales Funk- oder Telefonnetz neue Dimensionen des Rechnereinsatzes möglich sind. Dies trifft aber u.E. vor allem den Einsatz und weniger die Entwicklung von Anwendungssystemen.

- *Eine graphische Oberfläche (GUI)* Als Basis stehen in der PC-Welt MS Windows, IBM Presentation Manager und HP NewWave zur Verfügung. In der Unix-Welt hat sich das X Window System als de-facto Standard durchgesetzt, der mittlerweile auch unter MS Windows zur Verfügung steht. Höhere Bibliotheken und Entwicklungsumgebungen, die die Programmierung anwendungsspezifischer Oberflächen aus vorgefertigten Bausteinen erleichtern, sind z.B. in der PC-Welt CommonView, Neuron Data Open Interface oder StarView; unter Unix dominieren OSF/Motif und Sun Open Look. Generell kann festgestellt werden, daß alle Basissysteme eine vergleichbare Funktionalität aufweisen[1]. Auch die darauf aufbauenden Hilfsmittel, wie z.B. GUI-Builder, sind ähnlich. Eine entsprechende Trennung in Interaktions- und Funktionskomponenten, verbunden mit einer sauberen Strukturierung des interaktiven Teils, stellt sicher, daß die Migration zwischen diesen Systemen mit geringem Aufwand möglich ist.

- *Flexible Schreibtisch- und Dokumentationsunterstützung* Wir sollten bei der Rechnerausstattung der Entwicklungsabteilungen nicht vergessen, daß Softwareentwicklung in weiten Teilen Büroarbeit ist, d.h. Text- und Dokumentenbearbeitung. Neben der oft als "eigentlich" angesehenen Programmierarbeit ist das Entwicklerteam häufig mit der Ausarbeitung von Papieren, Übersichten und Berichten beschäftigt. Dazu kommt die individuelle und kooperative Arbeitsorganisation, die sich in Notizen, Terminkalendern und Graphiken niederschlägt. Eine hierfür geeignete technische Unterstützung kann den Entwicklungsprozeß in hohem Maß fördern. Da heute noch ein sehr unterschiedliches Angebot an Anwendungssoftware etwa zwischen Unix-Entwicklungsrechnern und Arbeitsplatzrechnern vom Typ Macintosh besteht, sollte dies in die Kalkulation einbezogen werden. Wir haben gute Erfahrungen mit dieser Aufteilung gemacht und sehen hier auch die Rolle von mobilen Kleinstrechnern, die als elektronische Notizbücher und Zeichenblocks sehr hilfreich sein können.

---

[1] Dazu kommt der Trend, diese Bibliotheken unabhängig von einem bestimmten Fenstersystem zu machen, um so Anwendungen einfach portieren zu können.

Da bei Hardware mit einem weiteren Preisrückgang zu rechnen ist, sollten in der nächsten Zeit Kosten zwischen 15 und 25 TDM für die Hardwareausstattung eines Arbeitsplatzes veranschlagt werden.

Komplementäre Faktoren für die Auswahl der *Leistungsanbieter* für Entwicklungsrechner sind (vgl. [93]):

- *Flexible Ausbaumöglichkeiten*: Zunächst muß ein Server für die wachsende Zahl von angeschlossenen, heterogenen Entwicklungsrechnern aufrüstbar sein. Dies kann durch eine ausreichende Anzahl von Steckplätzen und durch eine geeignete Grundausstattung sichergestellt werden. Im PC-Bereich stehen 486 oder absehbar 586 Rechner und im Unix-Bereich z.B. Sun Multiprozessor-Rechner mit SPARC-Architektur (z.B. Sparc10) zur Diskussion. Einige Hersteller bieten bereits Arbeitsplatzrechner mit speziellen Serverarchitekturen, die durch einen besonders schnellen Bus in ihren Zugriffszeiten an das Verhalten von Großrechnern herankommen. Perspektivisch kann eine Dienstleistung so auf mehrere Anbieter verteilt werden, daß der Leistungsabnehmer von dieser Verteilung nichts merkt.

- *Minimale Serverschnittstelle* Es ist wichtig, daß die Entwicklungsrechner keine Details der speziellen Server-Operationen kennen müssen. Nur Standardschnittstellen wie SQL oder X Window System werden bekannt gemacht. Dadurch wird die Architektur gegen Veränderungen in der Systemplattform unabhängig.

- *Anschlußmöglichkeiten für Großrechner* Die speziellen Eigenschaften von Großrechnern, wie große Massenspeicher und Rechengeschwindigkeit, sowie erhöhte Zuverlässigkeit und Ausfallsicherheit sollten solange für die Softwareentwicklung und Projektverwaltung genutzt werden, bis diese Rechner von leistungsgleichen Workstations abgelöst sind. Entsprechend wird die Entwicklungsabteilung auf die dort verwalteten Unternehmensdaten zugreifen müssen. Dieser Anschluß von Großrechnern an eine Client/Server-Architektur kann heute relativ einfach über Brückensoftware (Gateways), wie sie von vielen Herstellern angeboten wird, realisiert werden. Im Bereich der Datenbankanwendungen gibt es bereits zugeschnittene Datenbankkonfigurationen, bei denen ein Datenbankfrontend auf einem PC-Server mit einer entsprechenden Benutzungsoberfläche verbunden ist mit einer Großrechnerdatenbank. Spezialisierte Datenbankrechner werden hier eine ernsthafte Konkurrenz zu Universalrechnern sein.

- *Ausreichender Plattenplatz* Heute ist der Betrieb von 600 bis 800 MB Platten an einem normalen Arbeitsplatzrechner unproblematisch. Spezielle PC-Plattenserver (wie ein Compaq 486/33 MHz SystemPro) können Platten in der Größenordnung von 1,6 GB verwalten. Generell besteht mit neuen Betriebssystemen keine Begrenzung der verfügbaren Plattenkapazität. Es sollte nur bedacht werden, daß sehr große Kapazitäten organisatorisch verwaltet und gesichert werden müssen. Hierin sehen wir absehbar das größere Problem.

- *Ausreichende Daten- und Zugriffssicherheit* Für die Entwicklungsabteilung stellen sich die Fragen des unerlaubten Zugriffs und der Sicherheit gegenüber Ausfall und Geräteschäden nicht in der Schärfe, wie für die strategische DV eines Unternehmens. Die verfügbaren Schutzmaßnahmen reichen hier aus. Ein Datensicherungskonzept, das die vernetzten Großrechner miteinbezieht, bietet eine gute Grundlage. Auch in diesem Bereich sind im wesentlichen organisatorische Probleme zu bewältigen.
- *Einfaches Netzwerkmanagement* Offensichtlich ist hier die Unterstützung durch geeignete Werkzeuge noch unzureichend. Es kann davon ausgegangen werden, daß für das Netzwerkmanagement und die Verbindung unterschiedlicher Netzwerke auch in absehbarer Zeit Personalkapazität in nennenswertem Umfang zur Verfügung gestellt werden muß, da das entsprechende Expertenwissen über technische Details nur zu hohen Kosten gleichmäßig über das Entwicklerteam verteilt werden kann.

Vielfach werden heute die Kosten der Umstellung auf Arbeitsplatzrechner unmittelbar im Zusammenhang mit der Einführung der objektorientierten Methode diskutiert. Dabei wird übersehen, daß in der Diskussion Ursache und Wirkung verwechselt werden. Denn vernetzte Arbeitsplatzrechner werden ja nicht deshalb eingeführt, weil dies für die Umsetzung der objektorientierten Methode notwendig ist, sondern weil dies aufgrund der veränderten Anforderungen an die DV-technische Unterstützung unumgänglich ist. Ein wesentlicher Faktor zum Wechsel auf Arbeitsplatzrechner dürfte die Aufkündigung der Kompatibilität von Großrechnerterminals durch IBM sein.

Sicherlich lassen sich bei den von uns aufgelisteten einzelnen Anforderungen kostengünstigere Lösungen akzeptieren. So kann z.B. die Qualität des verwendeten Netzes Diskussionsgegenstand sein. Allerdings scheinen uns viele Diskussionen um Kosteneinsparungen bei der Geräteausstattung in Anbetracht der rasch fallenden Hardwarekosten und der Bedeutung einer guten Infrastruktur sowohl für die Entwicklungs- als auch für die Fachabteilungen nicht wirklich an der Sache orientiert. Vielmehr läßt sich bei einigen Vertretern des Managements, die aus den DV-Abteilungen herausgewachsen sind, eine Haltung des "Wir haben damals auch mit minimalen Mitteln gute Systeme gebaut" nachspüren. Unverständlicherweise, aber häufig findet sich als Konsequenz in Entwicklungsabteilungen eine Situation, in der Entwickler pro Monat viele Stunden mit Warten verbringen, weil als Entwicklungsrechner z.B. 386SX statt 486 Modelle beschafft wurden oder weil für eine ganze Entwicklungsabteilung nur ein Laserdrucker zur Verfügung steht. Gänzlich unverständlich ist für uns die Weigerung, Arbeitsplatzrechner mit hoher Hauptspeicherkapazität auszustatten. Die Einsparung von wenigen Hundert Mark hat dort die Konsequenz, daß häufig benötigte Anwendungen nicht parallel im Speicher gehalten werden können und mit letztlich erheblich teuererem Zeitverlust im Wechsel aus- und eingeladen werden müssen.

Ebenso emotional oder auf Vorurteilen beruhend zeigt sich die Abneigung vieler DV-Manager gegen eine heterogene Hardwareausstattung für die unterschiedlichen Aufgaben und Bereiche in einer Organisation. Natürlich ist es nicht sinnvoll, gleichartige Arbeitsplätze mit verschiedener Hardware auszurüsten. Aber ebensowenig sinnvoll ist, alle unterschiedlichen Arbeitsplätze mit dem gleichen Gerätetyp zu bestücken. Es ist heute durchaus möglich, Arbeitsplätze zur Systementwicklung, zum Prototyping, zur Dokumentation und in den verschiedenen Fachabteilungen mit unterschiedlichen Geräten auszustatten und über ein gemeinsames Netz zu verbinden.

8.1.2   Softwaretechnische Voraussetzungen

In Kap. 4.2 wurden bereits geeignete Sprachen für die objektorientierte Softwareentwicklung vorgestellt und diskutiert. Diese Sprachen zeichnen sich u.a. durch drei Charakteristika aus.

1.   Sie stellen den disziplinierten Zugriff auf Datenstrukturen durch die Verwendung von *Routinen* sicher. Notwendiges Sprachmittel dazu ist die Deklaration, die in C als Funktionsdeklaration, in Pascal-artigen Sprachen wie Modula2 wahlweise als Prozedur- oder Funktionsdeklaration möglich ist. Routinen erlauben die Strukturierung von Programmen im Kleinen. Dabei ist wesentlich, daß ein lokaler Datenraum beim Aufruf der Routine aufgebaut wird. Geeignete Parametrisierung der Routinen erlaubt in der Tendenz eine Orientierung der Programmstruktur an der Implementation abstrakter Datentypen.

2.   Darauf aufbauend ist die *Kapselung von Entwurfsentscheidungen* in getrennt übersetzbaren Einheiten, d.h. *Modulen*, möglich. Imperative Programmiersprachen sehen dazu teilweise eigene Sprachmittel vor. Das Modulkonzept in Modula2 kann hier als Beispiel dienen. Die Verwendung des Sprachkonstruktes `Module` wird verbunden mit dem methodischen Ziel, Lokalität herzustellen. So wird etwa durch Modula2-Übersetzer verhindert, daß Leistungsnehmer Kenntnis haben von der internen Struktur eines Leistungsanbieters.

Wenn diese Sprachmittel vorhanden sind, ist eine Vorstufe objektorientierter Programmierung, die Programmierung mit abstrakten Datentypen möglich. Insbesondere erlaubt das Modulkonzept auch unabhängig von der Laufzeit einzelner Routinen, die Allokation von lokal verwaltbarem Speicherplatz.

3. Das wesentliche Charakteristikum objektorientierter Sprachen ist die Realisierung der *Vererbung von Programmbausteinen* durch ein Sprachkonstrukt. In imperativen Programmiersprachen, die über ein Zeiger-Konzept verfügen, kann Vererbung technisch realisiert (simuliert) werden. Dazu wird der Grundgedanke der Vererbung – jedes (Daten-) Objekt verfügt über alle auf ihm ausführbaren Routinen – direkt umgesetzt. In Typdefinitionen werden nicht nur die strukturgebenden Datenkomponenten festgelegt, sondern auch - unter Verwendung von Referenzen - die jeweils aufrufbaren Routinen. Vererbung wird also durch Zeiger auf "Obertypen", d.h. durch Zeiger auf Daten und Operationen bekannter Typen, realisiert.

Bei der Verwendung einer geeigneten imperativen Programmiersprache können die Leistungsmerkmale *Routinen* und *Module* erfüllt werden. Als geeignet erscheinen in diesem Fall vor allem Modula2 und C. Modula2, weil es in dieser Sprache ohne größere Schwierigkeiten möglich ist, entlang abstrakter Datentypen zu entwerfen und zu implementieren. C, da diese Sprache sehr weit verbreitet ist und der Aufwand für die nötige Programmierdisziplin tragbar ist. Diese Lösung scheint uns besonders dort sinnvoll, wo über die Koexistenz einer objektorientierten mit einer traditionell imperativen Welt nachgedacht wird. Wir haben in Kap. 7.3.1 darauf hingewiesen, daß in diesem Fall die traditionellen Systemkomponenten als objektähnliche Module gekapselt werden sollen.

Die Umsetzung des *Vererbungskonzepts* ohne Unterstützung durch eine objektorientierte Programmiersprache ist kontraproduktiv, da es unwahrscheinlich ist, daß die technisch denkbare Programmierdisziplin tatsächlich auf Dauer von den Entwicklern durchgehalten werden kann. Weiterhin führt die direkte "Verzeigerung" von ererbten Daten und Routinen zu starken Effizienzverlusten in der Laufzeit. Während effiziente Laufzeitsysteme objektorientierter Programmiersprachen lediglich einen zusätzlichen Tabellenzugriff benötigen, um dynamisches Binden zu realisieren, wird die manuelle Suche nach der korrekten Routine ineffizienter ausfallen[1].

Bei einer Entscheidung gegen eine objektorientierte Programmiersprache sollte vor allem bedacht werden, daß ein Hauptargument für den objektorientierten

---

[1] Selbstverständlich kann auch ein selbst implementierter Suchalgorithmus effizient sein. Je höher die Effizienz sein soll, desto höher wird jedoch auch der Entwicklungsaufwand für den Algorithmus sein.

Entwurf die Durchgängigkeit vom fachlichen zum technischen Modell ist. Jeder Abstrich an einer durchgängigen Realisierung mit Hilfe einer objektorientierten Programmiersprache macht sich dabei deutlich negativ bemerkbar. Wir weisen besonders darauf hin, daß die Wiederverwendung von Anwendungskonzepten und deren Spezialisierung ohne den Vererbungsmechanismus nicht möglich ist.

Auf das Thema einer geeigneten objektorientierten Entwicklungsumgebung sind wir gesondert in Kap. 4.3 eingegangen. Zwei Aussagen sollen hier wiederholt werden: Eine offene Entwicklungsumgebung ist dem Einsatz isolierter und oft für evolutionäre Entwicklung ungeeigneter Hilfsmittel vorzuziehen. Gute Programmierhilfsmittel wie Debugger, Browser und Versionsverwaltungssysteme leisten einen erheblich produktiveren Beitrag als die meisten CASE-Tools, die eine eher routinisierte, phasenorientierte Softwareentwicklung als Einsatzgebiet unterstützen.

8.1.3 Mitarbeiterschulung

Die Betrachtung der technischen Plattform für die objektorientierte Methode muß im Sinne des von uns vertretenen Ansatzes notwendig ergänzt werden um die Diskussion der organisatorischen und personellen Voraussetzungen und Maßnahmen. Bei der Analyse erfolgreicher objektorientierter Entwicklungsprojekte zeigt sich, daß, trotz der verbesserten Kommunikationsmöglichkeiten durch Modellierung und Prototyping, die Einarbeitung der Entwickler in die Konzepte und Arbeitsweisen des Anwendungsfeldes das zentrale Problem ist. Hier bestätigt sich auch für die objektorientierte Methode, daß Softwareentwicklung ein Lernprozeß aller beteiligten Gruppen ist. Dieses Lernen findet auf Seiten der Entwickler dann unter optimalen Bedingungen statt, wenn im Entwicklerteam bereits gute Kenntnisse des Anwendungsbereichs vorhanden sind. Ähnliches gilt umgekehrt für Benutzer, die neben ihrem Arbeitsgebiet auch Erfahrungen und Kenntnisse in Computeranwendungen besitzen.

Wenn diese Voraussetzungen in einem Projekt nicht gegeben sind, muß der Einarbeitungsaufwand in die Denk- und Sprachwelt der Anwendung zeitlich und personell ebenso berücksichtigt werden, wie die Heranführung der Anwender an eine neue DV-technische Infrastruktur. Schritte in diese Richtung sind:

- DV-Kurse zur Benutzung von Arbeitsplatzrechnern und Standardanwendungsprogrammen für Anwender und
- Fachseminare zu Themen des Anwendungsgebiets für Entwickler.

Gesonderte Anstrengungen sind notwendig, um neue Mitarbeiter systematisch in ein objektorientiert arbeitendes Entwicklerteam zu integrieren. Dabei hat es sich

als nützlich erwiesen, ein eigenes Schulungskonzept zu entwickeln, daß softwaretechnische und methodische Aspekte integriert. Die softwaretechnischen Aspekte
(vgl. auch [88]) umfassen:

- Modulkonzept
- abstrakte Datentypen
- Geheimnisprinzip (Information Hiding)
- Generizität vs. Überladen
- Typsysteme, Polymorphie, dynamisches Binden

Wir werden dazu in Kap. 8.2.3 einen Vorschlag machen.

8.2 Auswahl eines Pilotprojekts

Wie wir bei den erforderlichen Voraussetzungen für die Einführung der objektorientierten Methode gesehen haben, sind mit diesem Schritt eine ganze Reihe
zum Teil tiefgreifender Veränderungen verbunden.

In einem Pilotprojekt können Erfahrungen unter realistischen Bedingungen gesammelt, bewertet und in konkrete Verbesserungen umgesetzt werden. Der erfolgreiche Abschluß eines Pilotprojekts ist eine wesentliche Voraussetzung für die
Akzeptanz des neuen Vorgehens im übrigen Unternehmen.

8.2.1 Thema und Vorgehen

Aus den Überlegungen zur Methodik und zur Vorgehensweise wurde deutlich,
daß das Pilotprojekt zwar im wesentlichen Lerncharakter hat, aber dennoch nicht
als "Spielprojekt" durchgeführt werden sollte. Seinen Zweck wird das Projekt
dann erfüllen, wenn alle Aktivitätsschwerpunkte eines objektorientierten Entwicklungsprojekts bearbeitet werden können. Dabei ist besonderer Wert auf die Auswahl des geeigneten Anwendungsbereichs zu legen.

Weniger geeignet sind solche Anwendungsbereiche, in denen bereits ein hohes
Maß an routinisierter Arbeit gestützt auf ein konventionelles Großrechnersystem
vorliegt. Die notwendige Rekonstruktion der fachlichen Komponenten dieser Arbeit als Grundlage eines guten objektorientierten Entwurfs stellt sehr hohe Anforderungen an die analytisch-objektorientierten Fähigkeiten der Entwickler.
Geeignet sind Anwendungsbereiche, in denen Mischarbeitsplätze mit kundenbezo-
gener Sachbearbeitung und einem geringen Maß an Großrechnereinsatz vorherr-
schen. Die an solchen Arbeitsplätzen zu erledigenden Aufgaben sollen in Tätig-

keitsbereiche aufgeteilt werden, und ein überschaubarer Bereich soll Gegenstand des Pilotprojektes sein. Für diese Arbeitsplätze soll ein Einplatzsystem entworfen werden, d.h. die Modellierung der Kooperationsbeziehungen zwischen den verschiedenen Mitarbeitern und Instanzen kann im Pilotprojekt vernachlässigt werden.

Die Analyse der vorliegenden Anwendungssituation und ihrer Beschreibung in Szenarios und einem Glossar sind die ersten Aktivitätsschwerpunkte des Pilotprojektes. Hierbei ist neben der Arbeit mit den Dokumenten vor allem auf die Ausprägung der kommunikativen Fähigkeiten, die Gesprächsführung, -vorbereitung und -auswertung zu achten.

Auf der sich entwickelnden Basis der Anwendungsanalyse werden dann die ersten Klassenentwürfe erstellt, wobei der Schwerpunkt die Modellierung der Materialien sein soll. Es ist abzusehen, daß dabei ein Modell des Formular- und Textwesens an den betrachteten Arbeitsplätzen entsteht. Wichtig hierbei ist, daß die Begriffe des Anwendungsbereichs repräsentiert werden und die Entwickler nicht ihre eigene Terminologie verwenden. Es erweist sich als günstig, diese Entwürfe bereits in einer objektorientierten Sprache wie Eiffel oder C++ zu formulieren, weil dann erste formale Konsistenzprüfungen erfolgen können.

Der Entwurf der Werkzeuge für das Formularwesen stellt eine nächste Etappe im Pilotprojekt dar. Hier ist, wie gesagt, die Kreativität der Entwickler gefordert, die aus den vorhandenen Arbeitsaufgaben und ihrer Kenntnis der Möglichkeiten eines interaktiven Arbeitsplatzsystems einige wenige kleine Werkzeuge zunächst als Systemvisionen entwerfen sollen. Um dem Team die Einarbeitung in die Werkzeuge zur Oberflächenkonstruktion zu erleichtern, werden anhand dieser Systemvisionen erste Oberflächenprototypen entwickelt. Diese Oberflächenprototypen können dann zu funktionalen Prototypen ausgebaut werden, die als Diskussionsgegenstand mit den Benutzern dienen.

Evolutionäre Vorgehensweise erfordert bereits für das Pilotprojekt, daß die Zusammenarbeit mit Benutzern und anderen Anwendern Teil der Projektarbeit wird. Hier dürfen die Hürden nicht unterschätzt werden. In diesem Sinne ist die sorgfältige Planung und Umsetzung des Prototyping-Prozesses integrales Thema des Projektes. Hat die Zusammenarbeit mit den Benutzern zu einem ersten akzeptierten Prototyp geführt, wird dieser softwaretechnisch bewertet. Der zeitliche Rahmen sollte so gesteckt werden, daß dieser Prototyp noch einmal unter Berücksichtigung der erarbeiteten softwaretechnischen Qualitätsmerkmale reimplementiert werden kann.

Soll der Nutzen der objektorientierten Methode wirklich ausgeschöpft werden, ist die Verankerung der Sichtweise und der damit verbundenen veränderten Vorgehensweise von zentraler Bedeutung. Der von uns des öfteren hervorgehobene Paradigmenwechsel im Software-Engineering bedeutet hier, daß der Wechsel der Sichtweise die größten Anstrengungen bei den Beteiligten erfordert. Denn eins ist klar, ein lauffähiges Programm in C++ oder Eiffel zu schreiben bedeutet noch lange nicht, objektorientiert zu entwerfen oder zu konstruieren.

Die von uns vorgeschlagene Vorgehensweise will Hilfestellung geben, den neuen Weg der Objektorientierung mit möglichst geringen Hindernissen einzuschlagen. Deshalb gehen Abstriche nicht nur an den technischen Voraussetzungen, sondern auch an der organisatorischen Vorgehensweise an die Substanz der Methode schlechthin. Benutzerbeteiligung ist dabei der zentrale Punkt der Anwendungsorientierung. Wir haben bereits darauf hingewiesen, daß sich Entwickler vielfach einen genügend tiefen Einblick in die Situation und Arbeitsweisen des Anwendungsbereichs zuschreiben. In der Folge werden Gespräche mit Anwendern und Benutzern minimiert. Aus der gleichberechtigten Zusammenarbeit in einem Entwicklungsprojekt wird aus Sicht der Entwickler dann doch ein "Extrahieren" von benötigten Eckdaten für das Anwendungssystem. Wenn den Entwicklern nicht deutlich wird, daß die wesentliche fachliche Kompetenz bei den Anwendern liegt und ihre eigene Rolle sich gegenüber einer konventionellen Vorgehensweise eher auf die technische Umsetzung, Beratung und Dienstleistung konzentriert, dann sind immer wieder methodische Probleme zu erwarten.

Wenig Abstriche vertragen auch die vorgeschlagenen Entwicklungsdokumente. Ein Verzicht auf Szenarios oder ihr Ersatz durch vorliegende Stellen- oder Arbeitsplatzbeschreibungen birgt große Gefahren für die daraus abgeleiteten Entwürfe. Schließlich geht es nicht nur um den sachlichen Inhalt der Szenarios, des Glossars und der Systemvisionen, sondern um den Prozeß ihrer Entstehung. Dieser Prozeß, der zu einem gemeinsam getragenen Entwurf führen soll, ist immer für die Beteiligten ein Lernprozeß und kann durch vorgefertigte Texte nicht ersetzt werden.

Ein letzter essentieller Bereich ist das Prototyping. Hier trifft ebenfalls das vorstehende Argument zu. Es geht nicht alleine darum, ein lauffähiges System zu implementieren, sondern im Prozeß seiner Entstehung auch die Einstellung der Beteiligten zu verändern. Erfahrungen zeigen, daß sich Entwickler und Benutzer viel stärker mit dem Anwendungssystem identifizieren, wenn sie aktiv an seiner Gestaltung beteiligt sind. Der hier vorgeschlagene objektorientierte Ansatz erfordert diese Identifikation in hohem Maße, da ja individualisierbare Arbeitsumgebungen für die verschiedenen Anwendungsbereiche gestaltet werden sollen.

Unter diesen Aspekten raten wir nochmals von einer "hybriden" Vorgehensweise ab, bei der die Anwendungsanalyse etwa mit den konventionellen Methoden der

Daten- und Funktionsanalyse erfolgt. Auch hier zeigen Erfahrungen, daß ein Sichtenwechsel nach dieser Anfangsphase nur noch sehr schwer möglich ist.

8.2.2 Das Projektteam

Gestaltung der Lernphase

Das Projektteam sollte aus einer überschaubaren Anzahl von Personen bestehen. Dabei ist eine Mischung aus anwendungsnahen Mitarbeitern (Systemanalytiker) und Softwareentwicklern anzustreben. In der Anfangsphase werden selten Kenntnisse über die objektorientierte Methode und über das neue technische Entwicklungsumfeld vorliegen. Daher sind die zu überbrückenden Wissenslücken für alle Beteiligten das primäre Problem. Hier wird das Team auf die Unterstützung externer Berater angewiesen sein, da alternativ ein systematisches Wissen über die Einführung der objektorientierten Methode in schriftlicher Form nicht vorliegt.[1] Die vorhandene Literatur deckt zwar einzelne Themenbereiche ab (vgl. Jacobson [52], Wirfs-Brock et. al. [103], Booch [5], Rumbaugh [87]), ist aber keine ausreichende Grundlage für eine tatsächliche Projektetablierung auf "Neuland". Eine integrierte Ausbildung über das Zusammenspiel von Programmiersprache, Betriebssystem, Fenstersystem und Bibliotheken unter dem Gesichtspunkt einer einheitlich objektorientierten Herangehensweise wird u.E. auf dem Markt (noch) nicht angeboten.

In der Lernphase muß die klassische Trennung zwischen Anwendungswissen (bei den Systemanalytikern) und DV-technischem Wissen (bei den Entwicklern) überbrückt werden. Softwaretechnische Kenntnisse bei den Systemanalytikern des Entwicklerteams sind nützlich, wenn es um die Diskussion der Umsetzung von fachlichen in technische Entwürfe geht, da beide Modelle eng miteinander verzahnt und in der gleichen Sprache ausgedrückt werden können. Andererseits wird für die Softwareentwickler die intensive Beschäftigung mit dem Anwendungsbereich eine neue Erfahrung sein, die systematisch vorbereitet werden muß.

Bei der Prototypkonstruktion ist von der Projektleitung besonders darauf zu achten, daß die Entwickler viel stärker als bisher den Zusammenhang des Gesamtsystems im Auge behalten. Da gerade in der Anfangsphase der Klassenentwurf noch nicht stabil ist, darf sich kein Entwickler auf die Konstruktion eines detailliert spezifizierten Moduls zurückziehen, sondern muß sich immer wieder mit den anderen Teammitgliedern über Klassenhierarchien und Schnittstellen einigen. Hat sich die Systemstruktur stabilisiert, können neue Teile des Systems

---

[1] Obwohl wir hoffen, mit diesem Buch einen kleinen Beitrag dazu geleistet zu haben, gehen wir nicht davon aus, alle auftretenden Fragen in ausreichender Detaillierung angesprochen zu haben.

relativ gut lokal entwickelt werden. Trotzdem ist ein Wissen um die Entwicklungsphilosophie des Gesamtsystems notwendig, da es einige Zeit in Anspruch nehmen wird, bis eine ausreichend detaillierte Beschreibung der Systemarchitektur und der Entwicklungsprinzipien vorliegt. Um dies zu gewährleisten, ist ein Leitbild von großer Bedeutung. Ohne diese griffige Vorstellung läuft ein Systementwurf bei der konstruktiven Umsetzung oft in unterschiedliche Richtungen.

Die schrittweise Integration neuer Mitarbeiter in ein laufendes Projekt und die Etablierung von Nachfolgeprojekten muß ebenfalls durch eine Lernphase abgesichert werden, um den Wissens- und Erfahrungstransfer sicherzustellen. Selbst wenn bei neuen Mitarbeitern die Bereitschaft zur Einarbeitung in ein umfangreiches neues methodisches und technisches Gebiet vorhanden ist, muß noch ein sehr hoher Anteil an persönlichem Betreuungsaufwand von den bereits erfahrenen Projektmitarbeitern erbracht werden. Erfahrungsgemäß entstehen gelegentlich Schwierigkeiten aufgrund mangelnder kommunikativer Offenheit oder aufkommender Konkurrenzsituationen. Hier bietet sich ein sog. Mentorenkonzept an, bei dem neue Mitarbeiter über einen längeren Zeitraum jeweils einem erfahrenen Teammitglied persönlich zugeordnet werden.

Sikora [92] verweist ergänzend auf die Bedeutung von Fallstudien für den Einarbeitungsprozeß. In Fallstudien werden alternative Entwürfe mit ihren jeweiligen Vor- und Nachteilen diskutiert. Deshalb können Fallstudien insbesondere dazu verwendet werden, ein Repertoire von Entwurfsmöglichkeiten zu vermitteln, das dann in konkreten Entwurfssituationen evaluiert und angewandt wird.

Räumliche Voraussetzungen

Wenn die aktive Einbeziehung aller relevanten Gruppen - Entwickler, Benutzer, Anwendermanagement - als essentiell für ein wirklich erfolgreiches Softwareprojekt angesehen wird, dann bedeutet dies auch, daß der räumliche Zusammenhang zwischen diesen verschiedenen Gruppen angestrebt werden soll. Dies betrifft zunächst die Unterbringung des Entwicklerteams. Meist wird der Stellenwert gemeinsamer Besprechungsräume und der Arbeit von mehreren Entwicklern in einem Büro unterschätzt. Dies betrifft auch die Nähe zu den Anwendern. Erfahrungen besagen, daß trotz aller Möglichkeiten der Telekommunikation (wie Fax, Electronic Mail oder Telefon) die persönliche Diskussion und Abstimmung von herausragender Bedeutung für die Herausbildung einer Projektidentität und Projektkultur ist. Insgesamt wird die Rolle der räumlichen Infrastruktur noch unterschätzt. Zwar sind die europäischen oder deutschen Arbeitsbedingungen in Büroräumen selten mit dem zu vergleichen, was DeMarco und Lister [23] für die Großraumbüros des nordamerikanischen Raum anprangern, doch sind ähnliche Tendenzen zu erkennen. Auch wir haben bereits Firmen erlebt, in denen die

Entwicklerteams weder Raum für spontane Teambesprechungen, noch für unge-
störtes individuelles Arbeiten haben, obwohl dies aufgrund der vorhandenen Ressourcen einfach möglich wäre.

Ein Schulungskonzept

In unserer Arbeit als wissenschaftliche Projektbegleiter und Unternehmensberater
haben wir verschiedene Schulungskonzepte erarbeitet, die das hier vorgestellte
Konzept den unterschiedlichen Gruppen vermitteln sollen. Wir skizzieren jetzt
einige Themen, die innerhalb einer Entwicklerorganisation entsprechend ausge-
füllt und in jeweils Zwei- bis Dreitagesseminaren angeboten werden sollten.

- *Überblick über die objektorientierte Methode.* Unabhängig von technischen Konzepten wird hier der Schwerpunkt auf die Erarbeitung einer
  "objektorientierten Denkweise" gelegt werden. Dabei steht die Herangehensweise unter Verwendung der Werkzeug-Material Entwurfsmetapher
  im Vordergrund. Der Kurs bietet für alle beteiligten Gruppen eine
  Orientierung auf die wesentlichen Themen der Objektorientierung.

- *Softwaretechniken.* Wir haben die Bedeutung des Dienstleistungskonzepts
  hervorgehoben. Um dieses Konzept umsetzen zu können, muß software-
  technisches Handwerkszeug vermittelt werden. Dies kann in einem eigenen
  Kurs geschehen, der vor allem Mitarbeiter ansprechen sollte, die schon
  länger ohne eine entsprechende Ausbildung in der Entwicklung tätig sind.
  Zu den Themen gehören das Modulkonzept, das Vertragsmodell und die
  Modellierung mit abstrakten Datentypen.

- *Objektorientiertes Programmieren im Kleinen.* Als Vorbereitung auf eine
  Praxisphase werden in einer objektorientierten Sprache die elementaren
  technischen Konzepte unter Betreuung geübt. Dieser Kursteil konzentriert
  sich auf die Grundkonzepte der gewählten objektorientierten Programmiersprache und das Programmieren im Kleinen. Dabei ist ein auch
  in den nachfolgenden Kursteilen durchgängiges einfaches Beispiel aus dem
  Anwendungsbereich von Vorteil. Anzustreben ist schon hier, daß Gruppen
  von Kursteilnehmern Ergebnisse austauschen und wechselseitig konstruktiv kritisieren.

- *Objektorientierter Systementwurf.* In diesem Kursteil werden die verschiedenen objektorientierten Entwurfstechniken an praxisrelevanten
  Themenstellungen geübt. Im Mittelpunkt steht die Frage, wie Anwen-
  dungskonzepte anhand der vorhandenen Arbeitsgegenstände und -mittel
  erkannt und in die Elemente des objektorientierten Modells umgesetzt
  werden können. Dazu gehört insbesondere der Einsatz der Benutzt- und
  Vererbungsbeziehung beim Entwurf, um die Nähe zwischen fachlichen
  und technischen Entwürfen erfahrbar zu machen.

- *Objektorientiertes Programmieren im Großen.* Die Konzepte aus dem vorangegangenen Kurs werden hier in den Zusammenhang ihrer technischen Realisierung gestellt. Konstruktion in Klassenhierarchien, Generalisierung und Spezialisierung mit den konkreten Mitteln einer objektorientierten Programmiersprache und der Einsatz der gewählten Programmierumgebung stehen im Mittelpunkt.
- *Konstruktion interaktiver Systeme.* Die grundlegenden Prinzipien zur Konstruktion interaktiver, d.h. reaktiver Systeme werden vermittelt. Die Trennung von Funktions- und Interaktionskomponenten und die Verwendung von Interaktionstypen stehen im Mittelpunkt. Dazu werden diejenigen Teammitglieder, die interaktive Werkzeuge konstruieren sollen, in der Verwendung des gewählten Fenstersystems geschult.
- *Konstruktion mit Entwurfsmustern.* Dieses Thema gewinnt in der objektorientierten Entwicklung zunehmend an Bedeutung (vgl. [37]). Hier geht es um Makrostrukturen, die im Sinne der Alexander'schen Architekturmuster [2] beim Entwurf im Großen eingesetzt werden. Die Verwendung von Entwurfsmustern führt tendenziell zu einer Projektkultur, in der die Entwickler sich über höhere Entwurfseinheiten in einer eigenen Sprache verständigen können.

Zur Abschätzung des notwendigen Schulungs- und Beratungsaufwands bei der Einführung der objektorientierten Methode lassen sich erste vorsichtige Angaben in Personentagen (PT) machen:

- Aufwand für externe Projektbegleitung: 20 - 30 PT pro Jahr. In der Einführungsphase soll eine kontinuierliche Rückkopplung für die Teilnehmer am Schulungsprogramm möglich sein.
- Schulung pro Mitarbeiter:

Softwareentwickler: 5 - 10 PT hausintern,
10 - 15 PT extern,
Systemanalytiker: 5 PT hausintern,
5 - 10 PT extern.

Die hier angenommenen Aufwände ergeben sich als untere Grenze aus dem oben beschriebenen Schulungsprogramm. Dabei sind Schulungen zur Einführung in ein PC-Betriebssystem oder benötigte Anwendungsprogramme noch nicht enthalten.

Zur Abrundung des fachlichen Schulungskonzeptes empfehlen wir Seminare, die die kommunikativen Aspekte des Entwicklungsprozesses und Fragen der Software-Ergonomie zum Gegenstand haben.

8.2.3   Zeitplan

Die Einführung einer objektorientierten Vorgehensweise ist also untrennbar verbunden mit einem konkretisierten Schulungskonzept. Erfahrungen zeigen, daß ein Zeitraum von ca. 6 Monaten zu veranschlagen ist, in dem Techniken der Programmierung und umfassende objektorientierte Denkweise von Entwicklern verinnerlicht werden müssen. Diese Erfahrungswerte gelten unter den folgenden Voraussetzungen:

- Die am Einführungsprojekt beteiligten Programmierer haben bisher im wesentlichen in einer Programmiersprache der 2. oder 3. Generation entwickelt.

- Das auszubildende Entwicklerteam besteht aus maximal 10 Personen. Dadurch ist zum einen möglich, Kleingruppen zu bilden und zum anderen wird verhindert, daß Teilnehmer wegen zu großer Teilnehmeranzahl "verlorengehen".

Während des Einführungszeitraumes sollen in den ersten 3 Monaten (Schulungsphase) die Techniken der Programmierung mit abstrakten Datentypen, sowie der objektorientierten Programmierung etwa in C++ an ausgewählten kleinen Beispielen geübt werden. Dabei werden das einzusetzende Fenstersystem und das gewählte Datenbanksystem praktisch erprobt. Die Vermittlung von Wissen in Kursen, die praktische Erprobung und die gemeinsame Bewertung der Ergebnisse mit Externen bilden eine inhaltliche Klammer. Die Arbeit in Kleingruppen (Umfang: 2 - 3 Personen) ermöglicht dabei die parallele Bearbeitung von kleineren Projekten und die gegenseitige Hilfestellung in den Arbeitsgruppen. Zum Abschluß der Schulungsphase werden Ergebnisse und Erfahrungen gemeinsam ausgewertet.

In den darauffolgenden drei Monaten (Erprobungsphase) sollen die erworbenen Kenntnisse auf das in diesem Abschnitt beschriebene Pilotprojekt angewendet werden. Dabei muß jedoch für alle Projektbeteiligten deutlich sein, daß hier nicht unter Produktionsbedingungen implementiert wird. Dies heißt vor allem, daß Code nicht in Folgeprojekte übernommen werden muß, sondern vorrangig dazu dient, Erfahrungen zu sammeln.

Der erstellte Prototyp wird zum Abschluß des Einführungszeitraumes von den Beteiligten intensiv bewertet und revidiert. Danach ist eine Managementpräsentation vorzusehen, in der über die sichtbaren Merkmale des Prototyps hinaus auf den Stellenwert des Produkts und seine architektonischen Merkmale hingewiesen wird.

In der Erprobungsphase sollen auch die in Kap. 7.4 diskutierten flankierenden organisatorischen Maßnahmen in geeigneter Form berücksichtigt werden. Dabei weisen wir nur nochmals auf die Bedeutung der veränderten Kommunikation unter den Projektbeteiligten hin.

Nach Abschluß des gesamten Einführungszeitraumes wird das Pilotprojekt in einem Zeitraum von etwa 6 Monaten bis zur Einsatzreife weitergeführt. Hier müssen alle organisatorischen Maßnahmen - namentlich die Architekturgruppe - verwirklicht sein.

Mit Abschluß des Pilotprojekts können parallel arbeitende Nachfolgeprojekte initiiert werden. Über Anzahl, Umfang und Dauer dieser Projekte können wir hier natürlich keine Aussagen machen. Jedoch sollte zu dieser Zeit in der Architekturgruppe an Standards gearbeitet werden, die es ermöglichen, unternehmensweit Projekte nach der objektorientierten Methode durchzuführen.

8.3 Bewertungskriterien

Für Erfolg oder Mißerfolg der Einführung einer objektorientierten Vorgehensweise können wir keine absoluten Kriterien angeben. Wir empfehlen aber dringend, bereits im Vorfeld die Erwartungen und Zielsetzungen aller Beteiligten abzuklären und möglichst präzise zu fixieren. Dabei sollte unterschieden werden zwischen Erwartungen an das Ergebnis und Erwartungen an den Entwicklungsprozeß selbst.

Ideal wäre natürlich, wenn im Rahmen des Pilotprojekts eine besonders "schöne" und vielleicht auch wichtige Anwendung erfolgreich entwickelt wird – eine Anwendung, die mit dem bisherigen Vorgehen so nicht hätte erstellt werden können. Aber das wäre eben der Idealfall. Sehr viel realistischer scheint uns die Erwartung, daß ein Prototyp entsteht, der die geforderte fachliche Funktionalität zumindest in Ansätzen erbringt, auch wenn er vor dem externen Einsatz nochmals revidiert werden muß. Kommt ein Pilotprojekt dagegen nicht zu konkreten Ergebnissen, muß es als gescheitert gelten.

Bei der Beurteilung des Einführungsprozesses spielt die Vollständigkeit des letztlich erzielten Produktes sicher eine untergeordnete Rolle. Das primäre Ziel eines Pilotprojekts ist ja der Nachweis, daß eine objektorientierte *Vorgehensweise* sinnvoll und machbar ist. Damit steht der Prozeß im Vordergrund. Daneben soll aber auch die Qualität des Produkts (als direkte Auswirkung des Prozesses) beurteilt werden. Hier kommt es auf die Handhabung, das sog. "look-and-feel", an. Weiter ist wichtig, wie sich die Benutzer in den Entwicklungsprozeß eingebunden fühlen und wie sie die spätere Nutzbarkeit des Ergebnisses bewerten. Von besonderem

Interesse ist die Einschätzung der Entwickler selbst. Wie beurteilen sie ihre neuen Arbeitsmöglichkeiten? Wie war die Schulung, wie die Betreuung? Waren Methode und Tools eine echte Hilfe oder eher eine Last? Wie gut konnte der einzelne Mitarbeiter die fachlichen Anforderungen methodisch umsetzen? Wie wurde die Arbeitsteilung im Team gestaltet?

Konkret lassen sich Bewertungen und Rückkopplungen von den beteiligten Gruppen bei der Entwicklung und nach der Einführung von Projekten erfassen. Dazu können sowohl strukturierte Interviews als auch Fragebogenaktionen vorbereitet werden. Diese sollen besonders die veränderte Art der Vorgehensweise (partizipativ) und die Art der entwickelten Systeme (reaktiv) berücksichtigen.

Viele Unternehmensleitungen möchten bei der Einführung einer neuen Methode den konkreten Wettbewerbsvorteil für das eigene Unternehmen bestimmen. Dieser Vorteil kann sowohl hausintern als auch extern am (unternehmerischen) Erfolg der Entwicklungsgruppe gemessen werden. Zur Einschätzung des Erfolgsgrades können betriebswirtschaftliche Faktoren herangezogen werden. Dabei soll der langfristige Effekt der Einführung einer modernen Vorgehensweise berücksichtigt werden. Eine kurzfristige Beurteilung des ökonomischen Erfolges kann wegen des Schulungsaufwandes und der langfristigen Ausrichtung objektorientierter Techniken keinen realistischen Eindruck vermitteln. Weiterhin ist der - unternehmensweit - mittel- und langfristig verringerte "Wartungsaufwand" zu berücksichtigen. Insgesamt ist mit einem verringerten und gleichzeitig qualifizierteren Personalaufwand für die Entwicklung von Anwendungssystemen zu rechnen. Auch hier sind betriebswirtschaftliche Kostenrechnungen anzuwenden. Letztlich müssen wir feststellen, daß solche Abschätzungen niemals auf wirklich "harten" Daten basieren, da meßbare, objektive Maßstäbe so wenig wie wirklich vergleichbare Projektbedingungen existieren.

8.4   Auswirkungen auf andere Projekte

Zu unseren grundlegenden Einsichten gehört die Aussage, daß praxisrelevante objektorientierte Anwendungssysteme heute nicht "auf der grünen Wiese" entwickelt werden, sondern sich in ein bestehendes informationstechnisches Umfeld einfügen müssen. Was dies auf der konzeptionellen Ebene bedeutet, haben wir in Kapitel 5 beschrieben. Hier betrachten wir den Einführungsprozeß der objektorientierten Methode.

Betroffen von der notwendigen Integration ist nicht nur die zentrale Datenhaltung. Mittelfristig sind auch bestehende Anwendungen zu integrieren. Davon wird sich nur ein Teil nach objektorientierten Architekturprinzipien reimplementieren lassen. Darüber hinaus gibt es Anwendungen von Fremdanbietern, die nicht auf dieses Architekturprinzip verpflichtet werden können. Erfahrungen zeigen, daß die Einbeziehung dieser Fremdanwendungen nicht unter allen Bedingungen möglich ist. Wir wiederholen hier die zentrale Forderung, daß die zu integrierenden Fremdanwendungen eine saubere Trennung von Funktions- und interaktiven Komponenten aufweisen müssen, damit sie in eine bestehende Benutzungsoberfläche ohne große Brüche eingebaut werden können. Diese Abstraktion vom Interaktionsverhalten geht bis in die Mechanismen der Ausnahmebehandlung, die als explizite Operationen an der Schnittstelle einer einzubettenden Anwendung bereitgestellt werden müssen.

Ein weiteres Problem entsteht, wenn Fremdanwendungen mit den vorhandenen eigenen Programmen Daten ohne den Umweg über Zwischendateien austauschen sollen. Für diesen Fall sind die Schnittstellen sauber zu spezifizieren. Eine Norm zeichnet sich in den Vorschlägen der ISO- und OSI-Komitees herstellerübergreifend erst in Umrissen ab. Vorhandene Ansätze liegen auf einer sehr niedrigen Ebene (z.B. Zeichenketten im ASCII-Format). Höhere Datenstrukturen wie Textformate und Graphik sind wünschenswert.

Schließlich müssen sich die Eigenschaften reaktiver Systeme auch bei Fremdanwendungen nachvollziehen lassen. Ansonsten geht durch solche "hybriden" Systeme ein deutlicher Bruch, wenn in weiten Teilen alle Aktivität vom Benutzer ausgeht und nur bei den Fremdanwendungen die konventionelle Ablaufsteuerung bis an die Benutzungsoberfläche durchschlägt.

Diese Gesichtspunkte müssen zu einem Forderungskatalog zusammengestellt werden, der an hauseigene konventionelle Projekte und an externe Softwareanbieter gerichtet ist. Für externe Kooperationspartner ist die Frage der Vertragsgestaltung zu klären. Dabei kann als Richtlinie die ISO-Norm 9000-3 (Quality Management and Quality Assurance Standards) in Verbindung mit ISO 9001 angewendet werden.

Im eigenen Haus muß das Verständnis entwickelt werden, wie die zentralen Großrechneranwendungen mit den dezentralen Systemen kommunizieren und welche Programmteile auf die dezentrale Seite verlagert werden müssen. Mittelfristig deutet sich dabei eine Umstrukturierung der zentralen Datenverwaltung an, in der die zentrale Datenspeicherung mit dezentral angebotenen Serviceleistungen kombiniert werden muß. Weitreichende derartige Konzepte sind bereits skizziert (vgl. dazu [67]). Doch sind die notwendigen technischen Konzepte nur eine Seite der Medaille. Auf der personellen und organisatorischen Seite wird hier noch einiges an Überzeugungsarbeit zu leisten sein.

8.5   Erfahrungen mit der objektorientierten Methode

Obwohl Objektorientierung in der Softwaretechnik seit einigen Jahren diskutiert und propagiert wird, existieren noch relativ wenig Erfahrungen mit dem Einsatz objektorientierter Methoden bei der Entwicklung von Anwendungssystemen. Dies ist zunächst erstaunlich, da in anderen Bereichen, etwa für die Simulation oder für Basissoftware, die Objektorientierung von zentraler Bedeutung ist.

8.5.1   Verbreitete Anwendungsgebiete der Objektorientierung

Wir haben darauf hingewiesen, daß historisch die Objektorientierung eng mit der Suche nach geeigneten Ansätzen zur Simulation komplexer sozio-ökonomischer Situationen verbunden ist (vgl. [79]). Der zweite starke kommerzielle Impuls kam mit der Verbreitung von Arbeitsplatzrechnern mit graphischen Benutzungsoberflächen. Zunächst waren es Fenstersysteme, die objektorientiert entwickelt wurden. Aktuelle Beispiele sind das X Window System oder Presentation Manager. Zunehmend werden auch Betriebssysteme für diese Arbeitsplatzrechner so implementiert. Das Betriebssystem für den NeXT-Computer ist ein bekanntes Beispiel; entsprechendes gilt für die neue Version des Macintosh Betriebssystems. Interessant ist, daß mittlerweile auch größere Anwendungspakete wie HyperCard objektorientiert implementiert werden, selbst wenn sie eine Sprache an der Benutzungsschnittstelle anbieten, die allenfalls als objektbasiert zu bezeichnen ist.

Anders, wie gesagt, stellt sich die Situation derzeit noch für die kommerzielle Entwicklung von zugeschnittener Anwendungssoftware dar. Zwar wird in vielen Forschungsabteilungen großer Unternehmen an der Evaluierung objektorientierter Techniken gearbeitet, jedoch haben bisher wenige Unternehmen die Ergebnisse und Vorstellungen dieser Abteilungen in Anwendungsprojekte umgesetzt. Wesentlicher Grund für diesen zeitlichen Nachlauf der kommerziellen DV dürfte der "Paradigmenwechsel" sein, der mit der Einführung der objektorientierten Methode verbunden ist. Innerhalb kleiner Entwicklerteams, so wie sie in Forschungs- und Entwicklungsabteilungen von Unternehmen oder in Systementwicklungsgruppen üblich sind, ist dies ein geringeres Problem als in großen DV-Abteilungen von Anwenderorganisationen. Wegweisend in konzeptioneller Richtung ist hier die Schweizer Bankgesellschaft, die die Umstellung auf ein neues Infrastrukturkonzept, das Objektorientierung mit der Rekonstruktion vorhandener

Anwendungen verbindet, zu einem Unternehmensziel erklärt hat (vgl. [67]). Anwendungsprojekte sind am Christian-Doppler-Labor für Softwaretechnik an der Universität Linz durchgeführt worden; so etwa ein größeres objektorientiertes Prozeßsteuerungssystem bei VOEST [101].

8.5.2 Das RWG - Bankenprojekt

Als weiteres Beispiel kann ein Bankenprojekt gelten, mit dem die meisten Autoren dieser Studie als Entwickler oder wissenschaftliche Berater verbunden sind (vgl. [15]). Das Projekt zur Unterstützung der Kundenberatung in Banken wird von der RWG in Stuttgart durchgeführt. Die RWG ist eine Rechenzentrale für die württembergischen Genossenschaften. Der Aufgabenbereich umfaßt vorrangig die Betreuung von rund 500 Volks- und Raiffeisenbanken.

Ziel des Projektes war ein integriertes System zur Unterstützung von Sachbearbeitertätigkeit in der Bank. Teilbereiche dieser Tätigkeiten waren bereits von bestehenden DV-Systemen abgedeckt, aber ein durchgängiges System über alle Arbeitsschritte hinweg war nicht vorhanden. Die Anwender mußten Daten wie Kundennummer oder Kundenadressen beim Wechsel von Arbeitsschritten wiederholt eingeben und bearbeiten. Komplexe kundenorientierte Vorgänge konnten nur mit wechselnden Arbeitsmitteln erledigt werden. Soweit diese rechnergestützt waren, zeichneten sie sich jeweils durch eigene, von anderen Systemen deutlich verschiedene Benutzungsoberflächen aus.

Aus dieser unbefriedigenden Situation heraus resultierte die Forderung nach einem integrierten Sachbearbeitungssystem mit einheitlicher Oberfläche, das es ermöglichen sollte, bereits vorhandene Daten wiederzuverwenden. Die RWG als Entwicklerorganisation mußte zusätzlich die unterschiedlichen Organisationsstrukturen der einzelnen Banken berücksichtigen. Deshalb wurde eine individuelle Ablaufsteuerung des Systems je Bank vorgesehen. Ziel war nicht, die Bankorganisation an das DV-System anzupassen, sondern das Anwendungssystem so zu gestalten, daß die Organisationsstruktur der Banken - und die davon beeinflußten Arbeitsweisen der Bankberater - individuell unterstützt werden kann.

Sehr wichtig für den initialen Abschnitt des Gebos[1]-Projekts war ein erster Demonstrationsprototyp, der von den Beratern mit HyperCard auf einem Macintosh erstellt wurde. Dieser Prototyp realisierte kaum fachliche Komponenten, sondern eher allgemeine Arbeitsformen und Gegenstände der Büroarbeit (Formulare, Ordner, Modellrechner). Doch er zeigte den Entwicklern, wie ein interaktives

---

[1] Genossenschaftliches Bürokommunikations- und Organisationssystem

Arbeitsplatzsystem nach dem Prinzip des "elektronischen Schreibtischs" aussehen kann. Damit war eine Diskussionsbasis für viele Designentscheidungen gegeben. Wichtig war auch, daß dem RWG-Management schon rasch nach Wiederbeginn eine "Vision" über das jetzt angestrebte System präsentiert werden konnte, die breite Zustimmung fand und letztlich die Entscheidung positiv beeinflußte, auf diesem Weg und mit neuen technischen Randbedingungen weiterzuarbeiten.

Die Aufgabe, ein reaktives System zu entwickeln, wurde von den Entwicklern als Herausforderung angenommen. Eine wichtige positive Rückkopplung in diesem Prozeß war für die Entwickler dann die Realisierung des ersten "eigenen" Prototyps, der ihnen an einem sehr schmalen fachlichen und technischen Ausschnitt demonstrierte, daß sie prinzipiell in der Lage waren, ein solches System zu konstruieren. Auf einer Hausmesse wurde dieser Prototyp nach nur sechs Wochen "Bauzeit" vorgestellt.

Die unerwartet positive Resonanz bei den potentiellen Kunden auf dieser Messe war für die Entwicklergruppe und für das Management der RWG ausschlaggebend, einen funktional weiter ausgebauten Prototyp mit expliziter Einbeziehung der Benutzer zu entwickeln. Es wurde ein Arbeitskreis mit Anwendern und Benutzern gegründet, der eine zentrale Grundlage der guten und konstruktiven Zusammenarbeit zwischen Entwicklerteam und Bankfachleuten im Prototypingprozeß werden sollte.

Fragen der Begriffsbildung spielten im Entwicklungsprozeß eine große Rolle. Stärker als ursprünglich vermutet spiegelte der Klassenentwurf auch in seinen eher technischen Teilen fachliche Konzepte wider. Dieses Begriffsgerüst hat sich nach Ansicht der Entwicklergruppe so stabilisiert, daß es als gute Grundlage für weitere Projekte und für eine anwendungsspezifische Bibliothek angesehen wird. Dies wird durch die ersten Erfahrungen bei der Erweiterung des Systems auf den Schalterbereich bestätigt.

Die verfügbare Entwicklungsumgebung erwies sich als noch unzureichend. Dies begann mit so elementaren Dingen wie der Instabilität und Fehlerhaftigkeit von Betriebssystem, Compiler, Fenstersystem und Bibliotheken. Erfahrungsberichte aus innovativen Projekten weisen in die gleiche Richtung (vgl. [54]). Hier kann nur das Fazit gezogen werden, daß neue Konzepte meist auch auf wenig erprobten technischen Fundamenten realisiert werden müssen. Neben diesen "Kinderkrankheiten" fiel auch im genannten Projekt das bereits angemerkte Fehlen einer zugeschnittenen und integrierten objektorientierten Entwicklungsumgebung ins Gewicht. Hilfsmittel etwa zur graphischen Analyse der Vererbungs- und Benutzungsbeziehungen werden als dringend notwendig angesehen. Dies ist aber ein bereits genannter Mangel in der OS/2-Welt, der innerhalb der nächsten Zeit behoben sein wird.

Neben den bereits in Kap. 7.4 genannten organisatorischen Voraussetzungen kann in Auswertung der vorliegenden Projekterfahrungen als Leitlinie für die Unternehmensorganisation gelten, daß die Entwicklungsabteilung die notwendigen fachlich und technisch innovativen Impulse geben muß und die anderen Bereiche primär Servicefunktionen erfüllen. Daß diese Rollenverteilung auf ein freies Wechselspiel von Anregungen und vorhandener Kompetenz angewiesen ist, bedarf nach dem bisher Gesagten wohl keiner weiteren Betonung.

Wie bereits allgemein eingeschätzt, ist die Entwicklung anwendungsspezifischer Klassenbibliotheken derzeit eine vorrangige Aufgabe der RWG, die damit einen entscheidenden Schritt zur vollen Ausnutzung des Potentials der objektorientierten Methode machen will. Die bisher im Rahmen des Gebos-Projektes entwickelten Klassen sind vom Charakter her weitgehend anwendungsunabhängige "Elementarbausteine", die allgemein für Bürosysteme mit objektorientierter Benutzungsoberfläche eingesetzt werden. Dazu kommen bankspezifische Klassen, die sich auf den Bereich Anlagenberatung beziehen. In Nachfolgeprojekten, etwa in den Bereichen Schalter und Wertpapiere, haben sich diese Klassen als relativ stabil erwiesen. Aufgrund der jetzt erkennbaren Wiederverwendung von Programmkomponenten und Konzepten (mit einem unerwartet hohen Anteil von über 50%) zeichnen sich jetzt die Konturen eines bankenspezifischen Anwendungsrahmens ab. Die Weiterentwicklung und die Abrundung der fachlichen Klassenbibliothek ist damit zu einer wesentlichen Aufgabe geworden, die einerseits in die laufende Projektarbeit integriert werden muß, andererseits durch eine geeignete Planung und personelle Ausstattung umzusetzen ist.

Die Einführung der objektorientierten Vorgehensweise bei der RWG kann als abgeschlossen gelten. Das Produkt Gebos-Passiv befindet sich im Piloteinsatz und weitere Projekte sind im Anfangsstadium oder in der Vorbereitung.

8.5.3 Die Ovum - Studie

Eine umfangreiche empirische Studie über den Einsatz objektorientierter Techniken wurde im November 1992 von Ovum London veröffentlicht (vgl. [102]). Im Rahmen der Erhebung wurden 15 fortgeschrittene Anwender nach ihren Erfahrungen mit objektorientierten Projekten befragt.

Auf der Seite der prinzipiellen Vorteile der Objektorientierung werden ungefähr gleichgewichtig folgende Vorteile genannt: die Möglichkeit nahe an der "realen Welt" zu modellieren, Produktivitätsfortschritte und robuste Entwürfe bei gleichzeitiger Flexibilität. Überraschenderweise wird Wiederverwendung nur von zwei Firmen explizit als Vorteil genannt. Wir vermuten, daß der geringe Grad der Wiederverwendung (an anderer Stelle mit 25% beziffert) darauf zurückzuführen ist, daß der Fokus bei den untersuchten Firmen auf der objektorientierten Programmierung liegt, ohne gleichzeitig eine adäquate Vorgehensweise und begleitende organisatorische Maßnahmen einzuführen. Als verwendete Entwurfsmethoden werden neben deutlich nicht objektorientierten Methoden wie JSD, SADT und SSADM und internen, bzw. informellen Methoden aus dem objektorientierten Feld nur OOSA und Booch genannt.

Auf der Seite der Probleme mit objektorientierten Techniken sind vor allem die hohen anfänglichen Einarbeitungskosten, die Effizienz der entwickelten Systeme und das Fehlen ausgereifter Werkzeuge aufgeführt.

Auch die genannten Vor- und Nachteile lassen u.E. Rückschlüsse im Sinne unserer Vermutung zu. Eine Einschätzung von objektorientierten Techniken entlang traditioneller phasenorientierter Denk- und Beurteilungsmuster verstellt den Blick auf die längerfristigen Vorteile der objektorientierten Prozeß- und Produktgestaltung.

Erfreulicherweise werden von den Autoren der Ovum-Studie ähnliche Schlüsse gezogen, die sie in Form von Faustregeln für die Einführung objektorientierter Techniken nennen:

- Wähle ein kleines und trotzdem realistisches Projekt ohne enge zeitliche Randbedingungen.
- Etabliere eine unterstützende Infrastruktur für alle objektorientierten Projekte.
- Verwende ein Mentorenmodell zur Ausbildung von Mitarbeitern.
- Denke länger als üblich über den Entwurf des Systems nach.
- Prototyping ist essentiell für alle Stufen des Projektes.
- Wähle eine demokratischere Projektorganisation.

Aus den vorangegangenen Kapiteln sollte deutlich geworden sein, daß unsere eigenen Erfahrungen, Einschätzungen und Empfehlungen mit diesen Faustregeln durchaus vergleichbar sind.

9. Chancen und Risiken

Im letzten Kapitel haben wir gefragt, wie der Erfolg oder Mißerfolg bei der Einführung der objektorientierten Methode eingeschätzt werden kann. Im Folgenden stellen wir die Frage allgemeiner. Wir versuchen, die Vorteile, aber auch die Probleme und Risiken der Umstellung eines Unternehmens auf Objektorientierung darzustellen. Dabei hoffen wir natürlich, daß es uns durch die Diskussion in diesem Buch gelungen ist, bei den sog. Entscheidungsträgern und den Entwicklern eine positive Grundeinstellung zu Objektorientierung zu erzeugen.

9.1 Wettbewerbsvorteile

Unternehmenspolitisch stellt sich zunächst die Frage, welche Wettbewerbsvorteile ein Unternehmen durch Einführung der objektorientierten Methode erzielen kann. Einige wesentliche Vorteile zeichnen sich aus dem bisher Gesagten ab:

- *Schnelligkeit* Objektorientierte Entwicklung ist mit einem erfahrenen Team sowohl bei Neuentwicklung als auch bei Änderungen in deutlich kürzerer Zeit möglich. Dazu tragen die klare Strukturierung des Systems, die Möglichkeiten zu Parallelentwicklung, Wiederverwendung, Einsatz von Bibliotheken und geringerer Testaufwand bei. Damit steht die für neue Produkte erforderliche Software schneller zur Verfügung, was eine frühere Markteinführung vor den Wettbewerbern bedeutet.

- *Geringere Entwicklungskosten* Aus dem ersten Punkt folgt auch, daß objektorientierte Entwicklung längerfristig nicht nur schneller, sondern unterm Strich auch deutlich kostengünstiger als konventionelle Verfahren ist. Eine besondere Rolle spielt dabei die Wiederverwendung. Bei der Preiskalkulation wirkt sich diese Kosteneinsparung günstig aus und führt entweder zu einem Preis unter dem der Wettbewerber oder zu einer höheren Gewinnspanne.

- *Mehr Flexibilität* Objektorientiert entwickelte Anwendungen sind im allgemeinen einfach zu verändern. Stichworte sind die Lokalität durch Kapselung, die Strukturierung und Spezialisierungsmöglichkeiten durch Vererbung. Änderungen in der Produktpalette oder der Organisation lassen sich zügig einbringen, das bedeutet ein günstigeres Angebotsspektrum oder eine bessere Organisation als die Wettbewerber. Bei "Altsystemen" sind derartige Veränderungen teilweise nur unter erheblichem Aufwand machbar, manchmal sogar fast unmöglich.

- *Kundenorientierung* Bei objektorientierter Entwicklung werden Daten und Operationen gemeinsam in Klassen beschrieben (Datenkapselung). Damit sind die technischen Voraussetzungen für kundenbezogene Anwendungen geschaffen. Jedes Objekt ist eine Einheit von zusammengehörigen Dienstleitungen und kann selbst wieder auf die Dienstleistungen anderer komplex strukturierter Objekte zugreifen. So können Anwendungssysteme alle relevanten Informationen für eine kundenorientierte Sachbearbeitung als Bündel von Dienstleistungen bereitstellen. Ob in der Außenstelle oder in der Zentrale, der Kunden braucht stets nur einen Ansprechpartner, was sich als verbesserter Kundenservice im Vergleich zum Wettbewerber bemerkbar macht.

- *Imagesteigerung* Auch wenn wir die unmittelbaren Außenwirkungen einer objektorientierten Anwendungsentwicklung nicht überbewerten wollen, so kann sich die Innovationsbereitschaft in diesem Bereich durchaus positiv auf das gesamte Image eines Unternehmens übertragen. Ein auch für den Kunden erkennbar durchdachtes Infrastrukturkonzept trägt sicherlich dazu bei, das Unternehmen und damit seine Produkte als fortschrittlich gegenüber den Wettbewerbern gelten zu lassen.

Neben diesen primär unter ihrer Wirkung nach außen betrachteten Vorteilen gibt es natürlich auch aus interner Sicht eine ganze Reihe von günstigen Einflüssen, die in diesem Buch immer wieder Diskussionsgegenstand waren. Wir fassen einige Gesichtspunkte zusammen:

- Die Begriffe der Anwendung sind Grundlage der Systementwicklung.
- Der Bruch zwischen den anwendungsbezogenen und softwaretechnischen Modellen ist überbrückt.
- Änderbarkeit, Erweiterbarkeit und Wiederverwendbarkeit werden unterstützt.
- Bestehende Anwendungen lassen sich restrukturieren und integrieren.

Objektorientierung paßt zu einer veränderten Informationstechnologie

Heute ist die Informationstechnologie an einem Punkt angelangt, wo mit Hilfe eines einzelnen, ablauforientierten "Datenverarbeitungssystems" kaum noch entscheidende Wettbewerbsvorteile zu erzielen sind. Eher stellt sich die Frage, wie *qualifizierte menschliche Arbeit* durch eine *sinnvolle Informationstechnologie* unterstützt werden kann. Diese Erkenntnis hat sich sogar in Bereichen wie der Automobilindustrie rundgesprochen, die einst Vorreiter einer der Rationalisierung und Automatisierung verpflichteten Industrialisierung waren. Wir haben betont, daß Objektorientierung primär eine Sichtweise ist, die die Konzepte der Anwendung in den Mittelpunkt stellt, um menschliche Arbeit sinnvoll und methodisch zu unterstützen. In dieser Sichtweise ist Objektorientierung auch immer *Benutzungsorientierung*. Alle anderen Qualitätsmerkmale wie Handhabbarkeit, Verständlichkeit, Anpaßbarkeit ordnen sich dieser Leitlinie unter.

Die fachlichen Konzepte eines Anwendungsbereichs stehen im Mittelpunkt

Benutzungsorientierung heißt auch Ausrichtung an den Konzepten eines Anwendungsbereichs. Dies ermöglicht erst den Aufbau von fachspezifischen Anwendungsrahmen, die eine ähnliche Produktivitätssteigerung bei der Anwendungssystementwicklung erwarten lassen, wie dies bereits heute Fenstersysteme bei der Entwicklung graphischer Oberflächen demonstrieren. Denn ähnlich wie bei den Fenstersystemen allgemeine Konzepte der Oberflächendarstellung in hierarchisch angeordneten Komponenten ausgedrückt werden, repräsentieren fachspezifische Anwendungsrahmen die allgemeinen Konzepte und Umgangsformen einer Organisation, von denen sich nach dem Prinzip der Offenheit spezialisierte Anwendungen ableiten lassen. Objektorientierung schafft damit die Synthese zwischen der technisch erwünschten Stabilität von Bibliotheken und Systemkomponenten und ihrer flexiblen Anpassung an geänderte Erfordernisse einer sich dynamisch entwickelnden Organisation.

Eine durchgängige Modellierung ist möglich

Die Überbrückung des Bruchs zwischen Anwendungsmodell und softwaretechnischem Modell ist ein weiteres aus der Benutzungsorientierung abgeleitetes Merkmal des objektorientierten Entwurfs, das weitreichende Folgen für die Entwicklung hat. Denn dadurch läßt sich nicht nur der Weg von der Analyse bis zum lauffähigen System glatter gestalten, auch die Umkehrung ist möglich: Änderungen an technischen Komponenten lassen sich einfach auf fachliche Anforderungen beziehen. Auf diese Weise kann ein evolutionäres Vorgehensmodell mit Prototyping wirkungsvoll umgesetzt werden. Durch anwendungsnahe, verständliche Dokumenttypen lassen sich die notwendigen Diskussions- und Rückkopplungsprozesse effizient unterstützen. Dazu ermöglicht der Anwendungsbezug der einzelnen Systemkomponenten den Entwicklern auch längerfristig, Entwurfsentscheidungen auf einen fachlichen Ursprung zurückzuführen. Denn es sollte nicht vergessen werden, daß die impliziten Annahmen über den Anwendungskontext, die in jedes Programm eingehen, im Laufe der Zeit zunehmend Ursache für Fehler und Mißverständnisse sind (vgl. [60]). Objektorientierung fördert die Zusammenarbeit zwischen den beteiligten Gruppen und erhöht gleichzeitig die Sicherheit bei der Anwendung und Weiterentwicklung eines Softwaresystems. Auch die Softwareentwicklung selbst profitiert absehbar von der Objektorientierung. Weitere Entwicklungsaufgaben werden in naher Zukunft auch kommerziell durch entsprechende Werkzeuge in der objektorientierten Welt unterstützt werden. Dazu gehören Entwicklungsumgebungen, die den interaktiven Entwurf von Benutzungsoberflächen mit der objektorientierten Konstruktion der Anwendungskomponenten einfach verbinden. Objektorientierte Datenbanken werden in wenigen Jahren kommerziell ausgereift sein. Damit entfällt der zweite Bruch, nämlich der zwischen Funktions- und Datenmodell, vollständig.

Technische Komponenten lassen sich sauber kapseln

Der unmittelbare Bezug zwischen Konzepten der Anwendung und Komponenten des Softwaresystems ist sicherlich ein wesentlicher Vorteil der objektorientierten Methode. Es sollte aber nicht vergessen werden, daß dieser Bezug auch für softwaretechnische "Gegenstände" eines Anwendungssystems gilt. So lassen sich in einem gut entworfenen objektorientierten Programm die Schnittstellen zu einer konkreten Datenbank, einem Fenstersystem oder zur Basissoftware in entsprechenden Klassen kapseln. Damit sind solche Programme wesentlich unempfindlicher gegenüber geänderten Versionen oder einem kompletten Austausch der entsprechenden Komponente. Dies spielt in unserem Umfeld eine besondere Rolle, weil die Entwicklungen von Betriebssystemen, graphischen Fensterverwaltungen, Datenbanken etc. besonders im Bereich von Arbeitsplatzrechnern stürmisch vorwärts geht. Beim Entwurf eines Anwendungssystems muß daher berücksichtigt werden, daß dessen Lebensdauer meist um eine Größenordnung über der genannten Systemplattform liegt. Objektorientierung kann die Reichweite von Änderungen in der Systemumgebung minimieren und gleichzeitig ein System für die Integration neuer Techniken offenhalten.

Neue Dokumenttypen sind praxisnah:

Die einheitliche Modellbildung im Anwendungsbereich und bei der darauf bezogenen Software hat auch Auswirkungen auf Entwurfsmethoden und Darstellungsmittel. Hier kann zunächst mit einfachen Mitteln der Schriftsprache oder mit strukturierten Interviews konzeptionell sehr viel erreicht werden, und es entfällt der Ballast der unterschiedlichen Notationen den konventionelle Methoden meist mit sich herumschleppen. Mittelfristig bieten sich vielfältige Möglichkeiten, durch eine neue Form der technischen Integration der verschiedenen beschriebenen Dokumenttypen Analyse, Entwurf und Weiterentwicklung sinnvoll zu unterstützen. Objektorientierung kann dazu beitragen, das Problem der mangelhaften und inkonsistenten System- und Benutzungsdokumentation anzugehen.

Objektorientierung integriert bewährte Softwaretechniken

Dies führt zu weiteren softwaretechnischen Vorteilen der objektorientierten Methode. Objektorientierung ist bekanntlich keine radikale Abkehr von bestehenden Techniken. Ganz im Gegenteil: die Wurzeln der Objektorientierung reichen technisch und konzeptionell bis in die sechziger Jahre und auf ihrem Entwicklungsweg hat sie bis heute viele bewährte Konzepte des Software-Engineering integrieren können. Neben dem Software Engineering steht die Objektorientierung auch in fruchtbarer Wechselbeziehung zu angrenzenden Gebieten. Es wurde bereits dargestellt, daß über Konzepte wie Client/Server- oder das Dienstleistungsprinzip Hardware und Software nicht mehr als zwei getrennte Bereiche gesehen werden, sondern ein wachsendes Verständnis vernetzter Systeme aufkommt. Am Rande sei angemerkt, daß über den Weg der abstrakten Datentypen auch die Theorie der algebraischen Spezifikation neue Impulse bekommen hat und auf die objektorientierte Methode ausübt. Die Zusicherungsteilsprache in Eiffel ist ein Schritt auf dem Weg, Ergebnisse der Typtheorie und der formalen Spezifikation praxisgerecht umzusetzen. Eine Unternehmensstrategie, die für die Systementwicklung bewährte ingenieurwissenschaftliche und theoretische Erkenntnisse nutzen will, findet in der Objektorientierung einen passenden Integrationsrahmen.

Renovieren statt Demolieren

Schließlich soll die Bedeutung der Objektorientierung für die Aufarbeitung der "Altlasten" nochmals hervorgehoben werden. Gerade im Versicherungs- und Bankenbereich haben die vorhandenen Großrechneranwendungen ein Ausmaß und eine interne Komplexität erreicht, daß man vielfach von ihrer "Unwartbarkeit" spricht. Gleichzeitig bilden diese Systeme vielfach den "Lebensnerv" einer Organisation, da sie die operativen und strategischen Daten umfassen. Die Hoffnung, diese Systeme komplett durch Neuentwicklungen zu ersetzen, scheint illusorisch. Das Dienstleistungsprinzip bietet die Handhabe, bestehende Anwendungen in ein reorganisiertes Netz von verteilten Leistungsanbietern und -abnehmern einzubinden. Offensichtlich sind dazu Anstrengungen notwendig. Beispielsweise müssen viele konventionelle Datenbankanwendungen vom direkten Bildschirmaufbau bei Anfragen und Ergebnisdarstellungen auf die Technik von Wertelisten oder komplexer Datenstrukturen umgestellt werden. Doch ist die Art dieser "Renovierungsarbeiten" überschaubar und kann auch im laufenden Betrieb vorgenommen werden. Das Konzept der "Kahlschlagsanierung" greift also auch in diesem Bereich nicht. "Renovieren statt demolieren" ist, wie gesagt, innerhalb der Objektorientierung das Stichwort, wenn es um die Integration bestehender traditioneller Systeme und Komponenten geht.

Es zeichnet sich insgesamt ab, daß Objektorientierung bewährte und neue Konzepte und Techniken der Entwicklung von interaktiven Anwendungssystemen im Rahmen einer vorausschauenden Sichtweise zusammenführt. Damit sichert die

Einführung der objektorientierten Methode langfristig eine tragfähige Konzeption der informationstechnischen Infrastruktur und hilft, bestehende Probleme und Engpässe bei der Systementwicklung zu beseitigen.

9.2   Risiko relativ neuer Methodik und Technologie

Im Interesse einer realistischen Einschätzung der Möglichkeiten der objektorientierten Methode in der industriellen Praxis können wir nicht nur die Vorzüge nennen. Wie immer bei "technischen" Neuerungen sind auch einige Risiken abzuwägen.

9.2.1   Risiken einer neuen technischen Plattform

Objektorientierte Systementwicklung findet heute noch vielfach in Gebieten von technischem und anwendungsbezogenem Neuland statt. Dabei ist es häufig notwendig, neue Geräte oder Softwaresysteme zu integrieren. Dies kann ein ausdrückliches Projektziel sein ("Wir wollen Laptops für die Kundenberatung ausprobieren"); dies kann aber auch organisatorisch-technische Gründe haben ("Wir wollen kein eigenes Fenstersystem entwickeln"). Damit machen sich die Beteiligten, vor allem das DV-Management, von projektexternen Anbietern abhängig. Leider haben wir immer wieder gehört und erlebt, daß Liefertermine nicht eingehalten werden, oder daß das gelieferte Produkt nicht seiner Beschreibung in der Ankündigung oder sogar im Liefervertrag entspricht. Dies soll kein Plädoyer für eine konservative Hardware- und Softwarestrategie sein. Wichtig scheint uns aber, daß solche Faktoren bei der Projektplanung berücksichtigt werden. So kann beispielsweise ein Prototyp einer Datenbankanwendung zunächst ohne die persistente Datenhaltung im gewünschten Datenbanksystem erstellt werden und dann, nach erfolgreicher Installation, an dieses Datenbanksystem angeschlossen werden. Ebenso kann die Schnittstelle zu einem Fenstersystem von vornherein so allgemein sein, daß eine Alternative gewählt werden kann, wenn das gewünschte Fenstersystem doch nicht den Anforderungen entspricht. Hier werden nach dem objektorientierten Geheimnisprinzip die als problematisch identifizierten Systemteile in eigenen Klassen gekapselt, sodaß eine Veränderung der technischen Systembasis keine weitreichenden Auswirkungen für die Gesamtarchitektur hat.

Neben den "Kinderkrankheiten" der verwendeten technischen Basis fällt besonders das Fehlen einer zugeschnittenen und integrierten objektorientierten Entwicklungsumgebung ins Gewicht. Hilfsmittel wie Klassenbrowser und graphische Analysatoren der Vererbungs- und Benutzt-Beziehungen sind dringend notwendig und erst in Ansätzen auf dem Markt verfügbar (vgl. Kap. 4.3). Dies gilt vor allem in der IBM-Welt, sollte sich aber in der kommenden Zeit ändern. Zumindest lassen die Ankündigungen verschiedener Hersteller erwarten, daß hier Standards, wie sie etwa durch die Smalltalk-Entwicklungsumgebung oder durch das ET++-System im Unix-Bereich gesetzt worden sind, auch bald verfügbar sind.

9.2.2 Risiken bei der Einführung einer neuen Methode

Wir haben bereits darauf hingewiesen, daß noch wenig systematische Auswertung von Erfahrungsberichten über die Einführung der objektorientierten Methode vorliegen (vgl. [92], [102]). Von den namhaften Vertretern äußert sich Meyer [69] durchgängig positiv, während Booch [5] u.E. realistischer auf den hohen Einarbeitungsaufwand hinweist. Treffend scheinen in diesem Zusammenhang die Aussagen eines Workshops über die Einführung von CASE-Tools [36], die sich gut auf die Einführung der objektorientierten Methode übertragen lassen:

* Neue Methoden konnten dort erfolgreich eingeführt werden, wo sorgfältige Planung, Vorbereitung, Ausbildung und Kapitalausstattung mit einem positiven Engagement der Führungsebene zusammenkamen.

* Wichtig für den Erfolg ist auch die Bereitschaft des Managements, einen eher mittelfristigen Zeithorizont für die Kosten/Nutzen-Analyse anzusetzen und dabei eine globale, d.h. unternehmensweite oder strategische Perspektive einzunehmen.

* Probleme und Mißerfolge bei der Methodeneinführung gab es dort, wo eine kurzfristige Hoffnung auf ein "Wundermittel" beim Management gepaart war mit unzureichender Infrastruktur, Planung, Ausbildung und Werkzeugunterstützung, sowie mangelnder Kapitalausstattung und der Unfähigkeit zu einer gemeinsamen "Vision" bei allen Beteiligten.

* Problematisch ist auch die Haltung des Managements, Fehler in der Einführungsphase als generelle methodische Schwäche oder persönliches Versagen aufzufassen, statt darin die unumgänglichen Lernprozesse zu sehen.

Die Risiken bei der Einführung neuer Methoden und Techniken hängen in hohem Maße von der Gestaltung des Einführungsprozesses ab. Bei der schrittweisen Einführung der Methode über Pilotprojekte mit begleitender intensiver Schulung und Betreuung ist das generelle Risiko von Fehlinvestitionen vergleichsweise gering. Fehlgriffe bei einzelnen Projekten können natürlich nie ganz ausgeschlossen werden, aber wir erwarten in solchen Fällen, daß Sackgassen aufgrund der evolutionären Vorgehensweise früher erkannt werden.

Gewisse Risiken bestehen für die langfristige Investitionssicherung bei der Auswahl spezifischer methodischer Ausprägungen oder der entsprechenden Werkzeugunterstützung. Hier wird man mit Bedacht auswählen und Erfahrung sowie Bonität des Anbieters einer kritischen Prüfung unterziehen. Die verschiedenen Angebote im Bereich der Methodenberatung und der Programmierunterstützung sollten sorgfältig gesichtet werden. Denn hier lassen sich auch größere Häuser verleiten, den modischen und lukrativen Trend zur Objektorientierung mit fachlich zu gering qualifizierten Mitarbeitern ausnutzen zu wollen.

Kein Risiko besteht jedoch bei der Einführung des Denkens und Entwerfens nach den Prinzipien abstrakter Datentypen. Ob diese Art der Strukturierung dann in einer objektorientierten oder einer konventionellen Welt umgesetzt wird, stellt die daraus resultierenden Vorteile nicht wirklich in Frage. Es bleibt lediglich die Frage, wie elegant sich diese Ideen in die gesamte Entwicklungslandschaft einbetten lassen. Selbst wenn wir von dem unwahrscheinlichen Fall ausgehen, daß der gesamte Einführungsprozeß scheitert – bewährte Prinzipien eines qualitativ hochwertigen Softwareentwurfs bleiben erhalten und werden sich langfristig positiv auswirken. Ob das alleine alle Investitionen rechtfertigt, ist aber fraglich.

Insgesamt scheint es wichtig, neue ökonomische Modelle für die Abschätzung von Erfolg und Mißerfolg einer neuen Methode zu erarbeiten. Diese Modelle müssen neben dem einzelnen Projekt vor allem die langfristige Wirkung im Rahmen einer "Produktkultur" oder noch besser einer "Prozeßkultur", das Ausmaß an Wiederverwendung, die sinkenden Aufwendungen für Wartung und die Möglichkeiten einer Restrukturierung von bestehenden Infrastrukturkomponenten einbeziehen.

9.3   Akzeptanzprobleme

Um abschätzen zu können, welche Akzeptanzprobleme mit der Einführung der objektorientierten Methode verbunden sind, diskutieren wir zunächst das Anwendungs- und dann das Entwicklungsumfeld und betrachten dabei die vier wesentlichen beteiligten Gruppen: Anwender und Benutzer, Anwendermanagement, Entwickler, DV-Management.

9.3.1   Probleme im Anwendungsumfeld

Nach vorliegenden Erfahrungen sind Akzeptanzschwierigkeiten im Anwendungsumfeld nur in geringem Umfang zu erwarten. Voraussetzung dafür ist, daß die

Entwicklungsphilosophie und die Tragweite der angestrebten Veränderungen transparent gemacht werden. Für die Anwender und späteren Benutzer bedeutet dies:

- *Möglichkeiten und Grenzen objektorientierter Arbeitsplatzsysteme kennenlernen* Mitarbeiter aus dem Anwendungsumfeld müssen sich im Rahmen einer Schulung oder durch den Piloteinsatz am Arbeitsplatz mit der Art der entwickelnden Systeme vertraut machen, um eigene Erwartungshaltungen aufbauen zu können. Dabei hat es sich als sinnvoll erwiesen, Arbeitsplatzrechner mit Standardsoftware einzusetzen, die bereits die künftigen Umgangsformen zeigt (z.B. PCs mit Excel oder MS Word oder Macintosh mit 4th Dimension).

- *Die neue, aktive Rolle bei der Systementwicklung verstehen* Die Akzeptanz der Methode hängt auch vom Grad der Einbeziehung der Anwender ab. Da die Konzepte des Anwendungsbereichs im Mittelpunkt der objektorientierten Entwicklung stehen, werden die Anwender zu den eigentlichen Fachleuten in einem Softwareprojekt. Da ihre aktive Mitarbeit gefordert ist, muß sich auch ihr Selbstverständnis wandeln. Dazu muß ihnen deutlich werden, daß ihre Urteile und innovativen Vorschläge aus dem Anwenderkreis kontinuierlich Auswirkungen auf das Zielsystem haben.

- *Das Vorgehensmodell kennenlernen* Damit der skizzierte Prototypingprozeß im Rahmen einer evolutionären Entwicklungsstrategie richtig eingeordnet werden kann, müssen die Anwender die Vorgehensweise verstehen. Dadurch wird die Bereitschaft zur Kooperation gefördert und es werden Mißverständnisse bei der Bewertung von Prototypen vermieden. Erfahrungen zeigen, daß unter diesen Randbedingungen Anwender konstruktiv auch über Prototypen diskutieren, die von ihrem Reifegrad her noch nicht den Anforderungen an einen Praxistest genügen.

Damit sind die Voraussetzungen für die erwünschte Akzeptanz der objektorientierten Methode skizziert. Im Rahmen der Operationalisierung muß vorrangig die objektorientierte Sichtweise gefördert werden. Denn nur dadurch sind die Anwender in der Lage, in der Zusammenarbeit mit den Entwicklern die notwendigen Anregungen zu geben. Dies betrifft als erstes die kooperative Ermittlung von Anforderungen. Dort muß zwischen bereits rechnergestützten und manuell durchgeführten Tätigkeiten im Aufgabenbereich eines Sachbearbeiters unterschieden werden. Mit Blick auf die Zielsetzung, z.B. der kundenzentrierten Umorganisation von Arbeit, muß deutlich werden, an welchen Stellen die rechnergestützte Vorgangsbearbeitung aufgrund von technischen Gegebenheiten eine bestimmte Ausprägung angenommen hat, oder wo sachbezogene Gründe vorliegen.

Dabei müssen auch Änderungen bedacht werden, die über das Tätigkeitsprofil des einzelnen Mitarbeiters hinausgehen, da die Einführung eines neuen, rechnergestützten Informationssystems auch organisatorische Veränderungen im Anwendungsumfeld nach sich ziehen kann.

An dieser Stelle ist das Anwendermanagement in den Entwicklungsprozeß einzubeziehen. Das Anwendermanagement muß sich auch mit dem Prototypingprozeß, seiner Methodik und Vorgehensweise vertraut machen. Dabei ist vor allem an die Auswahl geeigneter Personen für die intensivere Mitarbeit in einem Softwareprojekt zu denken. Wir meinen dabei nicht nur die geforderte Kooperationsbereitschaft im Team, sondern auch die zukünftige Rolle als tatsächliche Benutzer des Systems. Allzu oft nimmt das Anwendermanagement "stellvertretend" für die Benutzer an den entsprechenden Treffen teil oder delegiert DV-Organisatoren der Fachabteilungen.

Das Anwendermanagement ist auch gefordert, wenn bereits im Vorfeld der Systementwicklung an eine Beteiligung von Betriebsrats- und Gewerkschaftsvertretern gedacht werden muß. Evolutionäre Systementwicklung sollte auch als eine Ausprägung der partizipativen Systementwicklung verstanden werden, bei der die Beteiligung der Mitarbeiter neben den im Vordergrund stehenden fachlichen Maßnahmen auch Dimensionen der Arbeitsplatzgestaltung und der Arbeitsplatzpolitik annimmt. Da diese Konsequenzen unausweichlich sind, erfordert eine moderne Personalführung die rechtzeitige Einbeziehung dieser Dimensionen.

9.3.2 Probleme im Entwicklungsumfeld

Die Akzeptanzprobleme im Entwicklungsumfeld sind schwieriger zu überwinden. Sie sind abhängig von der Bereitschaft der Mitarbeiter und des DV-Managements, eine neue Entwicklungsstrategie zu akzeptieren.

Entgegen allgemeiner Erwartung spielt die technische Qualifikation der Entwickler nicht die primäre Rolle. Die Beherrschung der gewählten Programmiersprachen, einer neuen Hardware-Plattform oder einer neuen Programmierumgebung sind zwar als technisches Handwerkszeug wichtig, können aber meist im Projektverlauf ohne größere Schwierigkeiten erlernt werden. Damit soll der Wert der softwaretechnischen Qualifikation von Entwicklern nicht in Frage gestellt werden. Vielmehr soll als zentraler Teil dieser Qualifikation die Fähigkeit verstanden werden, sich in die kooperative Entwicklung eines komplexen Systems einzufinden.

Zentrale Merkmale dabei sind:

- Die Bereitschaft, verstärkt miteinander zu reden und zu arbeiten. Entwickler, die gerne über lange Strecken alleine für sich programmieren und ihre Ergebnisse ungern zur Diskussion und in Frage stellen, können nur schwer in ein solches Team integriert werden.
- Über die eigene Aufgabe hinaus muß Verantwortungsbereitschaft entwickelt werden. Häufig führen Änderungen und Erweiterungen an den gerade bearbeiteten Systemteilen zu Konsequenzen für die Arbeit anderer Entwickler. Wer hier aus Angst vor diesen Konsequenzen erkennbare Entwicklungstendenzen verschweigt oder verschleiert, bereitet dem Entwicklungsteam perspektivisch größte Probleme.
- Selbstverständlich wird von den Entwicklern Disziplin bei der Einhaltung von Entwicklungsstandards gefordert. Dies betrifft bei der objektorientierten Programmierung neben den Programmierrichtlinien und dem gewählten Architekturmodell auch die Notwendigkeit, vorhandene Klassen zu nutzen und neue Klassen mit Blick auf das Gesamtsystem zu entwerfen.

Damit diese Anforderungen umgesetzt werden können, ist Offenheit gegenüber neuen Vorgehensweisen eine wesentliche Voraussetzung. Innerhalb einer Organisation, die in eher konservativen Anwendungsbereichen tätig ist, tendieren auch die Entwickler eher zum Festhalten an bekannten Methoden und Techniken. Hier sollten vor allem solche Mitarbeiter angesprochen werden, die es als Chance verstehen, sich neues Wissen anzueignen.

Bei der systematischen Umstellung auf die objektorientierte Methode steht die Aufgabe, das angesammelte Spezialistenwissen aus den ersten Pilotprojekten wieder in die gesamte Entwicklerorganisation zurückzuführen. Dies bedeutet zunächst, daß die Entwickler mit fundierten Kenntnissen der objektorientierten Methode ihren Teil zum Wissenstransfer auf der individuellen Ebene oder im Rahmen eines Schulungskonzeptes beitragen müssen. Dabei sind im erhöhten Maße Kommunikationsfähigkeit und die Bereitschaft, das Wissen weiterzugeben, gefordert. Dazu müssen die Mitarbeiter vom Unternehmen angeregt werden. Diese Motivation muß auch unter dem Gesichtspunkt gesehen werden, qualifizierte Mitarbeiter zu halten, da in den Bereichen objektorientierter Entwurf und Programmierung ein personeller Ersatz für ausscheidende Mitarbeiter derzeit nicht leicht zu finden ist.

Die Entwickler müssen verstehen, daß sie sich kurzfristig und arbeitsintensiv neue Methoden und Techniken der Systementwicklung aneignen müssen. Der Weg dorthin soll über die angesprochenen Schulungsmaßnahmen und geeignete Lernprojekte geebnet werden. Dieser Einsatz kann begründet werden mit dem mittelfristig gesteigerten Marktwert und der daraus resultierenden Arbeitsplatzsicherheit sowie dem erweiterten Entscheidungsspielraum bei der Systementwicklung. Ein Problem kann gelegentlich sein, daß erfahrene Entwickler sich von jüngeren Teamkollegen in die neue Methode einweisen lassen müssen.

Erfahrungen bei der Einführung der objektorientierten Methode deuten auf eine Trennung in die Gruppe motivierter Entwickler, die diese neue Herausforderungen mit Engagement aufgreifen, und die Gruppe derjenigen, die der neuen Methode aus vielschichtigen Ressentiments (z.B. "not-invented-here"-Syndrom) ablehnend gegenüberstehen. Diese Gruppen zu identifizieren und besonders für die zweite Gruppe eine erkennbar verantwortliche und gesicherte Aufgabenstellung zu finden, ist vorrangige Aufgabe des DV-Managements. Wir weisen darauf hin, daß diese Gruppe ihre Ablehnung oft auf der (pseudo-) sachlichen und technischen Ebene formulieren wird, was ohne Gegensteuerung zu fruchtlosen, sich ständig wiederholenden Diskussionen führt.

Auch für die Gruppe der Entwickler werden gewisse Hemmschwellen erst bei der Operationalisierung der neuen Methode deutlich. Die Notwendigkeit zur kontinuierlichen Diskussion stellt an die Beteiligten Anforderungen, die erfahrungsgemäß weniger bei den Anwendern als eher bei den Entwicklern und dem DV-Management auf Widerstände stoßen. Da ist vor allem die persönliche Bereitschaft und Fähigkeit gefordert, mit anderen Menschen ein offenes Gespräch ohne einseitige Dominanz zu führen. Dabei stellt sich gelegentlich heraus, daß Softwareentwickler von ihrer Neigung her nicht zu den kommunikativsten Persönlichkeiten gehören. Dies kann sich in scheinbar trivialen Bereichen manifestieren, wie der Formulierung verständlicher Prosatexte bei der Erstellung der Entwicklungsdokumente oder dem freien Vortrag in Prototyping-Arbeitskreisen oder vor einer größeren Anwendergruppe.

Evolutionäre Entwicklungsprojekte führen zu einem deutlichen Abbau der Kompetenzen der "Softwarebürokratie" (vgl. [24]), d.h. des mittleren DV-Managements (Abteilungsleiter, Hauptabteilungsleiter), verbunden mit der Notwendigkeit, sich mit der fachlichen Bewertung eines neuen Dokumenttyps auseinanderzusetzen. Als Grund ist im wesentlichen die veränderte Fortschrittskontrolle zu nennen, bei der statt formaler Meilensteindokumente qualitative Referenzlinien zur Bewertung anstehen. Dies fordert das mittlere DV-Management auch DV-technisch. Sehr oft wird dann die Distanz der Manager zum Stand der aktuellen DV-Technik deutlich, was Probleme mit dem eigenen Selbstverständnis und ein daraus resultierendes kontraproduktives Verhalten nach sich ziehen kann. Damit dies nicht insgesamt zur Gefährdung des Einführungsprozesses führt, ist vor allem die klare und explizite Unterstützung der neuen Vorgehensweise durch das Top-Management sicherzustellen. Nur auf dieser Basis ist es in Zusammenarbeit mit der

Leitung der neuen Softwareprojekte möglich, die von Seite des mittleren DV-Managements zu erwartenden Widerstände zu überwinden.

Zu den Widerständen des DV-Managements gehört auch die uneingestandene Haltung vieler Entwickler: "Wir wissen am besten, was für unsere Benutzer gut ist." Als Konsequenz wird gefolgert, daß, wenn überhaupt Absprachen und Diskussionen erforderlich sind, diese mit DV-technisch geschulten Fachabteilungsmitarbeitern geführt werden sollen. Dies geht so weit, daß Benutzern gelegentlich jegliche tiefergehende Einsicht in die eigenen Arbeitszusammenhänge abgesprochen wird. Diese Haltung ändert sich bei den Beteiligten nur dann, wenn sie überzeugt werden können, an Gesprächen mit den Benutzern teilzunehmen und dabei feststellen, wieviel analytische Einsichten und kreative Ideen von den Benutzern in den Entwicklungsprozeß hineingetragen werden.

In den Verantwortungsbereich des DV-Managements gehört vor allem die Motivation der Mitarbeiter in Anbetracht der steigenden Anforderungen und des damit steigenden Marktwerts. Wie bereits hervorgehoben ist das Arbeitsmarktangebot von erfahrenen Entwicklern im Bereich Objektorientierung sehr gering. Andererseits sollte die derzeit rezessionsbedingte scheinbar stagnierende Nachfrage nicht zu falschen Schlüssen verleiten. Wir meinen, daß das DV-Management die notwendigen Randbedingungen schaffen muß, um die Fluktuation der eigenen qualifizierten Mitarbeiter zu minimieren. Dabei spielen finanzielle Anreize zwar eine Rolle, aber sie sind nicht alleine ausschlaggebend. Von vergleichbarer Bedeutung sind die Schaffung oder Pflege eines guten Teamgeists, die Möglichkeit zur selbständigen und eigenverantwortlichen Projektarbeit und die Beschäftigung mit interessanten Aufgabenstellungen. Als sehr förderlich hat sich erwiesen, den Mitarbeitern Gelegenheit zu geben, sich an der allgemeinen fachlich methodischen Diskussion durch Konferenzbesuche und eigene Veröffentlichungen zu beteiligen.

9.4 Wirtschaftlichkeitsbetrachtungen

Nach gebührender Würdigung von Vorteilen und Risiken der objektorientierten Methode wird über eine mögliche Einführung letztlich vor dem Hintergrund einer wirtschaftlichen Gesamtbetrachtung entschieden.

9.4.1 Kosten und Nutzen

Die Gegenüberstellung von Kosten und Nutzen einer konsequenten Umsetzung von objektorientierter Anwendungsentwicklung ist, wie bereits angedeutet, nur langfristig sinnvoll. Kurzfristig, d.h. in den ersten drei Jahren, wird sich selten eine Kosteneinsparung bei der Anwendungsentwicklung gegenüber den Investitionen in Schulung sowie Hardware- und Softwarekomponenten erreichen lassen. Die Produktivität der Entwicklungsprojekte kann erfahrungsgemäß in der Anfangsphase sogar abnehmen. Hinzukommt der Mehraufwand für Kauf, Bereitstellung, Erweiterung und Pflege von Klassenbibliotheken.

Für die Folgejahre kann aber von einer wachsenden Kosteneinsparung ausgegangen werden. Diese begründet sich zum einen darin, daß dann der Entwicklungsprozeß im Unternehmen weitgehend etabliert ist und effizient angewendet werden kann. Zum anderen ist zu diesem Zeitpunkt mit den ersten wesentlichen Erweiterungen oder Änderungen der bereits objektorientiert entwickelten Anwendungen zu rechnen. Und dies kostet dann deutlich geringeren Aufwand. Gesicherte Erkenntnisse über die genauen Veränderungen liegen noch nicht vor, doch erste Zahlen deuten auf Einsparungen zwischen 15% und 30% des sonst nötigen Aufwands hin. Weniger realistisch scheinen uns Zahlen von CASE-Tool-Anbietern, die mit Produktivitätssteigerungen um einen Faktor(!) von bis zu 50 werben. Dies bezieht sich bei näherem Hinsehen meistens aber nur auf den Schritt der Codierung.

Wenn wir im Schnitt von etwa einem Drittel an Einsparungen ausgehen, dann gründet sich das auf folgende Überlegungen:

* Mit der Verwendung von Klassenbibliotheken und Rahmenwerken sinkt der Aufwand für reine Neuentwicklung erheblich (wir gehen von 50% aus).
* Durch die konsequente Kapselung hat das zu ändernde System eine klare Struktur.
* Auswirkungen von fachlichen Änderungen sind lokaler Natur.
* Anwendungsunabhängige Komponenten sind ohnehin nicht Gegenstand von fachlichen Änderungen, dadurch wird der für solche Änderungen relevante Teil deutlich verringert.
* Änderungen an fachneutralen Komponenten werden nur an einer Stelle vollzogen und beeinflussen nicht die fachlichen Komponenten.
* Durch konstruktive Qualitätssicherung reduziert sich nicht nur der Aufwand für die Änderungen selbst, sondern auch der Aufwand für das Testen dieser Änderungen.

Folgt man der allgemein anerkannten Größenordnung für Wartungsaufwendungen von etwa zwei Drittel der gesamten jährlichen Entwicklerkapazität, so sollten sich längerfristig, d.h. nach etwa fünf bis sechs Jahren, jährliche Einsparungen von gut 20% des Gesamtaufwandes allein bei der Wartung ergeben. Die Einsparungen bei der Neuentwicklung selbst sind längerfristig, insbesondere aufgrund von intensivem Prototyping und durch Wiederverwendung, deutlich höher anzusetzen. Davon abzuziehen sind die Aufwände für Pflege und Betreuung der Klassenbibliotheken.

Wir rechnen also langfristig mit einer jährlichen Einsparung von über 30% des Entwicklungs- und Wartungsaufwands. Als Vergleichsgröße dienen uns hierbei die gegenwärtigen Entwicklungs- und Wartungsanforderungen sowie die vorhandene Entwicklungslandschaft. Daß durch die dann freien Kapazitäten der viel beklagte "Anwendungsrückstau" abgebaut werden könnte, ist für viele Unternehmen sicherlich ein willkommener Nebeneffekt.

Zu diesen positiven Kostenbetrachtungen kommen noch die nicht unmittelbar quantifizierbaren Nutzenaspekte hinzu. In erster Linie bedeutet die gesteigerte Produktivität einen reduzierten Aufwand. Dies bewirkt auch eine kürzere Entwicklungszeit, was durch mögliche Parallelentwicklungen aufgrund eines verständlich modularisierten Entwurfs noch gesteigert wird. Somit sind neue Anwendungssysteme schneller verfügbar, d.h. Geschäftsziele sind in kürzerer Zeit umsetzbar.

Es gibt immer wieder Situationen, in denen auf Zwänge von außen bis zu einem bestimmten Termin reagiert werden muß: aktuelles Beispiel war die Umstellung der Postleitzahlen Mitte 1993. Die Aufwandsprobleme, in der Größenordnung zwischen einem und 30 Personenjahren je Unternehmen für diese Umstellung, machen deutlich, daß die bisherige Vorgehensweise auf Dauer wirtschaftlich nicht mehr vertretbar ist. Mit anderen Worten: Investitionen in eine neue Vorgehensweise sind letztlich unvermeidbar.

Neben der Möglichkeit, schneller und flexibel auf Veränderungen zu reagieren, wird sich die Kompatibilität der Strukturen auf den betrachteten Architekturebenen langfristig positiv auswirken. Außerdem ist es nun zum Teil überhaupt erst möglich, komplexe, hochgradig interaktive Anwendungen, unter Einsatz intensiven Prototypings den Anwenderwünschen entsprechend zu entwickeln.

9.4.2 Alternativen

Unter dem Stichwort "objektorientierte Entwicklung" sind derzeit eine ganze Reihe von methodischen Ansätzen im Angebot. Welche sich auf Dauer als die objektorientierte Methode durchsetzen wird, ist noch nicht absehbar. Auch die weitverbreiteten klassischen Methodenansätze nach einem hierarchisch-deduktiven Muster versuchen, sich den objektorientierten Ideen anzunähern oder zumindest Ansätze zu adaptieren. Die Ergebnisse sind letztlich unbefriedigend, die Kompromisse halbherzig. Sie sind höchstens in dem Bewußtsein akzeptabel, daß es sich hierbei um eine Übergangsphase handelt.

Grundsätzlich andere Ansätze für die Lösung der Entwicklungsaufgaben der nächsten Jahre sind im Moment nicht in Sicht. Damit wollen wir den Stellenwert anderer Entwicklungsparadigmen wie das logische oder das funktionale Paradigma nicht in Frage stellen. Sie haben ihre Stärken in Anwendungsgebieten wie mathematische Verfahren oder regelbasierte Systeme. Unbestritten ist ebenfalls, daß die Kombination graphischer Oberflächen mit relationalen Modellen zu sehr anwendungsbezogenen Datenbanksystemen für viele Büro- und Verwaltungsaufgaben führt. Objektorientierung hat demgegenüber seinen Schwerpunkt bei interaktiven, komplexen Anwendungen und wird sich u. E. auch zunehmend in der Praxis bewähren.

Glossar

ADT　　Abstrakter Datentyp. Zusammenfassung von Daten und (exportierten) Operationen zu einer Einheit. Der Gebrauch der Daten findet „abstrakt", d.h. ohne Kenntnis der Implementation ausschließlich durch die Operationen statt. In diesem Zusammenhang wird auch von Datenkapselung gesprochen. Der ADT bildet mit seinen Operationen eine Kapsel um die Daten, so daß eine Veränderung der Implementation der Daten für die Benutzung (vermittelt durch Operationen) keinen Änderungsaufwand nach sich zieht.

Client/Service　　Sichtweise auf das Verhältnis zwischen zwei Programmbausteinen. Jeder Baustein oder jede Komponente eines objektorientierten Programmsystems realisiert eine definierte Dienstleistung (Service) und bietet sie an. Andere Komponenten (Clients) können diese Dienstleistung in Anspruch nehmen. Die Dienstleistung wird durch eine Schnittstelle (bestehend aus Funktionen und Prozeduren) der Umgebung bekanntgemacht. Zur internen Realisierung einer Dienstleistung können wiederum vorhandene Bausteine verwendet werden. Auf diese Weise kann ein Baustein, der eine Dienstleistung anbietet, selbst wieder Leistungsabnehmer eines (oder mehrerer) anderer Bausteine sein. Die Art der angebotenen Dienstleistung ist ausschließlich durch die Exportschnittstelle des Bausteins bestimmt. In objektorientierten Systemen werden Bausteine in Klassen beschrieben.

Cluster　　In einem inneren Zusammenhang stehende Dienstleistungen von Klassen werden in einem Cluster (Gruppe) zusammengefaßt, z.B. Klassen zur Abstraktion vom verwendeten Dateiverwaltungssystem oder zur Abstraktion von einem Fenstersystem. Gruppen von Klassen werden zusammengefaßt mit dem Ziel, eine wohldefinierte Menge von Dienstleistungen anzubieten. Von außen betrachtet, repräsentiert ein Cluster eine ebensolche konzeptionelle Einheit wie eine Klasse - nur auf einer "höheren Ebene". Im Inneren zeichnen sich die Komponenten eines Clusters durch eine intensive Zusammenarbeit aus. Nach außen sollen sie nur auf „Basisklassen", d.h. Klassen, die als generelle Bibliotheksklassen zur Verfügung gestellt werden, zugreifen.

Datenkapselung   siehe ADT

Dynamisches Binden Dienstleistungen eines Objektes werden über Botschaften an das Objekt angefordert. Jede Botschaft muß an einen entsprechend implementierten Algorithmus gebunden werden. Laufzeitsysteme typisierter objektorientierter Sprachen führen diesen Bindevorgang teilweise erst zur Laufzeit (deshalb dynamisch) aus. Im Gegensatz zur statischen Bindung, die schon zur Übersetzungszeit vorgenommen wird, findet der Bindevorgang erst zu diesem Zeitpunkt statt, da zur Übersetzungszeit vielfach nicht bekannt ist, welches Objekt gebunden wird. (siehe auch Polymorphie)

Geheimnisprinzip   Methode um Entwurfsentscheidungen zu kapseln, d.h. in der Konsequenz die Trennung von Spezifikation und Implementation. In objektorientierten Programmen realisiert durch Klassen (siehe dort).

Invariante   Logischer Ausdruck, der die Eigenschaften eines Objektes zu allen stabilen Zeitpunkten spezifiziert. Stabile Zeitpunkte sind nach dem Erzeugen eines Objektes, sowie vor und nach dem Aufruf einer exportierten Routine erreicht.

Klasse   Auf der Ebene des Entwurfs dasjenige Modellelement, durch das die Konzepte der Anwendung beschrieben werden. Auf der Ebene eines objektorientierten Programms Erzeugungsmuster für die Objektes des Systems. In typisierten objektorientierten Sprachen entspricht die Klassendefinition der Typdefinition. Eine Klasse ist die Implementation eines abstrakten Datentyps.

Nachbedingung   Logischer Ausdruck, der die Leistung einer Routine nach Abarbeitung des Codes der Routine spezifiziert.

OOA   Objektorientierte Analyse, bezogen auf die Entwicklung von Anwendungssystemen die Aktivitäten bei der Systementwicklung, die die Analyse und Beschreibung des Anwendungsbereichs innerhalb der objektorientierten Methode zum Gegenstand haben. Hilfsmittel bei der Analyse sind Szenarios und Glossare.

OOD   Objektorientiertes Design von Anwendungssystemen umfaßt die Aktivitäten, die auf Basis eines Modells des Anwendungsbereichs zu einem lauffähigen Anwendungssystem führen. Zentrale Fragestellungen dabei sind die Rekonstruktion von Begriffen der Anwendung in Klassenhierarchien und der Entwurf des Systems entlang von Entwurfsmetaphern wie Werkzeug und Material.

OOP   Objektorientierte Programmierung ist die Realisierung eines objektorientierten Entwurfs in einer geeigneten Programmiersprache. Dieser Entwurf in Klassenhierarchien wird umgesetzt in Klassenbeschreibungen, die als Implementationen Abstrakter Datentypen aufgefaßt werden. Zur Realisierung dieses Konzepts bietet sich das Vertragsmodell mit Vor-und Nachbedingungen sowie Klasseninvarianten an.

Objekt   Datenkapsel, die einen veränderbaren Zustand besitzt. Der Zustand eines Objektes kann durch Aufruf von Funktionen abgefragt und durch Aufruf von Prozeduren verändert werden. Die Menge der aufrufbaren Prozeduren und Funktionen wird durch die erzeugende Klasse festgelegt.

Persistenz   Dauerhaftigkeit. Die Möglichkeit, Objekte über die Dauer einer Sitzung zu speichern. In Frage kommen die Speicherung von Objekten in einem eigenen Dateisystem, die Verwendung einer objektorientierten Datenbank oder der Anschluß einer relationalen Datenbank über eine geeignete Schnittstelle.

Polymorphie   Vielgestaltigkeit. In objektorientierten Programmen die Fähigkeit eines Bezeichners, zur Ausführungszeit nicht nur auf Objekte des statisch im Text deklarierten Typs, sondern auf Objekte einer Unterklasse verweisen zu können. (siehe auch „dynamisches Binden")

reaktives System Durch Ereignisse gesteuerte Systeme. Ereignisse werden von Benutzern ausgelöst und durch das System an jeweils zuständige Objekte verteilt. Ein zuständiges Objekt interpretiert das Ereignis (z.B. Bewegung der Maustaste) als Botschaft und stellt als Antwort eine Leistung zur Verfügung. Damit geht die Initiative in einem reaktiven System immer vom Benutzer aus. In den Entwurf der Benutzungsoberfläche eines reaktiven Systems gehen ausschließlich Anforderungen ein, die sich aus Arbeitszusammenhängen herleiten lassen. Üblicherweise präsentieren reaktive Systeme ihre Komponenten, d.h. ihre Oberflächenelemente, als Angebote an die Benutzer, die je nach Arbeitssituation diese Komponenten einzeln oder in Kombination verwenden.

Vererbung   ist ein Mechanismus zur Wiederverwendung von Spezifikationen und Code. Die Vererbungseinheit ist eine Klasse. Vererbungshierarchien sind i.d.R. baumförmig, d.h. eine Klasse hat eine Oberklasse (die Klasse von der geerbt wird) und beliebig viele Unterklassen (Klassen an die vererbt wird). Dies bezeichnet man als Einfachvererbung. Kann eine Klasse mehr als eine direkte Oberklasse haben, spricht man von Mehrfachvererbung. Vererbung wird methodisch eingesetzt zur

- Modellierung von Begriffshierarchien, die die Konzepte eines Anwendungsbereichs als Ausgangspunkt haben (*verstehen_als, ist_ein*).
- zur inkrementellen Übernahme und Veränderung vorhandener Klassen (Definition, Erweiterung, Redefinition von Programmtexten).
- zur Trennung von Spezifikation und Implementation der Schnittstelle von Werkzeugen (z.B. Spezifikation in Aspektklassen und Implementation in erbenden Materialklassen).
- zur Abstraktion gemeinsamer Merkmale von Materialien in Merkmalsklassen

Vertragsmodell   Das Vertragsmodell ist eine Sichtweise der Benutzt-Beziehung zwischen Klassen. Vertragspartner sind der Leistungsanbieter und der Leistungsabnehmer. Ein Vertrag liegt immer dann vor, wenn eine Klasse die Dienstleistung einer anderen Klasse verwendet, z.B. in Form von Routinenaufrufen. Der Leistungsanbieter garantiert eine Leistung in Form von Nachbedingungen, wenn der Leistungsabnehmer definierte Vorbedingungen einhält. Vor- und Nachbedingungen sind Teil eines umfassenderen Zusicherungskonzepts, zu dem auch die Invarianten von Klassen zählen, in denen die Konsistenzbedingungen als die Randbedingungen eines Vertrages formuliert werden.

Vorbedingung   Logischer Ausdruck, der spezifiziert, welchen Bedingungen der Aufruf einer Routine genügen muß. Diese Bedingungen können sich sowohl auf die aktuellen Parameter des Aufrufs als auch auf den Zustand des aufgerufenen Objekts beziehen. Der Code der aufgerufenen Routine wird nur ausgeführt, wenn die Vorbedingungen eingehalten werden. Die Einhaltung der Vorbedingungen ist eine Verpflichtung des Aufrufers einer Routine.

Literatur

[1] S. Ahmed, A. Wong, D. Sriram, R. Logcher: *Object-oriented database manage-ment systems for engineering: A comparison*. In: Journal of Object-Oriented Programming (JOOP), Juni 1992, Vol.5, No.3, pp. 27-44.

[2] C. Alexander, S. Ishikawa, M. Silverstein, M. Jacobsen, I. Fisksdahl-King, S. Angel: *A Pattern Language*. Oxford University Press, 1977.

[3] ANSI X3J4.1 Object-Oriented COBOL Technical Group: *Object-Oriented Extensions to COBOL*.

[4] M.P. Atkinson, F. Bancilhon, D. Dewitt, K. Dittrich, D. Maier, S. Zdonik: *The object-oriented database system manifesto*. In: Proceedings of the ACM SIGMOD Conference, Atlantic City, 1990.

[4a] H. Benölken: *Kundenorientierte Organisation des Versicherungsbetriebs im Außen- und Innendienst*. Versicherungswirtschaft, Heft7, pp. 402-410, 1993.

[5] G. Booch: *Object-Oriented Design*. Benjamin/Cummings, 1991.

[6] S. Bråten: *Model Monopoly and Communcation*. In: Acta Sociologica, 16(2), 1973.

[7] P. Brödner, U. Perkuhl: *Rückkehr der Arbeit in die Fabrik - Wettbewerbsfähigkeit durch menschenzentrierte Erneuerung kundenorientierter Produktion*. Institut Arbeit und Technik, Wissenschaftszentrum Nordrhein-Westfalen, 1991.

[7a] P. Brödner: Die Abkehr von der tayloristischen Arbeitsgestaltung. Arbeitsrecht im Betrieb, pp. 598-606, 11/92.

[8] R. Budde, H. Züllighoven: *Prototyping Revisited*. In: CompEuro´90, Proceedings of the IEEE International Conference on Computer Systems and Software Engineering, Tel Aviv, May 8-10, 1990, pp. 418-427.

[9] R. Budde, M.-L. Christ-Neumann, K.-H. Sylla: *Tools and Materials, an Analysis and Design Metaphor*. In: Proceedings of the TOOLS 7, Prentice Hall, 1992.

[10] R. Budde, M.-L. Christ-Neumann, K.-H. Sylla, H. Züllighoven: *Erfahrungen beim objektorientierten Entwerfen und Analysieren*. Arbeitspapiere der GMD 653, 1992.

[11] R. Budde, K. Kautz, K. Kuhlenkamp, H. Züllighoven: *Prototyping — an Approach to Evolutionary System Development*. Springer, 1992.

[12] R. Budde, K. Kuhlenkamp, K.-H. Sylla, H. Züllighoven: *Bib - ein Bibliographie-System*. In: H.-J. Hoffmann (Hrsg.) Smalltalk - verstehen und anwenden, Hanser, 1987.

[13] R. Budde, K.-H. Sylla, H. Züllighoven: *Objektorientierter Systementwurf.* In: LOG IN, Heft 4/5/6 90, Oldenbourg, 1990.

[14] R. Budde, H. Züllighoven: *Software-Werkzeuge in einer Programmierwerkstatt.* Berichte der Gesellschaft für Mathematik und Datenverarbeitung, Nr. 182, Oldenbourg,1990.

[15] U. Bürkle, V. Weimer, H. Züllighoven: *Prototyping in einem objektorientierten Bankenprojekt*. In: H. Züllighoven, W. Altmann, E.-E. Doberkat (Hrsg.) Berichte des German Chapter of the ACM Nr. 41, pp. 11-32, Teubner, 1993.

[16] L. Cardelli, P. Wegner: *On Understanding Types, Data Abstraction, and Polymorphism*. Computing Surveys, Vol.17, No.4, Dec 1985.

[17] P. Coad, E. Yourdon: *Object-Oriented Analysis-Second Edition*, Yourdon Press, 1991.

[18] P. Coad: *Object-Oriented Patterns*. In: Comm. of the ACM, Vol.35, No.9, pp. 153-159, September 1992.

[19] Communications of the ACM: *Object Oriented Design. Special Issue*, Vol.33, No.9, September 1990.

[20] Communications of the ACM: *Next-Generation Database Systems*. Special Issue, Vol.34, No.10, October 1991.

[21] B. J. Cox: *Object Oriented Programming - An Evolutionary Approach*. Addison-Wesley, 1986.

[22] O.-J. Dahl, C.A.R. Hoare: *Hierarchical Program Structures*. In: O.-J. Dahl, E.W. Dijkstra, C.A.R. Hoare, Structured Programming, Academic Press, 1972.

[23] T. DeMarco, T. Lister: *Wien wartet auf Dich! Der Faktor Mensch im DV-Management*. Hanser, 1991.

[24] E. Denert: *Software Engineering.* Springer, 1991.

[25] K. R. Dittrich: *Objektorientierte Datenbanken*. Informatik-Spektrum. Bd. 12, Heft 4, pp. 215-218, Aug. 1989.

[26] U. Eco: *Zeichen - Einführung in einen Begriff und seine Geschichte*. edition suhrkamp 895, Suhrkamp, 1977.

[27] J. Eliot, B. Moss: *Object Orientation as Catalyst for Language-Database Integration*. In: [57], pp.583-592.

[28] A. Endres, J. Uhl: *Objektorientierte Software-Entwicklung: eine Herausforderung für die Projektentwicklung*. Informatik-Spektrum, Band 15, Heft 5, Okt. 1992, pp. 255-263.

[29] G. Engels, C. Lewerenz, M. Nagl, W. Schäfer, A. Schürr: *Building Integrated Software Development Environments Part I: Tool Specification*, ACM TOSEM, Vol. 1, No. 2, April 1992.

[30] L.P. English: *Object Databases at Work.* In: DBMS, Vol.5, No.11, pp. 44-58, Oktober 1992.

[31] O. K. Ferstl und E. J. Sinz: *Objektmodellierung betrieblicher Informationssysteme im semantischen Objektmodell (SOM).* Wirtschaftsinformatik 6/90, pp. 81-110.

[32] D.H. Fishman et al: *Overview of the Iris DBMS.* In: [57], pp. 219-250.

[33] P. Fleischer, A. Behdjati, S. Bagdon, P. Schlüter: *Der objektorientierte Software-Entwicklungsprozeß und seine Unterstützung durch Werkzeuge.* Softwaretechnik-Trends, Band 11 Heft 1, Februar 1991.

[34] Chr. Floyd: *Outline of a Paradigm Change in Software Engineering.* In: G. Bjerknes et al. (Hrsg.), Computers and Democracy — A Scandinavian Challange, Avebury, 1987.

[35] Chr. Floyd: *Einführung in die Softwaretechnik,* Scriptum zur gleichnamigen Vorlesung, Universität Hamburg, Fachbereich Informatik, Arbeitsbereich Softwaretechnik, Hamburg, 1992.

[36] G. Forte, R.J. Norman: *A Self-Assessment by the Software Engineering Community.* Comm. of the ACM, Vol. 35, No. 4, pp. 28-36, April 1992.

[37] E. Gamma: *Objektorientierte Software-Entwicklung am Beispiel von ET++.* Springer, 1992.

[38] S. Gibbs, D. Tsichritzis, E. Casais, O. Nierstrasz, X. Pintado: *Class Management for Software Communities.* In: Comm. of the ACM Vol. 33. No. 9, pp. 90-103, September 1990.

[39] A. Goldberg: *Smalltalk-80 the Interactive Programming Environment.* Addison-Wesley, 1984.

[40] A. Goldberg: *Programmer as Reader,* Information Processing 86, Elsevier Science Publishers B.V., 1986.

[41] A. Goldberg: *Information Models, Views, and Controllers.* Dr. Dobb´s Journal, July 1990, pp. 54-61.

[42] A. Goldberg: *Making Object-oriented Smalltalk.* Interview. In: DBMS, Vol.5, No.11, pp.38-42, Oktober 1992.

[43] K.E. Gorlen: *An Object-Oriented Class Library for C++ Programs.* Software Practice & Experience, Vol.17, No.12, pp. 899-922, Dezember 1987.

[44] K.E. Gorlen, S.N. Orlow, P.S. Plexico: *Data Abstraction and Object-Oriented Programming in C++.* John Wiley & Sons, 1990.

[45] G. Gryczan, H. Züllighoven: *Objektorientierte Systementwicklung. Leitbild und Entwicklungsdokumente*, Informatik-Spektrum, Band 15, Heft 5, Okt. 1992, pp. 264-272.

[46] B. Henderson-Sellers, L.L. Constantine: *Object-oriented Development and Functional Decompositione.* Journal of Object-oriented Programming, Vol. 33, No. 9, 1991, pp. 11-17.

[47] C.A.R. Hoare: *Notes on Data Structuring.* In: O.-J. Dahl, E.W. Dijkstra, C.A.R. Hoare, Structured Programming, Academic Press, 1972.

[48] J.G. Hughes: *Objektorientierte Datenbanken.* Hanser Verlag, München, Wien, 1992.

[49] E.L., Hutchins, J.D., Holland, D.A., Norman: *Direct Manipulation Interfaces.* In: Norman, D.A., Draper, S.W. (Hrsg.), User Centered System Design, Lawrence Erlbaum Ass, pp. 87-124, 1986.

[50] IBM: *AD/Cycle Information Model. Reference Volume 1.* Cary, North Carolina , IBM-Form SC26-4842-03, 4ed., September 1992.

[51] M.A. Jackson: *System Development.* Prentice-Hall, 1983.

[52] I. Jacobson: Object-Oriented Software Engineering - A Use Case Driven Approach, Addison-Wesley, 1992.

[53] F. Kermode: *Introduction to The Tempest.* The Arden Edition of the Works of William Shakespeare, Routledge, 1964.

[54] A. Kieback, H. Lichter, M. Schneider-Hufschmidt, H. Züllighoven: *Prototyping in industriellen Software-Projekten. Erfahrungen und Analysen*, Informatik-Spektrum, Band 15, Heft 2, April 1992, Springer, 1992.

[55] K. Kilberth: *JSP - Einführung in die Methode des Jackson Structured Programming.* Vieweg, 1991.

[56] W. Kim, *Object-Oriented Databases: Definition and Research Directions.* IEEE Transactions on Knowledge and Data Engineering, Vol.2, No.3, pp. 327-341, September 1990.

[57] W. Kim, F.H. Lochovsky (Hrsg.): *Object-oriented Concepts, Databases and Applications.* Addison-Wesley, 1989.

[58] H.K. Klein, K. Lyytinen: *Towards New Foundations of Data Modeling.* In: Chr. Floyd et al., Software Development and Reality Construction, pp. 203-219, Springer, 1992.

[58a] U. Klotz: *Vom Taylorismus zur Objektorientierung.* In: H. Scharfenberg (Hrsg.): Strukturwandel in Management und Organisation, pp. 161-199, FBO-Verlag, 1993.

[59] D. Knuth: *Learning from our Errors* In: Chr. Floyd et al., Software Development and Reality Construction, Springer, 1992.

[60] M.M. Lehman: *Uncertainty in Computer Applications is Certain*. In: Proceedings of the 1990 IEEE International Conference on Computer Systems and Software Engineering, IEEE, Tel Aviv, May 1990.

[61] B.H. Liskov, A. Snyder, R. Atkinson, C. Schaffert: *Abstraction Mechanisms in CLU*. Comm. of the ACM, Vol. 20, No. 8, pp. 564-576, August 1977.

[62] B. Liskov, S.N. Zilles: *Programming with Abstract Data Types*, SIGPLAN Notices, Vol. 9, No. 4, pp. 50-59, 1975.

[63] M. E.S. Loomis: *Object programming + database management*. In: Journal of Object-Oriented Programming (JOOP), Februar 1993, Vol. 5, No. 9, pp. 73-79.

[64] S. Maaß, H. Oberquelle: *Metaphors for Human-Computer Interaction*. In: Chr. Floyd et al., Software Development and Reality Construction, Springer,1992.

[65] P. Mambrey, R. Oppermann, A. Tepper: *Computer und Partizipation: Ergebnisse zu Gestaltungs- und Handlungspotentialen*. Westdeutscher Verlag, 1986.

[66] J. Martin, J. Odell: *Object-Oriented Analysis and Design*. Prentice Hall, 1992.

[67] R. Marty: Distributed Computing - Directions for Cooperative Application Structures. UBS, Schweizer Bankgesellschaft, Zürich, 1992.

[68] L. Mathiassen: *Systems Development and Systems Development Methods* PhD Thesis, Computer Science Department, Aarhus University (in dänisch), 1981.

[69] B. Meyer: *Object-Oriented Software Construction*. Prentice Hall, New York, 1988. Deutsch: Objektorientierte Softwareentwicklung. Hanser, 1990.

[70] B. Meyer: *The New Culture of Software Development*. In: TOOLS'89, Technology of Object-Oriented Languages and Systems, Paris, Nov. 1989.

[71] B. Meyer: *Lessons From the Design of the Eiffel Libraries*. In: Comm. of the ACM Vol. 33. No. 9, pp.68-88, September 1990.

[72] B. Meyer: *Eiffel: the language*. Prentice Hall International (UK), 1992.

[72a] H. Mössenböck: Objektorientierte Progammierung in Oberon-2. Springer, 1992.

[73] D.E. Monarchi, G.I. Puhr: *A Research Typology for Object-oriented Analysis and Design*. In: Comm. of the ACM, Vol.35, No.9, pp. 35-47, September 1992.

[74] G.J. Myers: *Methodisches Testen von Programmen*. Oldenbourg, 1987.

[75] P. Naur: *Programming as Theory Building*. In: Microprocessing and Micro-programming 15 (1985) S. 253-261, North-Holland Publishing Company.

[76] J. M. Nerson: *Applying Object-Oriented Analysis and Design*. Communications of the ACM, Vol. 35, No.9, September 1992.

[77] O. Nierstrasz, D. Tsichritzis, V. de Mey, M. Stadelmann: *Objects + Scripts = Applications*. In: D. Tsichritzis (ed.): Object Composition. Centre Universitaire d'Informatique, Université de Genève, 1991.

[78] O. Nierstrasz, S. Gibbs, D. Tsichritzis: *Component-oriented Software Develop-ment.* In: Comm. of the ACM, Vol.35, No.9, pp. 160-165, September 1992.

[79] K. Nygaard, O.-J. Dahl: *The Development of the SIMULA Languages.* In: R.W. Wexelblat (ed.), History of Programming Languages, Sonderausgabe der SIGPLAN Notices Vol. 13, Number 8, August 1978, pp. 245-272.

[80] T. W. Olle, H.G. Sol, A.A. Verrijn-Stuart (Hrsg.): *Information Systems Design Methodologies: A Comparative Review.* Proceedings of the IFIP TC 8 Working Conference on Comparative Review of Information Systems Design Methodolo-gies, Noordwijkerhout, The Netherlands, 10-14 May, 1982, North-Holland Publishing Company, 1982.

[81] E. Falckenberg, G. M. Nissen, A. Adams, L. Bradley, P. Bugeia, A.L. Campbell, M. Carkeet, G. Lehmann: *Feature Analysis of ACM/PCM, CIAM, ISAC and NIAM.* In: T. W. Olle, H. G. Sol, C. J. Tully (Hrsg.): Information Systems Design Methodologies: A Feature Analysis. Proceedings of the IFIP WG 8.1. Working Conference on Feature Analysis of Information System Design Methodologies, York, U.K., 5-7 July, 1983, pp. 169-190, Elsevier Science Publishers B.V. 1983.

[82] J. Pasch: *Dialogischer Software Entwurf.* Dissertation, Technische Universität Berlin, Forschungsberichte des Fachbereichs Informatik, Nr. 92-4.

[83] H. Porter III: *Separating the subtype hierarchy from the inheritance of implemen-tation.* JOOP, Februar 92, pp. 20-29.

[83a] M. Reiser, N. Wirth: *Programming in Oberon.* Addison-Wesley, 1992.

[84] F.-M. Reisin: *Kooperative Gestaltung in partizipativen Softwareprojekten,* Dissertation, Technische Universität Berlin, Oktober 1991.

[85] A. Rolf: *Sichtwechsel - Informatik als (gezähmte) Gestaltungswissenschaft.* In: W. Coy et al. (Hrsg), Sichtweisen der Informatik. Vieweg, 1992.

[86] K.S. Rubin, A. Goldberg: *Object Behavior Analysis.* In: Comm. of the ACM, Vol.35, No.9, pp.35-47, September 1992.

[87] J. Rumbaugh, M. Blaha, W. Premerlani, F. Eddy, W. Lorensen: *Object-Oriented Modeling and Design;* Prentice Hall, 1991.

[88] H. Sarlan: *Management von objektorientierten Entwicklungsprojekten.* Informatik-Spektrum, Band 15, Heft 5, Okt. 92, pp. 282-286.

[89] R.C. Sharble, S.S. Cohen: *The Object-Oriented Brewery.* Software Engineering Notes, Vol. 18, Number2, pp. 60-73, April 1993.

[90] S. Shlaer, S. J. Mellor: *Object-Oriented Systems Analysis.* Prentice Hall, 1988.

[91] S. Shlaer, S.J. Mellor: *Object Lifecycles. Modelling the World in States.* Prentice Hall, 1992.

[92] H. Sikora: *Problembereiche und Trends der objektorientierten System-entwicklung: Eine empirische Untersuchung.* Johannes Kepler Universität Linz,

Institut für Informatik, Abteilung für allgemeine Informatik. Informatik-Berichte ALLINF 4/92.

[93] A. Sinha: *Client/Server Computing.* Comm. of the ACM, Vol. 35, No. 7, pp. 77-98, Juli 1992.

[94] K.J. Sullivan, D. Notkin: *Reconciling Environment Integration and Software Evolution.* ACM Transactions on Software Engineering, Vol.1, No.3, 1992.

[95] A. G. Sutcliffe: *Object-oriented systems development: survey of structured methods.* In: Information and Software Technology, Vol.33, No.6, pp.433-442, Juli/August 1991.

[96] B. Tenderich: *Business class.* In: Object Magazine, Vol. 2(2), Juli-August 1992, pp.43-45.

[97] G. M. A. Verheijen, J. van Bekkum: *NIAM An Information Analysis Method.* In: [80].

[98] W. Volpert: *Erhalten und gestalten — von der notwendigen Zähmung des Gestaltungsdrangs.* In: W. Coy et al. (Hrsg), Sichtweisen der Informatik. Vieweg, 1992

[99] P. Wegner: *Concepts and Paradigms Of Object-Oriented Programming.* OOPS Messenger, Vol.1, No.1, pp.8-87, August 1990.

[100] A. Weinand, E. Gamma, R. Marty: *Design and Implementation of ET++, a Seamless Object-Oriented Application Framework.* In: Structured Programming, Vol.10, No.2, Springer, 1989.

[101] R. Weinreich: *Concepts and Techniques for Object-Oriented Software Development - Illustrated by an Application Framework for Process Automation.* Report, Christian Doppler Laboratory for Software Engineering, Prof. Dr. G. Pomberger, Institut für Wirtschaftsinformatik, Johannes-Kepler-Universität Linz, März 1993.

[102] I. Wesley et. al.: *Objects in Use: Meeting Business Needs.* Ovum London, November 1992.

[103] R.J. Wirfs-Brock, B. Wilkerson, L. Wiener: *Designing Object-Oriented Software.* Prentice Hall, 1990.

[104] R.J. Wirfs-Brock, R.E. Johnson: *Surveying Current Research in Object-Oriented Design.* In: Comm. of the ACM Vol. 33. No. 9, pp.104-124, September 1990.

[105] Yoelle S. Maarek: *On the use of cluster analysis for assisting maintenance of large software systems,* Proceedings of the third Israel Conference on Computer Systems and Software Engineering, pp. 178-186, IEEE Computer Society Press, 1988.

[106] H. Züllighoven, W. Altmann, E.-E. Doberkat (Hrsg.): *Requirements Engineering '93: Prototyping.* Bericht des German Chapter of the ACM Nr. 41, Teubner, 1993.

Stichwörter

Ablauforganisation 26

ablauforganisatorisch 141

Ablaufsteuerung 25–26, 146

abstrakter Datentyp
siehe ADT

AD/Cycle 133

Ada 64–65, 69

ADT 50–53, 64, 123, 125, 128, 135, 168–169, 191, 194

AIX 70, 163

Akzeptanz 194–196

Altbestände 152, 188, 191

Analyse, objektorientiert 105, 116

Änderbarkeit 125

Anforderungsanalyse 109

Anwendungsanalyse 18, 85, 90, 93, 96, 114–115

Anwendungsentwicklung 155

Anwendungskomponenten 156

Anwendungsmodellierung 5, 98, 170, 189–190

Anwendungssteuerung 144, 146

API 47

APPC 47

Arbeitsformen 8, 50, 91, 99, 126, 153, 183

Arbeitsgegenstände 15, 27–28, 97, 144, 176

Arbeitsmittel 30, 97

Arbeitsplatzrechner 6, 45, 49, 161–62, 164–165, 167, 182, 195

Architektur 37, 46, 66, 106, 115, 119, 128, 131, 166

    Anwendungsarchitektur 146, 156

    Architekturmuster 37–38, 41, 106, 153

Architekturgruppe 95, 158

Aspektklasse 29, 32–35, 77–78

Aufbau- und Ablauforganisation 139, 141–142, 144, 146, 149–150, 152

Ausnahmebehandlung 58, 135

Automat 77

Bausteinsammlung 106, 108, 123, 131, 157

Begriffsbildung 10, 99, 115, 116, 123, 128

    Rekonstruktion von Begriffen 18

Benutzerbeteiligung 115–116, 119, 173, 195

Benutzerfreundlichkeit 126

Benutzt-Beziehung 43, 59, 131, 136

Benutzungsorientierung 189

Bewertungskriterien 179

C 69, 81, 168–169

C++ 11, 58, 64, 66–69, 81, 129, 135, 172–173

Chief-Programmer-Team 92

Client/Server-Architektur 44–47, 132, 162, 166

    Serverarchitektur 166

Cluster 48, 105–108, 131, 158

COBOL 65–66, 124

Data Dictionary 83, 119, 122

Datenabstraktion 89

Datenbank

    objektorientiert 73, 75, 81–83

    relational 75, 81–83

    Datenbankanwendungen 191

    Datenhaltung 73, 75

Datenflußanalyse 86

Datenflußdiagramm 86, 94

Datenkapselung 139

    Kapselung 48, 168, 187

Datenmodellierung 23, 76, 88, 129

    Datenmodell 41, 75, 87, 118, 128

    Daten- und Funktionsanalyse 153, 174

    Unternehmensdatenmodell 147–148

Datenstruktur 50

Datentyp 74, 122–123

Dienstleistungsprinzip 44, 48, 50, 53, 131, 155, 162, 191

    Dienstleistung 48, 49, 58, 131, 162, 188

    und Großrechner 49

DLL 108

Dokumentationssystem 83

Dokumente 83, 93, 98, 102, 108–109, 111, 115, 117, 128, 135

    Entwicklungsdokumente 83, 95, 105, 128, 173

Dokumenttyp 96, 98–99, 105, 110, 112, 118, 161, 189, 190

Domain Analysis 88

Dynamic Link Library 108

Eiffel 11, 20, 54, 64, 67–68, 124, 129, 135, 172–173, 191

Einführung der objektorientierten Methode 177, 186, 193, 198

    Einführungsstrategie 90, 159, 179, 193, 198

    Einführungszeitraum 179

Enfin 70

Entity-Relationship-Modell 86–88

Entwicklungs- und Wartungsaufwand 201

Entwicklungsparadigma 202

Entwicklungsumgebung 163–164, 168–170, 184, 192

Entwurfsmetapher 13, 25, 27, 87, 127, 128, 176

Erweiterbarkeit 124, 125

ET++ 69, 106

Ethernet 47, 162–163

Evolutionäre Entwicklung

evolutionäre Systementwicklung 91–92, 94–95, 105, 113–119, 159–160, 172, 196, 198

Fachsprache 85, 94,–98, 105, 109, 129

Fallstudien 175

Fehlerfreiheit 133

Formalisierung 98

Framework 106

Fremdanwendungen 181

Funktionshierarchie 140

Funktionskomponente 38–41, 125, 165

Funktionsmodellierung

    siehe Datenmodellierung

Gegenstände 7, 9, 36

Geheimnisprinzip 44, 48, 86, 125, 129

Geschäftprozeß 140, 141, 147

Geschäftsvorfall 140–144, 146–147, 149, 153, 155

Glossar 98–99, 118

Großrechner 25, 45, 49, 131–132, 146, 161–162, 166–167, 171, 181, 191

GUI 46, 161, 165

Handhabbarkeit 126

HyperCard 104, 182–183

Hypertext 83

IBM 47, 63, 70, 81, 165, 167, 193

Informationsanalyse 23

Informationsmodell 86–88

Informationstechnologie 188

Interaktion 153

Interaktionskomponente 38–41, 104, 125, 177

Interaktionstyp 40–41, 101, 153, 177

Invariante 56, 57, 59, 133

IPC 47

ISO-Norm 9000 181

Jackson System Development 88, 93, 186

Job Enrichment 151

Kapselung

    siehe Datenkapselung

Klasse 7, 10, 64, 130

    Begriff 134

    Bibliotheksklasse 158

    Leistung 50

    Klassenbibliothek 66, 68, 105–108, 123–124

    Klassenhierarchie 10, 50, 118, 130–131

    Oberklasse 10, 21, 59, 134

    Unterklasse 11, 21, 59

Klassenentwurf 36, 57–58, 184
  fachlich 16
  -technisch 20, 34, 57, 59
Klassifikationshierarchie 16
Kommunikation 91–95, 99, 102, 109, 170
Kommunikationsfähigkeit 197
Konfigurationsverwaltung 130
Kooperationsbereitschaft 196
Korrektheit 57, 155
Kosten und Nutzen 199
Kritische Erfolgsfaktoren 147
Kundennähe 148–149
Kundenorientierung 152, 188
  kundenorientierte Sachbearbeitung 150
LAN 45–46, 161, 162
Leistungsabnehmer
  siehe Vertragsmodell
Leistungsanbieter
  siehe Vertragsmodell
Leitbild 1, 23–24, 41–42, 127, 175
Lesbarkeit 128, 134
Lokalität 48–49, 86, 132, 187
Management
  by Exception 151
  by Objectives 150
Materialien 28, 36
Materialklasse 27–29, 31–33, 35
Meilensteindokumente 109, 110, 134, 198
modaler Dialog 39, 126–127
Modell
  objektorientiert 8, 63, 68
Modellierung
  Anwendungsbereich 15, 99
Modellmonopol 94
Modula2 64–65, 69, 168–169
MS Windows 70, 162–163, 165
Nachbedingung
  siehe Zusicherung
Netzwerkmanagement 167

NewWave 165
NFS 47
Objective-C 67
Objectworks 69
Objekt 7, 9, 64, 144
Objektorientierte Entwicklung 99, 112, 157, 187
objektorientierte Methode 1, 8, 88, 90, 91, 92, 94,
  96, 106, 113, 118, 134, 168, 170, 174, 191–192,
  197, 201
  empirische Studie 185
  Entwurf 98, 102, 109, 112, 125, 128, 134, 169
  Modell 89, 130
  Sichtweise 24
  Softwarekonstruktion 121
  und Großrechner 131
  und Test 133
  Vorgehensweise 106, 158
Objektorientierung 5, 14, 63, 65, 68, 89, 115, 121,
  159–160
Offenheit–Geschlossenheit–Prinzip 129–130
OMG 82
OOCTG 65
Operationen 9, 21, 50, 57, 60, 87–88, 115, 125,
  130
operativer Prozeß 148
Organisationsentwicklung 137, 139, 147
  objektorientiert 1
Organisationskomponente 153
Organisationsstruktur 157
OS/2 70, 81, 162–163
OSF/Motif 106, 161, 165
partielle Funktion 51–52, 58
partizipative Systementwicklung 196
Parts 70–71
persistente Daten 74
Persistenz 77
Pflichtenheft 27
Phasenmodell 92, 109, 118, 133, 186
Pilotprojekt 159, 171–172, 178–179, 193

Presentation Manager 70, 165, 182
Produktkultur 194
Programmiersprache 63, 65, 107, 129
  klassenbasiert 63
  objektbasiert 63
  objektorientiert 63–64, 67, 68, 118, 134, 161, 168–170
Programmierumgebung 69, 73, 83
Programmierung
  objektorientiert 57, 69, 73, 125, 159, 197
Projektkultur 116, 175
Projektsprache 102
Projektsteuerung 109–110, 118
  Projektstadien 110–111
Prototyping 68, 95, 102, 115, 164, 170, 173, 189
  Demonstrationsprototyp 104, 183
  Labormuster 105
  Pilotsystem 105, 117
  Prototyp 95, 102–103, 113–114, 117–118
  Prototyparten 104
  und Objektorientierung 105
Prozeßsteuerung 142, 144
PVCS 83
Qualität 132
  konstruktive Qualitätssicherung 110, 121, 132, 134–136
  Qualitätsmerkmal 110, 112, 121, 189
  Softwarequalität 121, 128
Rahmenwerk 106–108, 123, 131, 157, 189
Rationalisierung 116
Räumliche Voraussetzungen 175
reaktive Systeme 26, 57, 126, 127, 184
Redefinition
  siehe Vererbung
referentielle Integrität 76
Referenzlinien 110, 111, 118
relationales Modell 76, 89
Restrukturierung 152
RPC 48, 49

Sachbearbeitung
  kundenzentriert 26
Schnittstelle 32, 48, 53, 88, 107, 129, 132, 153
Schulungskonzept 171, 176–177
Sichtbarkeit 12
Sichtenwechsel 57
Sichtweise 14, 86, 160, 195
Signatur 51–52
Simula 51, 64
Smalltalk 64, 68–69, 72, 81
SNiFF+ 69
Software Engineering 92, 125, 191
Software-Werkzeuge 30, 37, 71, 100, 101, 117
Softwareentwicklung 92, 114, 121, 123, 129, 190
  objektorientiert 1, 63
Softwareentwurf 57, 61
  Grundannahmen 13
  objektorientiert 1, 13, 44, 67, 69, 90
Sprachwelt 93, 170
SQL 73, 75–76, 82, 166
Strategische Informationsplanung 147
Structured Analysis 86
Strukturbruch 73–74
Style Guide 101
Subsystem 106–107, 135
Systemanalyse 85
Systemplattform 146, 157, 161
Systemspezifikation 109
Systemvision 99–101, 117
Szenario 96–97, 118
  und Systemvision 100–101
TCP/IP 47
Test 132–136
  Black-Box-Test 133, 136
  Testrahmen 134
  White-Box-Test 133, 136
Tokenring 162
totale Funktion 52
Typ 11, 50, 52–53, 78, 134, 169

Umgangsformen 14, 57, 76, 87–88, 91, 98

Unix 69, 81, 162–163, 165–166

Unternehmensmodell 147

Unterprogrammbibliothek 107, 122, 124

Vererbung 7, 10, 59, 61, 64, 76, 88, 123, 128, 130, 169–170, 187

    Einfachvererbung 21, 35–36

    Mehrfachvererbung 21, 33, 35–36, 131

    Redefinition 21, 59, 125

    und Test 134

    Vererbungshierarchie 87

Versionen 164, 190

Versions- und Variantenführung 163

Versions- und Variantenkontrolle 70

Verständlichkeit 127–28

Verträglichkeit 131

Vertragsmodell 44, 49–50, 55, 57–60, 136, 150

    Leistungsabnehmer 45, 46, 131, 132

    Leistungsanbieter 45, 47, 132

    Vertrag 54–55, 59

Vorbedingung

    siehe Zusicherung

Vorgehensmodell 109, 112, 195

Vorgehensweise 1–2, 8, 13, 92, 102, 113–116, 118, 123, 133, 159, 173, 178, 193, 201

Weiterentwickelbarkeit 129

Werkzeug und Material 24, 77, 83, 97, 100–101, 104, 127–128, 142, 146, 153

    Werkzeug 30

    Werkzeuge oder Materialien 100

Werkzeugklasse 27, 30, 33

Werkzeugunterstützung 194

Wiederverwendbarkeit 49, 57, 107, 122–123, 155, 170, 185–187

Workflow Manager 143–144

X Window System 161, 165–166, 182

Zusicherung 53–55, 57–59, 129, 133, 135–136, 191

    Nachbedingung 54, 57, 59–60, 135

    Vorbedingung 52, 54, 57, 59–60, 135

JSP

Einführung in die Methode des Jackson Structured Programming

von Klaus Kilberth

Mit einem Geleitwort von Michael Jackson.

6., verbesserte Auflage 1994. XIV, 386 Seiten. Gebunden.
ISBN 3-528-54576-3

Das Buch vermittelt sowohl Einsteigern wie auch erfahreneren Programmierern die methodischen Grundlagen des strukturierten Programmentwerfens, wie sie Michael Jackson entwickelt hat. Dabei legt der Autor Wert darauf, daß die Darstellung sich anlehnt an die Aufgabenstellungen, wie sie in der Praxis auftreten. Es erläutert die Anwendung von JSP anhand von Standard-Problemen und zeigt, wie diese formalisiert und systematisch gelöst werden können. Die Methode wird ausführlich besprochen und anhand von Fallbeispielen aus den Bereichen Batchverarbeitung, Dialoganwendung sowie Textverarbeitung veranschaulicht. Ein wichtiger Gesichtspunkt ist hierbei das Problem der Änderung und Erweiterung bestehender Programmentwürfe, um sie an zusätzliche Anforderungen anpassen zu können. Aufgaben und Lösungen geben die Gelegenheit zur Vertiefung des Stoffes, so daß auch der auf das Selbststudium angewiesene Programmierer die effiziente Methode JSP sicher einzusetzen lernt.

Verlag Vieweg · Postfach 58 29 · 65048 Wiesbaden

vieweg

Die Bourne-Shell

Ein praxisorientierter Wegweiser mit Tips, Tricks und Diskette

von Ulrich Cuber

1994. XII, 256 Seiten. Gebunden.
ISBN 3-528-05362-3

Das Buch bietet dem UNIX-Programmierer eine anwendungsorientierte und vollständige Beschreibung der Bourne Shell. Alle Kommandos werden berücksichtigt. Zahlreiche Beispiele, eine Begleitdiskette mit Programmen und viele Tips geben dem Programmierer Einblick in effiziente Einsatzmöglichkeiten. Ein ausführlicher Nachschlageteil schließlich unterstreicht, daß das Werk eine zuverlässige Orientierungshilfe darstellt - für alle diejenigen, die mit der UNIX-eigenen Schnittstelle zwischen Mensch und System mit Leichtigkeit und Geschick umgehen wollen.

Im einzelnen gliedert sich das Buch, in didaktisch wohlerprobten Schritten, in folgende Kapitel:
- Hinführung (UNIX-System und Shell)
- Kommandozeile (Von der Kommandoeingabe zu Hintergrundprozessen)
- Shellvariablen (Grundlegende und fortgeschrittene Operationen)
- Programmierung (Shellscripte ausführen, Eingabe, Kontrollstrukturen)
- Konkrete Einsatzmöglichkeiten (Shellscripte für Ihr Terminal, Eine Art CASE-Tool, Dateien bearbeiten, Postdienste usw.)
- Nachschlageteil (Bourne-Shell im Überblick, ed- und vi-Befehle, Filterprogramme usw.)

UNIX-Kenntnisse werden vorausgesetzt. Eine Kurzeinführung in Kapitel 1 sowie umfassende Nachschlagemöglichkeiten stellen gleichwohl sicher, daß auf notwendige Vorkenntnisse direkt zugegriffen werden kann.

Verlag Vieweg · Postfach 58 29 · 65048 Wiesbaden

vieweg